Numerical Analysis and Simulation

수치해석과 시뮬레이션
: Stata 프로그래밍

| 장상수 지음 |

도서출판 그린

Preface

세상 사는 일이 흔히 그렇듯, 아주 우연하게도 사회 불평등을 공부하였다. 그 분야를 공부하기 이전에도 이런저런 불평등에 관심이 없진 않았지만, 그때에는 그것이 필생의 연구 과제가 될 줄은 꿈에도 짐작하지 못했다. 이리저리 흔들리다 어찌어찌 불평등을 공부하게 되었고, 그 중에서도 불평등의 재생산이라는 한 귀퉁이를 평생 화두로 삼게 되었다.

불평등의 재생산을 다루는 연구, 즉 부모의 사회경제적 지위가 자녀의 성취(학업성적, 각급 학교 졸업과 상급학교 진학, 직업, 소득 등)에 미치는 영향을 다루는 연구는 언제나 다종다양한 통계 분석과 함께 하였다. 사정이 그러하니, 필자도 처음부터 통계 분석이나 프로그래밍 언어 등에 관심을 두지 않을 수 없었다. 그때에는 미처 깨닫지 못했지만, 아마도 필자는 천성적으로 언어를 좋아했던 모양으로, 처음 배우는 프로그래밍 언어가 낯설지 않고 어색하지도 않았다. 몇 언어를 하나씩 배워갈 때마다 도리어 짙은 흥미를 느꼈다. 우연이 필연으로 이어졌다고 말해야 할 것 같다.

OECD는 2000년 무렵부터 3년마다 지속적으로 국제학생평가(PISA) 자료를 수집하였는데, 그 무렵 필자도 부모의 사회경제적 지위가 자녀의 학업성적에 미치는 영향을 살피고 싶었다. 저렇게 좋은 자료가 있는데, 손 대지 않고 그냥 넘어간다는 것은 있을 수 없는 일이었다. 그러나 불행하게도 PISA 자료를 분석하는 일은 그렇게 간단하지 않았다. 평균이나 회귀계수 등과 같은 추정치를 구하는 일은 그렇게 어렵지 않았지만, 그런 수치의 표준오차를 연산하는 일은 매우 번잡하였다. 이런 사실을 알고 나서, 일찌감치 자료 분석을 포기하였다. 안 되는 일을 붙잡고 헛힘을 쓸 수는 없는 노릇이었다. 다른 연구에서도 흔히 그러하였듯, 누군가 이 자료를 분석할 수 있는 프로그램을 마련해 줄 때까지 기다리는 수밖에 없었다. 그렇게 몇 년을 보낸 어느 날, PISA 자료의 분석 방법을 다룬 설명서와 마주하였는데, 이 설명서는 반갑게도 SPSS 프로그램을 포함하고 있었다(cf. OECD, 2005). 그러나 SPSS 프로그램을 구동하는 일은 생각만큼 쉽지 않았다. 우선 패키지를 구하는 일이 쉽지 않았고, 막상 그것을 확보했을 때에는 그 언어를 이해하기 쉽지 않았다. 이런 상태에 이르자, 다소 과감한 시도를 결심하였다. 설명서는 평균 성적의 표준오차를 계산하는 수학적 절차를 자세히 서술하였는데, 그 서술 순서를 좇아 Stata 프로그램을 만들기 시작하였다. 몇 달 간 많은 시행착오를 치른 뒤에 마침내 평균 성적과 그 표준오차를 연산하는 프로그램을 완성하였다. 이루 말할 수 없이 기뻤다. 그때에는, 일종의 과대망상이고 지나친 자신감이었을 것이지만, 무엇이든지 못할 일이 없을 것 같았다. 욕망은 다른 방향으로 튀었다. 이제 PISA 자료를 분석하는 절차가 아니라 다른 것도 프로그래밍하고 싶었다. 무엇을 프로그래밍할까? 아마도 문과 출신이라는 결핍 때문에 그러하였겠지만, 필자는 청년 시절부터 기성 프로그램이 아니라 내 손으로 직접 회귀계수를 도출하는 꿈을 꾸었다. 다시 말해, regress나 lm() 등의 명령어나 함수로 회귀계수를 기계적으로 얻는 것이 아니라 $b=(X'X)^{-1}X'y$라는 수식으로 계수를 연산하고 싶었다. 그러나 그런 일을 하려면 몇 가지 부수적인 작업을 먼저 해야 했다. 개별 변수의 평균이나 표준편차를 추정하는 프로그램을 만들어야 했고, 추정치의 신뢰구간을 계산하는 프로그램도 짜야 했다. 이에 덧붙여 두 집단의 평균을 서로 비교해야 했고, 변수간 상관계수도 구해야 했다. 이런저런 프로그램을 하나하나 만들어 순서대로 묶은 것이 2010년에 출간한 『Stata 프로그래밍』이었다.

책 하나를 쓰는 일에 성공하자, 욕망은 또 다른 곳으로 줄달음쳤다. 프로그래밍을 좀 더 깊이 알고 싶었다. 그리하여 C나 JAVA를 공부하기도 하였고, R이나 Matlab을 읽기도 하였다. 이중에서 가장 흥미로웠던 언어는 아무래도 R이었다. 이 언어와 관련한 책을 섭렵하다가, 마침내 수치해석과 시뮬레이션에 이끌렸다. 이 분야를 몇 년 더 공부한 끝에 2019년에 또 하나의 책을 저술하였다. 『수치분석과 시뮬레이션: R 프로그래밍』이 바로 그것이었다.

R 프로그래밍 책을 쓸 때부터 수치해석과 시뮬레이션을 Stata로 접근하는 방안을 모색하였는데, 그 이유는 단순하였다. 『Stata 프로그래밍』은 나름대로 연습용 프로그램을 다수 포함하였지만, 그 예제가 그렇게 풍부하진 않았다. 그리하여 Stata로 프로그래밍을 연습할 수 있는 다양하고 폭넓은 예제를 마련하면 좋겠다고 늘 생각하였다. 그러다 마침 수치해석과 시뮬레이션을 만났는데, 이것은 Stata 프로그래밍을 연습할 수 있는 좋은 소재라고 판단하였다. 이런 의미에서 이 책은 앞에서 언급한 두 책, 즉 『Stata 프로그래밍』과 『수치분석과 시뮬레이션: R 프로그래밍』의 확장판이나 종합판이라고 말할 수 있겠다.

처음에는 이 책을 쓰는 일이 그다지 힘들지 않을 것이라고 생각하였다. 그러나 막상 일을 착수하자 곳곳에서 암초를 만났다. 이런 장애물 탓에 책을 힘들게 완성하였다. 이렇게 만든 책이 독자에게 얼마나 많은 관심을 끌고 얼마나 큰 호소력을 발휘할 것인지, 글쎄 필자도 잘 모르겠다. 가장 안전한 판단은 아마도 가장 보수적인 판단, 즉 이런 책은 사람들의 관심을 많이 끌지 못할 것이라는 판단일 것이다. 실제로, 판매량으로 헤아리건대, 필자가 예전에 썼던 두 책은 시장에서 큰 반향을 불러일으키지 못했던 것 같다. 그러므로 지금 펴내는 이 책도 그렇게 널리 읽힐 것 같지 않다고 쉬이 예측할 수 있다. 다소 실망스러운 일이지만, 그래도 필자는 낙심하지 않는다. 왜냐하면 이 책을 쓰면서 필자는 아주 즐거웠기 때문이다.

아마도 필자의 여정(旅程)은 여기까지일 것이다. 필자는 이제 더 넓거나 더 깊은 영역으로 나아가지 못할 것이고, 그리하여 더 좋은 프로그래머가 되지 못할 것이다. 그러나 이런 전망이 못마땅하거나 불편하지 않다. 담담하고 평온하다. 우리의 몸과 마음이 고정되어 있지 않고 항상 바뀐다는 사실을 알면 일체의 괴로움과 시름에서 벗어날 수 있다는 가르침이 현묘하다. 이제 다른 사람이 이런 일을 할 것이다.

2024년 5월 하순

장 상 수

Contents

Ⅰ. Mata

Ⅱ. 수치해석

I. Mata

제 1 장 Mata 시작하기[1)]

먼저 Mata를 시작하는 방법을 알아보자. Stata의 명령 창에 mata라고 입력한다.

```
. mata
```

여기서 마침표(period, ".")는 Stata 프롬프트다. 이 프롬프트에서 명령어를 입력한다. Stata 프롬프트에서 mata라고 입력하면, Mata가 작동한다. Mata가 작동하면 Mata 프롬프트, 즉 콜론(colon, ":")이 뜬다. 이 프롬프트에서 명령을 입력한다.

```
: A=(1,2,3)
: B=(-1\-1\1)
```

Mata의 명령 창에 위 명령을 입력하면, Mata는 그 명령을 수행한다. 전자는 1,2,3이라는 요소(element)를 포함하는 행 벡터(row vector)를 만들고, 이를 A에 배당하라는 명령어다. 후자는 -1, -1, 1이라는 요소로 구성한 열 벡터(column vector)를 만들고 이를 B에 배당하라는 명령어다(행 벡터와 열 벡터를 만드는 연산자가 각각 쉼표(","), 역사선(backslash, "\")임에 기억하라). Mata는 과연 이 명령을 실행하였는가? 확인해 보자. 입력 창에 A를 입력하면 Mata는 다음과 같은 결과를 출력 창(결과 화면)에 출력한다. Mata는 우리가 지시한 결과를 그대로 출력한다. 이는 Mata가 우리의 명령을 제대로 실행했다는 것을 의미한다.

```
: A
        1   2   3
    +-------------+
  1 |   1   2   3 |
    +-------------+
: B
```

1) I부(Mata)를 서술할 때 Stata Corp.(2005b), Gould(2005, 2006a, 2006b, 2007a, 2007b, 2018), Baum(2009) 등을 참고하였다.

```
        1
  1   -1
  2   -1
  3    1
```

이제 이 두 벡터를 곱해 보자.

: A*B
0

두 벡터의 곱은 0이다. 이제 하고 싶은 일을 모두 마쳤으므로 Mata를 끄자. Mata의 명령 창에 end라고 입력하자. Mata는 끝나고 프롬프트는 Stata로 넘어간다.

: end

논의를 더 진행하기 전에, 조금 다른 형태의 명령어로 Mata를 다시 시작해 보자.

. mata:

Mata를 구동하는 명령 mata 뒤에 콜론(":")을 붙였다. 이런 명령어(mata:)는 콜론을 붙이지 않은 앞의 명령어(mata)와 동일한 효력을 보이지만 다만 한 가지가 다르다. Mata에서 명령어를 실행하다 오류가 발생할 수 있는데, 콜론이 없는 명령어(mata)로 Mata를 구동하면, 명령 수행 과정에서 이렇게 오류가 발생해도 Mata에서 빠져나가지 않고 Mata에 그대로 머문다. 그러나 콜론을 붙인 명령어(mata:)로 Mata를 시작하면, 명령 수행 과정에서 오류가 발생했을 때 Mata는 끝나고 프롬프트는 저절로 Stata로 이동한다. 예를 들어보자. 아래의 C와 D는 길이(length)가 다른 벡터다. 그러므로 서로 더할 수 없다. 이 둘을 더하려고 하면 이른바 적합성 오류(conformability error)가 발생한다. 앞의 명령어(mata)를 쓰면, 이렇게 오류가 나도 프롬프트는 Mata에 그대로 머물러 있지만, 뒤의 명령어(mata:)를 쓰면 Mata는 끝나고 프롬프트가 Stata로 넘어간다. 이미 보았다시피, Stata의 프롬프트는 마침표(".")다.

: C=(1\2\3)
: D=(1\2)

: C+D

```
                    <istmt>:  3200  conformability error
r(3200);
```

.

콜론을 붙인 명령어(mata:)로 Mata를 시작했을 때에 오류가 발생하지 않고 Mata가 명령을 정상적으로 수행할 수도 있다. 그러면 프롬프트는 콜론(":")에 그대로 머문다. 이런 상황에서 Mata를 끝내고 Stata로 넘어갈 때에는 앞에서와 마찬가지로 end 명령어를 사용한다.

: end

대화 방식(interactive mode)에서 명령을 수행할 때에는 콜론이 없는 명령어(mata)를 사용하는 것이 더 편리하지만, 일괄처리 방식(batch mode)으로 프로그램을 작성·실행할 때에는 콜론이 붙은 명령어(mata:)가 더 편리하다.

이 책의 서술과 관련한 글자체(폰트, font)를 언급해 보자. 이 책에서 본문은 국문이든 영문이든 모두 윤명조체로 작성하였다. 본문에 섞어 넣은 Stata와 Mata 명령어도 모두 같은 글자체, 윤명조체로 표기하였다. 그러나 Stata와 Mata의 명령 창이나 do 파일 편집 창에 기입하는 명령어는 IBM의 새 타자기 폰트(Courier New)로 표기하였다. 거꾸로 말하면, 타자기 폰트로 쓴 명령어는 명령 창이나 do 파일 편집창에 기입해야 한다는 것을 말한다. 이외에도 때때로 이탤릭체도 사용하였는데, 이탤릭체는 내용이 아니라 형식을 의미한다. 예컨대

. use *filename*, clear

. regress *depvar* [*indepvars*][*if*][*in*][*weight*][,*options*]

는 명령 창에 filename이라는 문자를 그대로 입력하라는 말이 아니라 auto.dta와 같은 파일의 이름, 즉 auto를 대입하라는 말이다. 예컨대 use auto, clear와 같이 입력하라는 의미다. 마찬가지로 depvar라는 문자를 그대로 입력하라는 말이 아니라 적절한 종속변수를 입력하라는 말이고, indepvars라는 문자를 그대로 쓰라는 말이 아니라 해당 독립변수를 입력하라는 뜻이다. 요컨대 regress mpg weight와 같은 방식으로 입력하라는 뜻이다.

또 하나의 표기 방식을 말해 보자. 앞에서 언급하였듯, 이 책에서 마침표로 시작하는 문장은 Stata에서 명령을 실행하라는 뜻이고, 콜론으로 시작하는 문장은 Mata에서 명령을 실행하라는

의미다. 마침표든 콜론이든, 아무 표시가 없는 문장은 편집 창(do editor)에서 실행 버튼으로 명령을 실행하라는 의미다.

제 2 장

대화 방식

2.1 계산기로 활용하기

Mata는 여러 방식으로 사용할 수 있다. 가장 단순하게 Mata는 계산기로 활용할 수 있다.

```
: 2+4
  6

: 4/5
  .8

: exp(1i*pi())
  -1

: sqrt(3)
  1.732050808
```

그러나 보통의 계산기와 달리, Mata는 숫자가 아니라 문자를 연산할 수도 있다. 문자 연산은 덧셈과 곱셈만 할 수 있다.

```
: 55*"-"
  -------------------------------------------------------
```

```
: "+"+"*"+"?"
 +*?
```

2.2 할당

이렇게 Mata는 숫자나 문자를 즉각적으로 계산하고 표시할 수도 있지만, 필요할 때에는 특정 문자에 리터럴(literal, 특정 문자나 숫자)을 할당하거나 배당(assignment)했다가 나중에 필요할 때 사용할 수도 있다. 먼저 실수(real numbers)를 배당해 보자.

```
: a=4
: b=5
```

우리는 이 두 실수를 담은 문자를 다음과 같이 연산할 수 있다.

```
: a+b
 9

: a/b
 .8
```

물론 더 복잡한 연산도 가능하다.

```
: a=1; b=-3; c=2
: sqrt(b^2-4*a*c)
 1
```

한 문자에 행렬을 배당하고 이의 역행렬을 구할 수도 있다. 나중에 다시 보겠지만, 대칭행렬의 역행렬을 구하는 Mata의 내장함수는 invsym()이다.

```
: A=(3,1\1,7)
: A
[symmetric]
       1    2
  1    3
  2    1    7

: invsym(A)
[symmetric]
          1        2
  1     .35
  2   -.05      .15
```

특정 문자에 숫자가 아니라 문자나 문자열(strings)을 배당할 수도 있다. 그리고 특정 문자를 할당한 문자열을 출력할 수도 있다.

```
: greeting="Hello, world."
: divline=55*"*"

: greeting
 Hello, world.

: divline
 *******************************************************
```

문자도 숫자처럼 연산할 수 있다. 다만 연산 방식은 덧셈과 곱셈, 두 가지(+, *)로 한정된다.

```
: s="He says that time does not flow."
: openquote="`"+`""""'
: closequote=`""""'+"'"
: statement=openquote+s+closequote
: statement
 `"He says that time does not flow."'
```

2.3 연산

다음과 같은 자료가 있다고 하자.

```
. tab cat
```

cat	Freq.	Percent	Cum.
1	60	62.50	62.50
2	23	23.96	86.46
3	6	6.25	92.71
4	7	7.29	100.00
Total	96	100.00	

이 자료와 함께, 데이터의 절반은 범주 1에 속하고, 나머지의 절반은 범주 2에, 그 나머지의 절반은 범주 3에, 나머지는 범주 4에 속한다는 이론이 있다고 하자. 그 이론을 따르면 각 범주의 기댓값은 48, 24, 12, 12다. 이 데이터가 이론적 분포(기댓값)에서 벗어난다는 판단을 5퍼센트 오차수준에서 기각할 수 있는가? 이 질문은 카이제곱 통계치와 카이제곱 분포로 대답할 수 있다. 카이제곱 통계치(chi-square statistic)를 계산하는 방법은 간단하다. 아래의 수식에서 o는 관찰값이고, e는 기댓값이다.

$$\chi^2 = \sum_{i=1}^{4} \frac{(o_i - e_i)^2}{e_i}$$

우리는 이 통계치를 Mata로 쉽게 계산할 수 있다(여기서 사용한 콜론 연산자는 다음에 자세히 설명한다. 미리 말하자면, 콜론 연산자는 상응하는 개별 요소끼리 연산한다. chi2tail() 함수는 카이제곱분포에서 특정 값이 출현할 확률을 계산한다).

```
: o=(60\23\6\7)
: e=(48\24\12\12)
: sum((o-e):^2 :/ e)
  8.125
```

```
: chi2tail(3, 8.125)
 .0434977514
```

Stata에서 Mata의 (내장) 함수에 대한 도움말을 얻으려면 help mata 명령어 뒤에 함수 이름을 써 넣는다.

```
. help mata sum()
. help mata st_matrix()
```

Mata에서도 같은 명령어로 도움말을 얻을 수 있다.

```
: help mata sum()
: help mata st_matrix()
```

혹시 Mata 함수를 모두 알고 싶다면, 또는 이들 함수를 체계적으로 이해하고 싶다면, Stata에서거나 Mata에서 다음과 같이 입력해 보라.

```
. help mata
```

제 3 장 스칼라, 벡터, 행렬

3.1 스칼라

스칼라(scalar)는 크기만 있고 방향이 없는 물리량이다. 예컨대 다음의 a와 b, c는 스칼라다. a는 실수 스칼라(real scalar)이고 b는 수치 스칼라(numeric scalar)다. c와 d는 문자 스칼라(string scalar)다.

```
: a=2
: b=3+4i
: c="Hello, world."
: d="This is Mata."
```

당연하지만, 스칼라는 연산할 수 있다.

```
: 3*a
 6

: c+" "+d
 Hello, world. This is Mata.
```

3.2 벡터

벡터(vector)는 크기뿐 아니라 방향도 갖는 물리량이다. 이차원 좌표계에서 한 점은 이차원 벡터로 표시할 수 있고, n차원 좌표계의 한 점은 n차원 벡터로 나타낼 수 있다. Mata에서 행 벡터(row vector)를 만들 때에는 그 요소(element)를 쉼표(",")로 구분하고, 열 벡터(column vector)는 그 요소를 역사선("\")으로 구분한다. 이차원 행 벡터는 (2, 3)이라고 쓰고, 삼차원 열 벡터는 (1\-3\2)이라고 쓴다.

```
: r=(2, 3)
: c=(1\-3\2)
```

이 벡터의 길이는 length() 함수로 구한다. 예컨대 c 벡터의 길이, 즉 요소의 숫자는 3인데, 이는 다음 명령으로 구할 수 있다.

```
: length(c)
  3
```

이 벡터의 크기는 보통 ||r||이나 ||c||로 표시하는데, $||r||=\sqrt{2^2+3^2}=3.61$이다. Mata에서 이 크기는 norm() 명령어로 쉽게 구할 수 있다.

```
: norm(r)
  3.605551275
```

위의 c 벡터의 크기는 $\sqrt{1^2+(-3)^2+2^2}=3.74$이다. Mata에서 이 크기는 역시 norm() 명령어로 쉽게 구할 수 있다.

```
: norm(c)
  3.741657387
```

다른 한편, 길이가 같은 두 벡터는 적합성 조건만 맞는다면 서로 더하거나 곱할 수 있다. 두 벡터 a=(1\2), b=(3\4)를 곱해 보자. 행 벡터와 열 벡터의 곱(a'b)에는 곱셈 기호를 넣지 않아도 되지만, 열 벡터와 행 벡터의 곱(a*b')에는 곱셈 기호를 꼭 넣어야 한다는 것을 기억하자.

```
: a'b
 11
```

```
: a*b'
```

	1	2
1	3	4
2	6	8

벡터의 곱셈은 벡터의 내적(內積, inner product)과 외적(外積, outer product)으로 구별할 수 있는데, 벡터의 내적은 한 열 벡터(x=(x1 x2...xn)')의 전치(transpose), 즉 행 벡터와 다른 열 벡터(y=(y1 y2 ...yn)')의 곱(x'y)으로 정의된다. 외적은 열 벡터와 행 벡터의 곱(x*y')이다.

$$x'y = x_1y_1 + x_2y_2 \cdots x_ny_n$$

내적이 0이면 두 벡터는 직교(直交)한다. 다음 두 벡터가 있다고 하자. 이 두 벡터 사이의 각도는 얼마인가?

```
: x=(2\1\3); y=(2\-1\-1)
: x'y
 0
```

두 벡터의 내적이 0이므로 이 두 벡터는 직각으로 교차한다.

벡터의 내적이 0일 때 두 벡터가 직각으로 교차한다는 사실을 보이는 한 예로 복소수의 회전을 살펴보자. 아래에서 보듯, 특정 복소수에 i를 곱하면 실수부와 허수부의 수치가 서로 뒤바뀐다.

```
: a=3+4i
: a*1i
 -4+3i
```

```
: a*1i*1i
 -3-4i
```

이 수치를 복소수 평면에 나타내 보자. 이 평면의 x축은 실수부의 수치를, y축은 허수부의 수치를 나타낸다. 그러므로 3+4i는 (3,4)라는 벡터로 쓸 수 있다. 3+4i에 i를 곱하면 -4+3i가 되고, 이는 (-4,3)이라는 벡터로 나타낼 수 있다. 이 두 벡터 사이의 각도는?

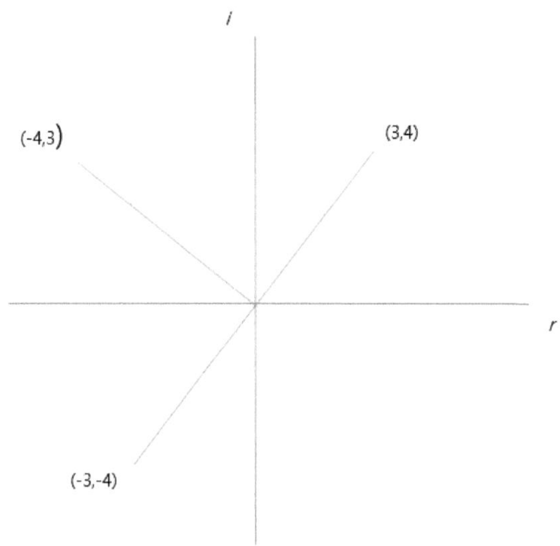

<그림 1-1> 복소수 평면의 직교 벡터

〈그림 1-1〉에서 보듯, 특정 복소수에 허수 i를 곱하면 벡터는 왼쪽으로 회전한다. 그런데 과연 이 회전각은 90도인가? 벡터의 내적으로 알아보자.

```
: a=(3\4); b=(-4\3)
: a'b
 0
```

```
: b=(-4\3); c=(-3\-4)
: b'c
 0
```

두 벡터의 내적이 0이므로 두 벡터는 직교한다. 다시 말해 복소수에 허수 i를 곱하면 복소수는

90도 회전한다.

3.3 행렬

행렬은 벡터의 결합이다. 행렬의 행은 쉼표(",") 연산자로 묶고, 열은 역사선("\") 연산자로 결합한다.

```
: x1=22\17\22
: x2=1\3\2
: X=x1,x2
: X
```

	1	2
1	22	1
2	17	3
3	22	2

벡터나 행렬과 관련한 함수를 살펴보자. 앞에서 보았다시피, 벡터의 길이는 length() 함수로 파악한다.

```
: length(c)
  3
```

행렬의 행과 열의 수(길이)를 알아낼 때에는 rows(), cols() 함수를 사용한다.

```
: rows(X)
  3
```

```
: cols(X)
  2
```

함수 I(n)은 n×n 단위행렬(identity matrix)을 만들어 반환한다.

: I(3)

```
[symmetric]
        1    2    3

  1     1
  2     0    1
  3     0    0    1
```

J(r, c, value) 함수는 그 요소를 value로 하는 r×c의 행렬을 만든다.

: J(3, 3, 1)

```
[symmetric]
        1    2    3

  1     1
  2     1    1
  3     1    1    1
```

J() 함수에서 행이나 열이 0일 수 있는데, 이렇게 행이나 열이 0인 벡터나 행렬을 영(null) 벡터, 영(null) 행렬이라 한다. 다음 함수는 실수와 문자의 영 벡터를 만든다.

```
: J(0, 0, .)
: J(0, 0, "")
: J(1, 0, .)
: J(0, 1, .)
```

영 벡터나 영 행렬은 왜 필요한가? 이어 돌기(looping)를 할 때 출발값으로 영 벡터나 행렬을 설정할 필요가 있다. 예를 들어보자. 10부터 1까지 정수의 제곱을 행 벡터로 만들어 보자. 아래의 for 순환문은 아직 언급하지 않았다. 15장에서 이를 공부한 후에 아래 예문을 다시 살펴보라.

```
: A=J(1, 0, .)
: a=(10..1)
: for (i=1; i<=10; i++) {
    A=(A, a[i]^2)
  }
: A
```

	1	2	3	4	5	6	7	8	9	10
1	100	81	64	49	36	25	16	9	4	1

앞으로 우리는 벡터와 더불어 행렬을 많이 다루겠지만, 행렬과 관련하여 우리의 관심을 가장 많이 끄는 것은 아무래도 역행렬이다. 역행렬을 구해야만 다른 연산을 진행할 수 있기 때문이다. 그런데 특정 행렬의 역행렬이 존재하는지 존재하지 않는지는 어떻게 알 수 있는가? 만일 존재한다면, 특정 행렬의 역행렬은 어떻게 구할 수 있는가?

먼저, 역행렬의 존재 여부를 확인해 보자. 역행렬의 존재 여부는 행렬식(determinant, D)으로 알 수 있다. D=0이면 역행렬이 존재하지 않고, D≠0이면 역행렬이 존재한다. 행렬식의 값은 det() 함수로 알 수 있다.

```
: A=(1,4,9\-4,7,25\7,5,2)
: det(A)
  0

: B=(1,2,1\3,0,4\-1,7,2)
: det(B)
  -27
```

A의 역행렬은 존재하지 않고, B의 역행렬은 존재한다. 그렇다면 B의 역행렬은 어떻게 구할 수 있는가? 역행렬을 구하는 함수는 여러 가지다. invsym(), cholinv(), luinv(), qrinv(), pinv() 함수들이 바로 그것들이다. 각 함수는 모두 역행렬을 구하지만, 그 적용 범위가 약간씩 다르다. 각 함수는 ① 서로 다른 형식의 전달인자를 필요로 한다. ② 각 함수의 전달인자의 범위는 점점 더 넓어진다. 예컨대 cholinv()의 전달인자는 invsym()의 전달인자보다 그 범위가 더 넓고, luinv()의 전달인자는 cholinv()의 전달인자보다 범위가 더 넓다. 요컨대 cholinv()의 전달인자는 luinv()의 전달인자의 부분 집합이다.

invsym(): 실수, 대칭, 반양정치, 사각행렬의 역행렬
cholinv(): 실수, 복소수, 대칭, 양정치, 사각 행렬의 역행렬
luinv() : 실수, 복소수, 사각 행렬의 역행렬
qrinv() : 실수, 복소수, m×n(m>=n) 행렬의 역행렬

pinv()　: 실수, 복소수, 대칭, 비대칭, 사각, 비사각 행렬의 Moore-Penrose 의사 역행렬

다음과 같은 실수 사각행렬의 역행렬을 구해 보자. luinv()와 qrinv(), pinv()는 다른 연산 방법을 동원하지만, 동일한 결과를 얻는다.

: A=(2,-1,0\1,0,-1\1,0,1); A

	1	2	3
1	2	-1	0
2	1	0	-1
3	1	0	1

: luinv(A)

	1	2	3
1	0	.5	.5
2	-1	1	1
3	0	-.5	.5

: qrinv(A)

	1	2	3
1	0	.5	.5
2	-1	1	1
3	0	-.5	.5

: pinv(A)

	1	2	3
1	1.11022e-16	.5	.5
2	-1	1	1
3	-3.56508e-17	-.5	.5

luinv(A)와 qrinv(A), 그리고 pinv(A)의 결과는 거의 같다. 그러나 A는 대칭행렬이 아니므로 cholinv()와 invsym()은 정확한 결과가 아니라 엉뚱한 결과를 내놓는다. 그러므로 특정 행렬이 대칭이 아닐 때 cholinv()나 invsym()을 사용해서는 안 된다.

```
: invsym(A)
[symmetric]
         1     2     3
    +-----------------+
  1 |   .5            |
  2 |    0     0      |
  3 |    0     0     1|
    +-----------------+
```

```
: cholinv(A)
[symmetric]
        1    2    3
    +---------------+
  1 |   .           |
  2 |   .    .      |
  3 |   .    .    . |
    +---------------+
```

앞의 두 함수, invsym()와 cholinv()는 대칭행렬의 역행렬을 구할 때에만 사용한다.

```
: A=(4,2,2\2,4,2\2,2,4); A
[symmetric]
       1   2   3
    +-------------+
  1 |  4          |
  2 |  2   4      |
  3 |  2   2   4  |
    +-------------+
```

```
: invsym(A)
[symmetric]
           1          2          3
    +--------------------------------+
  1 |   .375                         |
  2 |  -.125       .375              |
  3 |  -.125      -.125       .375   |
    +--------------------------------+
```

: cholinv(A)

```
[symmetric]
             1          2          3
    +-------------------------------------+
  1 |     .375                            |
  2 |    -.125       .375                 |
  3 |    -.125      -.125       .375      |
    +-------------------------------------+
```

앞으로 자주 보겠지만, 우리는 회귀계수(b)를 구할 때 매번 대칭행렬을 만난다. $b=(X'X)^{-1}X'y$에서 X'X가 바로 그 대칭행렬이다. 이 대칭행렬의 역행렬은 invsym()이나 cholinv()로 구할 수 있다(다음 예문에서 putmata 명령은 Stata의 변수를 Mata의 행렬로 전환한다. 이에 대해서는 다음에 자세히 논의한다. 우선 help mata putmata로 알아보라).

```
. sysuse auto, clear
. putmata y=mpg X=(weight foreign), view replace
. mata:
: X=X, J(rows(X), 1, 1)
: X'X
```

```
[symmetric]
                   1                2                3
    +--------------------------------------------------+
  1 |      718762200                                   |
  2 |          50950               22                  |
  3 |         223440               22               74 |
    +--------------------------------------------------+
```

: cholinv(X'X)

```
[symmetric]
                    1                2                3
    +-------------------------------------------------------+
  1 |     3.49682e-08                                       |
  2 |     .0000350104      .0997379444                      |
  3 |    -.0001159936     -.1353642954      .403994937      |
    +-------------------------------------------------------+
```

: cholinv(X'X)*(X'y)

```
                    1
    +------------------+
  1 |   -.0065878864   |
  2 |   -1.650029106   |
  3 |    41.67970233   |
    +------------------+
```

다른 한편, 우리는 이 역행렬을 이용하여, AX=C라는 선형방정식의 해를 구할 수도 있다. 즉 $X=A^{-1}C$로 구할 수 있다. 예를 들어 보자. 다음과 같은 방정식의 해를 구해 보자.

$$\begin{pmatrix} 2 & -2 & 1 \\ 1 & 3 & -2 \\ 3 & -1 & -1 \end{pmatrix}\begin{pmatrix} x_1 \\ x_2 \\ x_3 \end{pmatrix} = \begin{pmatrix} -3 \\ 1 \\ 2 \end{pmatrix}$$

여기서 A는 실수 사각행렬이므로 그 역행렬은 luinv() 함수로 구할 수 있다. 해는 그 역행렬과 C 벡터의 곱으로 구한다.

```
: A=(2,-2,1\1,3,-2\3,-1,-1)
: Ainv=luinv(A)
: C=(-3\1\2)
: Ainv*C
```

```
          1
     +--------+
  1  |  -1.4  |
  2  |    -2  |
  3  |  -4.2  |
     +--------+
```

그러나 우리는 이 해를 다른 방식으로 구할 수도 있다. 해 찾기 도구(solver)를 사용하는 방법이 바로 그것이다. 해 찾기 도구로는 cholsolve(), lusolve(), qrsolve(), svsolve()가 있다. 이들 해 찾기 도구 사용법은 help mata cholsolve() 등으로 알아보라. 여기서는 A가 실수 사각행렬이므로 앞 방정식의 해를 lusolve() 함수로 구해 보자.

```
: lusolve(A, C)
```

회귀계수를 구하는 앞의 예문에서 우리는 cholinv() 함수를 사용하였는데, cholsolve() 해 찾기 도구를 사용할 수도 있다. 앞에서 우리는 회귀계수를 b=(X'X)-1X'y라는 방식으로 구한다고 말하였는데, 이 식을 도출하기 직전의 형태는 X'Xb=X'y라는 방정식이었다. b를 미지수로 한 이 방정식의 해는 다음과 같은 해 찾기 도구로 구할 수 있다.

```
: cholsolve(X'X, X'y)
```

이와 같은 해 찾기 도구로 선형방정식의 해를 구할 수 있을 뿐 아니라 역행렬도 구할 수 있다. AX=I의 해가 A의 역행렬이다. 역행렬의 정의가 그러하다. 그러므로 역행렬은 다음과 같은 방식으로 구할 수 있다.

```
: A=(2, -2, 1\1,3,-2\3,-1,-1)
: lusolve(A, I(rows(A)))
```

	1	2	3
1	.5	.3	-.1
2	.5	.5	-.5
3	1	.4	-.8

```
: D=(4,2,2\2,4,2\2,2,4)
: cholsolve(D, I(rows(D)))
```

	1	2	3
1	.375	-.125	-.125
2	-.125	.375	-.125
3	-.125	-.125	.375

제 4 장

연산자

숫자와 문자, 벡터와 행렬을 조작하는 연산자(演算者, operator)는 다음과 같다. 연산자의 적용 순서, 즉 우선 적용 순서(precedence)는 다음과 같은데, 첨자 지정 연산자가 가장 높고 할당(배당) 연산자가 가장 낮다.

높은 우선 적용 순서에서 낮은 우선 적용 순서로 정렬한 연산자	
첨자 지정 연산자	[ ]
증가/감소 연산자	++, --
구조체나 클래스의 요소에 접근하는 연산자	-〉, .
포인터 연산자	*, &
산술 연산자	', ^, -(negation), /, #, *, -, +
논리 연산자	!, !=, 〉, 〈, 〉=, 〈=, ==, &, |
행 채우기	..
열 결합	,
열 채우기	::
행 결합	\
삼항 연산자	? :
배당	=

우선 적용 순서를 알아보기 위해 쉬운 예를 들어 보자. 행렬 A의 두 번째 행과 세 번째 열에 있는 요소(A[2,3])를 첫 번째 행과 세 번째 열에 있는 요소(A[1,3])와 곱한 값을 구할 때에는 다음과 같이 연산한다. 이때 첨자지정 연산은 곱하기 연산보다 우선한다. 즉 A[2,3]과 A[1,3]을 먼저 연산하고, 곱셈 연산을 뒤에 한다.

```
: A=(1,2,3\4,5,6\7,8,9)
: A[2,3]*A[1,3]
  18
```

다른 예를 들어보자. 포인터는 조금 뒤에 자세히 살펴보겠지만, 포인터 연산자는 앰퍼샌드(&)

와 별표(*)다. 앰퍼샌드는 주소(address)를 지칭하고, 별표는 그 주소에 있는 내용물(숫자나 문자, 벡터와 행렬)을 지칭한다. A 행렬이 있다고 했을 때 주소와 내용물은 다음과 같이 표시할 수 있다.

```
: p=&A
: *p
```

여기서 &A와 p는 A가 있는 곳의 주소를 나타내고, *p는 그 주소에 있는 내용물, 즉 A 행렬을 나타낸다. 이 행렬의 두 번째 행과 세 번째 열의 요소는 어떻게 나타낼 수 있는가? *p[2,3]은 실패나 오류를 낳는다. 왜냐하면 첨자 지정 연산자([ ])가 포인터 연산자(*)보다 우선 적용되는데, 지금 현재 p[2,3]은 존재하지 않기 때문이다. 현존하지 않는 주소에 포인터 연산자(*)를 붙여보아야 별다른 의미가 없다.

```
: *p[2,3]
                  <istmt>:  3301  subscript invalid
r(3301);
```

지금 존재하는 행렬은 *p이다. 그러므로 이 행렬의 둘째 행과 셋째 열을 지정하는 방식은 (*p)[2,3]이다. 괄호로 우선 적용 순서를 바꾸어야 한다.

```
: (*p)[2,3]
  6
```

어쨌든 첨자지정 연산자, 증가나 감소 연산자, 구조체나 클래스의 요소에 접근하는 연산자, 포인터 연산자 등은 조금 뒤에 살펴보기로 하고, 우선 산술 연산자부터 알아보자.

4.1 산술 연산자

산술 연산자의 종류는 다음과 같다.

높은 우선 적용 순서에서 낮은 우선 적용 순서로 정렬한 산술 연산자	
A'	전치
a^b	거듭제곱
−A	부정
A/b	(행렬을 스칼라로) 나누기
A#B	크로네커(Kronecker) 행렬 곱셈
A*B	행렬 곱셈
A−B	뺄셈
A+B	덧셈

주) 1. 대문자는 스칼라, 벡터, 행렬을 나타내고, 소문자는 스칼라를 나타낸다.
2. 곱셈은 덧셈보다 우선 적용 순서가 높다. A+B*C는 A+(B*C)다.
3. 거듭제곱은 부정보다 우선 적용 순서가 높다. −a^b=−(a^b)이다.

산술 연산자를 사용하는 예를 들어보자.

```
: A=(1,2\3,4); B=(0,1\2,0); a=2; b=3
: a^b
  8
: -A
        1    2
  1    -1   -2
  2    -3   -4

: A+B
       1   2
  1    1   3
  2    5   4

: A*B
       1   2
  1    4   1
  2    8   3
```

4.2 증감 연산자

높은 우선 적용 순서에서 낮은 우선 적용 순서로 정렬한 증가/감소 연산자	
a++	사용 다음에 증가
a--	사용 다음에 감소
++a	증가 다음에 사용
--a	감소 다음에 사용

주) 이 연산자는 실수 스칼라에만 사용한다.

++는 수량이나 회수를 하나씩 증가하는 연산자고, --는 수량이나 회수를 하나씩 감소하는 연산자다. i++는 i=i+1을 의미하고, 여기서 i는 하나씩 증가한다. i--는 i=i-1을 의미하고 여기서 i는 하나씩 감소한다. 아직 while과 같은 반복문을 설명하지 않았지만, 설명의 편의상 이를 사용한다. 나중에 while 문을 읽은 다음에 다시 이를 이해해 보라.

```
: v=1..10; sum=0; i=1
: while (i<=cols(v)) {
   sum=sum+v[i]
   i++                              //note
  }
: sum
 55
```

이는 다음과 같은 코딩과 같다.

```
: v=1..10; sum=0; i=1
: while (i<=cols(v)) {
   sum=sum+v[i]
   i=i+1                         //note
  }
: sum
 55
```

동일 결과를 다른 방식으로도 얻을 수 있다.

```
: v=1..10; sum=0; i=cols(v)
: while (i>=1) {
  sum=sum+v[i]
  i--
  }
: sum
 55
```

다음 두 가지 방식도 검토해 보라.

```
: v=1..100; sum=0; i=1
: while (i<=cols(v)) sum=sum+v[i++]
: sum
 5050
```

```
: v=1..100; sum=i=0
: while(i<cols(v)) sum=sum+v[++i]
: sum
 5050
```

v[i--]나 v[--i]는 v[i++]나 v[++i]와 동일 방식으로 작동한다.

4.3 논리 연산자

논리 연산자의 종류는 아래와 같다.

높은 우선 적용 순서에서 낮은 우선 적용 순서로 정렬한 논리 연산자	
!A	논리 부정 A가 스칼라면 A==0일 때 참. A가 벡터나 행렬이면 개별 요소가 0이면 참이고, 0이 아니면 거짓
A!=B	A가 B와 같지 않을 때 참
a>b	a가 b보다 클 때 참
a<b	a가 b보다 작을 때 참
a>=b	a가 b보다 크거나 같을 때 참
a<=b	a가 b보다 작거나 같을 때 참
A==B	A와 B가 같을 때 참
a&b	a!=0이고 b!=0일 때 참
a|b	a!=0이거나 b!=0일 때 참

주) 1. 대문자는 스칼라, 벡터, 행렬을 나타내고, 소문자는 스칼라를 나타낸다.
2. 논리적 표현식이 참이면 결과값은 1이고, 거짓이면 결과값은 0이다.
3. |, & 연산자는 때때로 ||, &&로 표기할 수 있다.

예를 들어보자.

```
: A=(1,2\3,4); B=(0,1\2,0); a=2; b=3; c=0
: !B
[symmetric]
        1   2
  1     1
  2     0   1

: A!=B
 1
: A==B
 0
: a&c
 0
: a|c
```

```
 1
: "alpha" > "aphal"
 0
: "alpha">"alph"
 1
```

4.4 삼항 연산자

삼항 연산자(ternary operator)는 특정 조건(a)이 맞으면 콜론 앞의 조건식(B)을 실행하고, 그 조건이 맞지 않으면 콜론 뒤의 조건식(C)을 실행한다.

삼항 연산자
(a ? B : C)

주) 1. 대문자는 스칼라, 벡터, 행렬을 나타내고, 소문자는 스칼라를 나타낸다.
 2. a가 0이 아니면 B가 되고, 그렇지 않으면 C이다.
 3. a가 0이 아니면 C는 평가되지 않고, a가 0이면 B가 평가되지 않는다.

예를 들어보자.

```
: x=-1
: x<0 ? -x : x
 1
: n=2
: n==1 ? "variable" : "variables"
variables
```

다른 예를 들어보자. 한 벡터에서 음수는 버리고 양수만 골라, 이를 모두 합한 값을 구해보자. 아직 for와 같은 반복문을 설명하지 않았지만, 설명의 편의상 이를 사용한다. 독자들은 나중에 for 문을 배운 다음에 다시 이 코딩을 살펴보기 바란다.

```
: x=-5..5
: sum=0
: for(i=1; i<=length(x); i++) {
   sum=sum+(x[i]>0 ? x[i] : 0)
  }
: x
: sum
 15
```

4.5 결합 연산자

벡터나 행렬에서 요소를 결합하여 행을 만드는 연산자는 쉼표(",")고 열을 만드는 연산자는 역사선("\")다. 일정한 요소로 행을 채우는 연산자는 역콜론("..")이고, 열을 채우는 연산자는 이중콜론("::")다.

행렬의 행과 열의 결합 연산자, 범위 연산자	
a..b	행 채우기 연산자
A, B	열 결합 연산자
a::b	열 채우기 연산자
A \ B	행 결합 연산자

주) 1. 대문자는 스칼라, 벡터, 행렬을 나타내고, 소문자는 스칼라를 나타낸다.

먼저 요소를 결합하여 행을 만드는 연산자부터 알아보자. 행을 만드는 연산자는 쉼표다.[2)]

```
: rv1=(1,2,3)
: rv2=(4,5,6)
: rv3=(rv1, rv1, 7, 8, 9)
```

2) 이처럼 콤마(",")는 열을 결합하는 연산자다. 그러나 콤마는 다른 용도로 사용할 수 있다. 콤마는 1) 함수의 전달인자를 분리하고, 2) 첨자 지정(subscripting)에서 행과 열을 분리하는 구분자(separator)로 사용할 수 있다. 예컨대 ttail(20, 1.8)는 20과 1.8을 결합하여 ttail()이라는 함수에 단일 벡터로 전달하라는 이야기가 아니다. 함수 ttail()에 두 개의 20과 1.8이라는 두 인자를 전달하라는 말이다. 함수의 전달인자 사용법은 추후에 살펴볼 것이다. 마찬가지로 X[2,3]도 2와 3을 결합하여 단일 벡터를 전달하라는 의미가 아니라, 각각을 행과 열로 인식하라는 의미다.

: rv3

```
       1   2   3   4   5   6   7   8   9
  1    1   2   3   4   5   6   7   8   9
```

다음에는 요소를 결합하여 열을 만드는 연산자다. 요소를 결합하여 열을 만드는 연산자는 역사선이다.

: rc1=(1\2)

: rc2=(3\4)

: rc3=(rc1\rc2\5\6); rc3

```
      1
1     1
2     2
3     3
4     4
5     5
6     6
```

이번에는 열과 열을 결합하여 행렬을 만들어 보자.

: mat1=rc1, rc2

: mat1

```
      1   2
1     1   3
2     2   4
```

행과 행을 결합하여 행렬을 구성해 보자.

: mat2=rv1\rv2

: mat2

```
      1   2   3
1     1   2   3
2     4   5   6
```

행 채우기 연산자("..")와 열 채우기 연산자("::")를 사용하여 행 벡터와 열 벡터를 만들어 보자.3)

```
: 1..5

           1    2    3    4    5
     +-------------------------+
   1 |     1    2    3    4    5 |
     +-------------------------+

: b=(4::1)
: b

           1
     +-----+
   1 |  4  |
   2 |  3  |
   3 |  2  |
   4 |  1  |
     +-----+
```

4.6 콜론 연산자

콜론 연산자는 요소별로 연산한다. 벡터나 행렬의 한 개별 요소를 그에 상응하는 위치에 있는 다른 요소와 연산한다. 행렬에 스칼라, 행 벡터, 열 벡터, 행렬을 콜론 덧셈을 하면 행렬의 각 요소에 상응하는 위치의 스칼라, 행 벡터, 열 벡터, 행렬을 더한다.

	높은 우선 적용에서 낮은 우선 적용 순서로 정렬한 콜론 연산자
A:^B	거듭제곱
A:/B	나누기
A:*B	곱하기
A:-B	빼기
A:+B	더하기
A:!=B	같지 않음
A:>B	A가 B보다 더 크다
A:<B	A가 B보다 더 작다
A:>=B	A가 B보다 더 크거나 같다
A:<=B	A가 B보다 더 작거나 같다
A:==B	A와 B가 같다
A:&B	논리적 and
A:|B	논리적 or

주) 1. 대문자는 스칼라, 벡터, 행렬을 나타내고, 소문자는 스칼라를 나타낸다.

3) 나중에 집합체(class)를 말할 때 언급하겠지만, Mata는 이중콜론을 범위 지정 연산자로도 사용한다.

예를 들어보자.

```
: a=(1,2,3); b=(4,5,6)
: a:+3
        1   2   3
   1    4   5   6

: a:-b
         1     2     3
   1    -3    -3    -3

: b:^a
          1       2       3
   1      4      25     216

: A=(1,2\3,4); B=(5,6\7,8)
: B:/A
                  1                2
   1              5                3
   2    2.333333333                2

: B:>=A
[symmetric]
        1   2
   1    1
   2    1   1
```

4.7 첨자 연산자

첨자 지정으로 벡터나 행렬의 일부를 가리키거나 추출할 수 있다.

높은 우선 적용에서 낮은 우선 적용 순서로 정렬한 첨자 연산자	
첨자로 요소 추출하기	
A[r,c]	행렬 A의 (r,c) 요소
A[r,.]	행렬 A의 r번째 행
A[.,c]	행렬 A의 c번째 열
A[r,]	A[r,.]과 같은 의미
A[,c]	A[.,c]와 같은 의미
V[i]	벡터 V의 I번째 요소
첨자로 목록 추출하기	
A[V, W]	행렬 A의 V번째 행들과 W번째 열들
V[W]	벡터 V의 W번째 요소들
첨자로 하위행렬 추출하기	
A[|X|]	행렬 A의 하위행렬
V[|W|]	벡터 V의 하위벡터

주) 1. 대문자는 스칼라, 벡터, 행렬을 나타내고, 소문자는 스칼라를 나타낸다.

벡터 V나 행렬 A가 있을 때, 그 요소는 어떻게 지정하거나 추출할 것인가? 첨자를 사용하면 된다.

```
: V=(1, 4, 3, 4)
: V[2]
  4

: A=(1,2,3,4\5,6,7,8\9,10,11,12\13,14,15,16); V=5..1
: A[2,3]
  7

: A[2,]
        1   2   3   4
    1   5   6   7   8
```

: A[2,.]

```
        1    2    3    4
  1     5    6    7    8
```

: A[,3]

```
        1
  1     3
  2     7
  3    11
  4    15
```

: A[.,3]

```
        1
  1     3
  2     7
  3    11
  4    15
```

: i=(2,3); j=(3,4)

: A[i,j]

```
        1     2
  1     7     8
  2    11    12
```

:V[(4,5)]

```
        1    2
  1     2    1
```

다른 방식으로 하위행렬을 지정하거나 추출할 수 있다. 범위를 지정하는 방식이 바로 그것이다. 예컨대 2행 1열(2,1)부터 4행 3열(4,3)까지 위치를 지정하여, 일정 범위의 하위행렬을 추출할 수 있다. 이때에는 역사선 연산자를 사용한다.

: A[|2,1\4,3|]

	1	2	3
1	5	6	7
2	9	10	11
3	13	14	15

: M=(2,2\4,3)

: A[|M|]

	1	2
1	6	7
2	10	11
3	14	15

: V[|2\4|]

	1	2	3
1	4	3	2

위와는 약간 다른 방식의 첨자 활용 방식을 보자. 순열 벡터(permutation vector)를 첨자로 활용하여 행렬의 순서를 바꿀 수도 있다. 다음과 같은 데이터(D)가 행렬 형태로 있다고 하자.

: Data

	1	2	3	4
1	22	2930	0	186
2	17	3350	0	173
3	22	2640	0	168
4	20	3250	0	196
5	15	4080	0	222

이 행렬의 순서를 바꾸는 함수는 sort()다. 명령 창에 다음과 같이 입력하면, Mata는 행렬을 먼저 1열을 기준으로 오름차순으로 정렬하고, 다시 2열을 기준으로 오름차순으로 정렬한다.

: sort(Data, (1,2))

그러나 순열 벡터를 사용하여 다른 방식으로 정렬할 수 있다.

```
: p=(5,2,4,3,1)
: Data[p,]
          1       2       3       4
     +---------------------------------+
  1  |   15    4080       0     222   |
  2  |   17    3350       0     173   |
  3  |   20    3250       0     196   |
  4  |   22    2640       0     168   |
  5  |   22    2930       0     186   |
     +---------------------------------+
```

이 순열 벡터는 어떻게 얻는가? order() 함수를 사용하면 쉽게 얻을 수 있다.

```
: p=order(Data, (1,2))
```

조금 더 복잡한 이야기를 해 보자. 첨자 지정으로 데이터의 사례(observation)를 무작위 복원추출(random sampling with replacement)하는 방법을 알아보자. 예컨대, 5개의 사례로 이루어진 데이터 X에서 같은 크기의(크기가 5인) 표본을 무작위로 표집하는 방법을 살펴보자. 이를 위해, 먼저, 1에서 5까지 이르는 정수에서 무작위로 추출한 5개의 정수를 구하자.4)

```
. sysuse auto, clear
. mata:
: st_view(X=.,.,tokens("mpg weight length"))
: X=X[1..5,]
: X
          1       2       3
     +-------------------------+
  1  |   22    2930     186   |
  2  |   17    3350     173   |
  3  |   22    2640     168   |
  4  |   20    3250     196   |
  5  |   15    4080     222   |
     +-------------------------+

: rseed(10101)
: o=ceil(rows(X)*runiform(rows(X),1, 0, 1))
: o
```

4) 여기서 rseed()는 표본을 반복 추출할 때 동일 결과를 얻기 위해 사용하는 함수다.

	1
1	2
2	3
3	2
4	2
5	1

둘째, 첨자 지정으로 무작위로 추출한 사례를 나열해 보자.

```
: Z=X[o,]
: Z
```

	1	2	3
1	17	3350	173
2	22	2640	168
3	17	3350	173
4	17	3350	173
5	22	2930	186

4.8 포인터 연산자

포인터(pointer)는 외관상 무척 어렵게 보인다. 그러나 실제로 포인터는 그렇게 어렵지 않다. 포인터가 어렵고 복잡하게 보이는 까닭은 그것을 활용하는 프로그램이 어렵고 복잡하기 때문이지 포인터가 어렵기 때문이 아니다. 포인터는 도리어 매우 직관적이다. 그리고 메모리의 효율적 사용을 위해서 꼭 필요한 것이기도 하다.

포인터 연산자를 자세히 알아보기 전에 먼저, 포인터를 이해해 보자.

```
: A=(1,2\3,4)
: p=&A
```

여기서 앰퍼샌드("&")는 주소 연산자(address-of operator)다. &A는 A 행렬이 있는 주소를 나타낸다. 이 주소를 p에 배당하였으므로 p도 주소를 나타낼 것이다. 즉 p와 &A는 동일체다.

```
: &A
  0x11254e80

: p
  0x11254e80
```

Mata는 주소를 16진수로 나타내어, 이 주소의 모습을 알아보기 쉽지 않다. 그러나 우리가 A를 저장한 주소를 알 필요는 없기 때문에 이 흉한 모습에 놀랄 필요는 없다. 우리가 기억할 것은 이 주소에 입력한 내용(정보)이다. 이 내용은 역참조 연산자(dereferencing operator), 별표("*")를 붙여 알아낼 수 있다.

```
: *p
       1   2
    +---------+
  1 |  1   2  |
  2 |  3   4  |
    +---------+
```

거꾸로 생각할 수도 있다. *p의 내용을 바꾸면 A도 바뀐다.

```
: *p=(1,3\4,3)
: A
       1   2
    +---------+
  1 |  1   3  |
  2 |  4   3  |
    +---------+
```

포인터 연산자의 종류와 우선 적용 순서는 다음과 같다.

높은 우선 적용 순서에서 낮은 우선 적용 순서로 정렬한 포인터 연산자	
NULL	NULL 주소의 값
*p	주소 p에 있는 객체에 접근
(*p)(...)	주소 p에 있는 함수를 불러 인자를 전달...
&NAME	객체 NAME의 주소
&NAME()	함수 NAME의 주소
&(expr)	표현식 expr의 평가결과를 저장한 주소
&(NAME(...))	함수 NAME의 실행 결과를 저장한 주소

포인터 연산자의 사용례를 정리해 보자.

진술 방식	의미
1. NULL의 처리	
p=NULL	p가 아무것도 가리키지 않도록 정함
*p	오류: NULL 포인터를 참조할 수 없다
*NULL	오류: NULL 포인터를 참조할 수 없다
2. 스칼라 처리	
p=&a	변수 a의 주소
*p	a
3. 벡터와 행렬 처리	
p=&B	벡터 B의 주소
*p	B
(*p)[3]	B[3]
p=&C	행렬 C의 주소
*p	C
(*p)[2,3]	C[2,3]
p=&B[2]	B[2] 복사판의 주소
*p	B[2]로 이루어진 복사판의 내용: *p는 B[2]의 동의어가 아니다.
4. 함수 처리	
p=&func()	함수 func)의 주소
(*p)()	전달인자 없이 func)를 호출
(*p)(2,3)	func2,3) 호출
p=&cl.func()	오류: 클래스 함수의 주소는 불허용
5. 포인터 벡터와 행렬 처리	
Q=(1,20, NULL)	1×20의 포인터 벡터(요소는 NULL)
Q[1]=&a	변수 a의 주소
Q[2]=&st	구조체 st의 주소
Q[3]=&st.mbr	구조체 st의 멤버 변수의 주소
*Q	오류: 벡터를 역참조할 수 없다
*Q[1]	a
*Q[2]	st
*Q[3]	st.mbr
Q=J(5,5,NULL)	5×5의 포인터 행렬(요소는 NULL)
6. 표현식 처리	
p=&2	2의 주소
*p	2
p=&(2+3)	5의 주소
*p	5

p=&(I(20))	20×20의 단위행렬 주소
*p	20×20의 단위행렬
(*p)[3,2]	20×20 행렬의 (3,2) 요소: 0
p=&(expr)	expr의 평가 결과의 주소
*p	expr의 평가 결과

7. 포인터의 포인터 처리

p=&a	변수 a의 주소
q=&p	변수 p의 주소
*q	변수 a의 주소
**q	a

제 5 장 일괄처리 방식

지금까지 대화 모드(interactive mode), 즉 명령어를 명령 창에 직접 입력하는 방식으로 Mata를 사용하였다. 그러나 실제로 이런 모드로 프로그램을 작성하는 일은 거의 없다. 프로그램을 작성할 때에는 흔히, 여러 명령어를 순차적으로 한꺼번에 처리하는 방식, 즉 일괄처리 방식(batch mode)을 사용한다. 이 방식은 Mata 코드를 do 편집기(do editor)로 작성하고 이 창에서 여러 명령을 일괄 실행한다. 이 책에서는, 이런 모드로 명령을 처리할 때에는 명령문 앞에 붙인 콜론(":")을 생략하기로 한다.

일괄처리 모드로 Mata를 사용하는 방법은 크게 세 가지다. 첫째 방법은 Stata의 do 파일에서 Mata를 실행하는 방법이고, 둘째 방법은 Stata의 ado 파일에서 Mata를 활용하는 방법이다. 셋째 방법은 Mata에서 프로그램을 직접 작성하고 실행하는 방법이다. 이들을 하나씩 살펴보자.

5.1 do 파일에서 Mata 코드 사용하기

do 파일에서 Mata 코드를 사용하는 방식은 매우 직관적이어서 이해하기 쉽다. 몇 가지 예를 들어 알아보자. 보통 do 파일은 작업 디렉토리(working directory)에 저장한다. 예컨대 D:\mystata\StataMata이 작업 폴더라면 그곳에 example.do 등의 이름으로 저장한다.

```
clear
sysuse auto
mata:
  st_view(y=.,.,"mpg")
  st_view(X=.,.,tokens("weight foreign"))
  cons=J(rows(X),1,1)
```

```
  X=X,cons
  invsym(X'X)*(X'y)
end
```

위 예는 회귀계수를 구하는 do 파일이다. 이 do 파일은 대화 모드보다 훨씬 더 간편하다. 위 파일은 mata:라고 선언한 뒤에 제법 많은 명령어를 포함하고 있다. 그러나 mata: 다음에 단 하나의 명령(one-liner)만 포함할 수도 있다(앞에서 간헐적으로 다루었지만, 아직 st_matrix()를 비롯한 st_interface 함수를 본격적으로 다루지 않았다. 다음 예문을 이해하기 힘들면, 조금 뒤에 8장을 읽은 다음에 다시 돌아와 읽어보기 바란다).

```
clear
sysuse auto
quietly reg price displacement weight foreign
mata: st_matrix("bstp", (st_matrix("r(table)")[1..4,.]))
matrix rownames bstp=coef stderr t p
local colname: colnames e(b)
matrix colnames bstp=`colname'
matlist bstp', format(%9.3f)
```

	coef	stderr	t	p
displacement	10.254	6.138	1.671	0.099
weight	2.329	0.711	3.275	0.002
foreign	3899.630	678.761	5.745	0.000
_cons	-4048.343	1432.739	-2.826	0.006

```
exit
```

여기서 r(table)은 특정 모형을 추정한 뒤에 얻을 수 있는 행렬이다. 이를 확인하는 방법은 다음과 같다.

```
. quietly reg price displacement weight foreign
. return list
```

```
scalars:
              r(level) =  95

matrices:
              r(table) :  9 x 3
```

. matlist r(table)

```
             |     weight     foreign       _cons
-------------+------------------------------------
           b |  -.0065879   -1.650029     41.6797
          se |   .0006371    1.075994    2.165547
           t |  -10.34022   -1.533493    19.24673
      pvalue |   8.28e-16    .1295987    6.90e-30
          ll |  -.0078583     -3.7955    37.36172
          ul |  -.0053175    .4954422    45.99768
          df |         71          71          71
        crit |   1.993943    1.993943    1.993943
       eform |          0           0           0
```

다른 한편, 위 예제에서 st_matrix() 함수는 Stata의 행렬을 Mata로 이전하거나, Mata의 행렬을 Stata로 옮기는 함수고, local colname: colnames e(b)는 e(b) 행렬(이 행렬은 Stata 프롬프트에서 ereturn list 명령어로 확인할 수 있다)의 열 이름을 colname이라는 로컬(지역) 매크로에 저장하라는 명령어다. matrix colnames bstp=`colname'은 matrix colnames bstp=`: colnames e(b)'로 바꾸어 표현할 수도 있다.

말할 것도 없지만, do 파일을 활용하는 방식에 이에 그치는 것은 아니다. 다른 방식도 알아보자. 함수(function)를 포함한 do 파일을 만들어 보자. 그러나 이 경우에는 do 파일을 만들기 전에 Mata 함수에 대해 간략하게 알아보아야 한다(함수를 만드는 방법은 7장에서 자세히 다룰 것이다).

```
mata:
void main()
{
  printf("Hello, world\n") ;
}
end
```

위 함수는 아무 것도 연산하지 않고, 어떤 결과도 반환하지 않는 함수다. 그러므로 함수 이름 앞에 void를 붙였다. 결과 값이 없다는 이야기다. 함수 이름은 어떤 것이어도 좋다. main()도 좋고, hello()도 좋고, greeting()도 좋다. 프로그래머(바로 당신)가 결정할 일이다. 함수 이름 뒤에 중괄호("{")를 연 뒤, 줄을 바꾸어서 명령어를 입력한다. 명령어 다음에 세미콜론(";")은 붙여도 좋고 붙이지 않아도 좋다. 붙이지 않는 게 덜 수고로울 것이다. 다시 줄을 바꿔, 중괄호("}")를 닫는다. 그러나 프로그램 본체의 명령어가 단 하나라면 중괄호는 필요 없다. 함수 이름 뒤에 본문의 명령어를 덧붙이면 그만이다. 즉

```
void main() printf("Hello, world\n")
```

라고 서술하면 그만이다. do 파일을 실행하여 이 함수를 메모리에 탑재한 다음, Mata 프롬프트에서 함수 이름을 입력하면 이 함수를 실행할 수 있다.

```
: main()
```

이제 이 Mata 함수를 포함하는 do 파일을 실제로 만들어 보자. 앞 함수를 조금 더 확장해 보자.

```
clear all
mata:
void hello()
{
  printf("Hello, world\n")
}

void goodbye()
{
  printf("Goodbye, everyone\n")
}
end
```

do 파일의 실행 버튼을 눌러 이 코드를 실행하면, Stata는 위 명령을 결과 창에 그대로 반복한다. 위 명령을 오류 없이 잘 실행하였다는 이야기다. 그리고 Mata의 함수를 메모리에 탑재하였다는 말이다. 이 함수를 활용하는 방법은 두 가지다. 먼저, Stata에서 다음과 같이 명령한다.

```
. mata: hello()
. mata: goodbye()
```

둘째, Mata에서 다음과 같이 명령한다.

```
: hello()
: goodbye()
```

지금까지 do 파일에서 Mata 코드를 사용하는 한 방식을 보았다. 그러나 방금 보았던 것처럼, Mata가 함수만 포함한다면, Mata 코드를 다른 방식으로 저장할 수도 있다. 앞의 파일, 즉 함수를 포함한 파일을 *filename*.mata라는 형식으로 작업 폴더에 저장해 보자. 예컨대 hello.mata라는 이름으로 D:\mystata\StataMata에 저장해 보자. 그런 다음 Stata 프롬프트에서 다음과 같이 명령한다.

```
. do hello.mata
```

그 다음 절차는 앞의 방식과 동일하다. 예컨대 Stata에서 hello() 함수를 실행하려면

```
. mata: hello()
```

라고 명령하고, Mata에서 hello() 함수를 실행하려면 다음과 같이 명령한다.

```
: hello()
```

5.2 ado 파일에서 Mata 코드 사용하기

Stata의 ado 파일에 Mata 코드를 삽입하는 방법은 널리 알려져 있다. Mata 코드는 보통 ado 파일의 맨 밑에 위치한다. 참고로 모든 ado 파일은 C:\ado 디렉토리에 저장한다. 이런 형태의 ado 파일의 구조는 다음과 같다.

```
program AAA
  version 15.1
  ...
  mata: function()
  ...
end

version 15.1
mata:
....
function()
{
  ...
}
end
```

모양은 단순해도 이해가 쉽지 않다. 가장 직관적인 예를 들어서 이 구조를 이해해 보자.

```
*! 16 October 2022
program greeting
  version 15.1
  mata: hello()
  mata: goodbye()
end

version 15.1
set matastrict on
mata:
void hello()
{
  printf(`""hello, world."\n"')
```

```
}
void goodbye()
{
  printf("`""goodbye, everyone."\n"')
}
end
```

이 구조는 다음과 같다. 먼저 Stata에서 program *name* 명령으로 프로그램을 만든다. 나중에 *name*은 명령어로 사용할 수 있을 것이다(cf. 장상수, 2023). 프로그램 안에서 mata: *function*() 을 선언하여, Mata의 함수를 호출한다. end 명령으로 Stata의 프로그램을 닫는다. mata 명령으로 Mata를 연다. Mata에서 *function*()을 만든다. end 명령으로 Mata를 닫는다.

이런 구조의 파일을 우선 C:\ado에 greeting.ado라는 이름으로 저장하고, Stata의 명령 창에 이 ado 파일의 이름(*name*), 즉 greeting을 입력한다.

```
. greeting
"hello, world."
"goodbye, everyone."
```

더 현실적이지만, 다소 복잡하게 보이는 예를 들어보자. 이번에는 변수의 최댓값과 최솟값을 구하는 ado 파일이다.

```
*! varextrema v1.0.0   by C. Baum
program SimpleVarExtrema
  version 15.1
  syntax varname(numeric)
  mata: calcextrema("`varlist'")
  display as txt "min(`varlist')= " as res r(min)
  display as txt "max(`varlist')= " as res r(max)
end

version 10.1
```

```
mata:
function calcextrema(var)
{
  real colvector x, cmm
  st_view(x=., ., var)
  cmm=colminmax(x)
  st_numscalar("r(min)", cmm[1])
  st_numscalar("r(max)", cmm[2])
}
end
```

위 프로그램을 조금 해설해 보자. 먼저 program *name* 명령으로 프로그램 이름을 설정한다. 이 *name*은 나중에 명령어로 사용한다. mata: calcextreama(...) 명령으로 Mata 함수를 호출한다. 이때 전달인자는 변수 이름 목록("`varlist'")이다. 변수 이름 목록은 하나다. 즉 *name* 명령어 다음에 들어갈 변수는 하나라는 말이다. 그것을 어떻게 아는가? 앞의 syntax 명령에서 varlist가 아니라 varname이라고 지정하였기 때문이다.[5)]

```
mata: calcextrema("`varlist'")
```

이제 명령 수행 과정은 Mata 함수로 넘어가는데, Mata에서는 Stata에서 호출한 명령에 대응하는 적절한 함수를 만든다. 먼저 function calcextrema(var) 명령으로 전달인자를 설정한다. 이 전달인자의 이름(var)이 Stata의 전달인자 이름("`varlist'")과 같을 필요는 없다. 전달인자의 수와 전달인자 순서만 같으면 된다.

```
function calcextrema(var)
{
  ...............
}
```

Mata 함수 안에서 st_view() 함수로 외부의 데이터를 받아들인 다음, colminmax() 라는 내

5) syntax 명령은 장상수(2023)을 참조하라.

장 함수로 최대값과 최소값을 추출한다. 그리곤 st_numscalar() 함수로 최솟값과 최댓값을 Stata로 이전한다. Mata의 명령어를 모두 마쳤으므로 명령 수행 과정은 다시 Stata로 이동한다. Stata에서는 display 명령으로 Mata에서 넘겨받은 최댓값(cmm[1])과 최솟값(cmm[2])을 출력한다.

위 프로그램을 C:\ado에 SimpleVarExtrema.ado이라는 이름으로 저장하고, Stata에서 다음 명령을 내려 보자.

```
. sysuse auto, clear
. SimpleVarExtrema mpg
min(mpg)= 12
max(mpg)= 41
```

위 예문에서 SimpleVarExtrema라는 명령 뒤에 mpg라는 변수 이름을 입력하였더니, Stata는 mpg의 최댓값과 최솟값을 보여주었다.

5.3 Mata에서 프로그램을 직접 실행하기

앞의 (1)절과 (2)절에서는 Mata의 함수를 Stata의 프로그램과 결합하여 do 파일이나 ado 파일을 만들었지만, Stata 없이 Mata 함수로만 프로그램을 작성할 수도 있다.

일정한 방식을 따르면, Stata를 사용하지 않고도 Mata 코드를 공적 함수(public function), 즉 모든 사람이 공동으로 사용할 수 있는 함수로 바꿀 수 있다. 앞에서 이미 보았지만, 다음과 같은 프로그램을 다시 한 번 더 살펴보자.

```
clear all
version 15.0
mata:
void hello()
{
  printf("hello, world\n")
}
```

```
void goodbye()
{
  printf("goodbye, world\n")
}
end
```

위 코드를 공적 함수로 바꾸려면 먼저 이를 컴파일하고 라이브러리에 저장해야 한다. 코드를 컴파일하려면, 위 코드를 메모리에 읽어 들여야 한다. 어떻게? Stata에서 do hello.mata를 입력하여 코드를 읽거나, do 파일 편집 창에서 실행 단추를 눌러 코드를 메모리에 탑재한다. 이렇게 읽은 코드를 라이브러리에 저장하려면 lmbuild *libraryname* 명령을 내려야 한다. 이때 라이브러리 이름(*libraryname*)은 반드시 (L의 소문자인) l로 시작해야 하고 .mlib라는 확장자로 끝나야 한다. 예컨대 라이브러리 이름을 mylib라고 하고 싶다면 lmbuild lmylib.mlib라고 입력해야 한다. Mata 라이브러리를 만드는 do 파일을 make_mylib.do라고 하자. 그 내용은 다음과 같다.

```
. doedit make_mylib.do

clear all
do hello.mata
lmbuild lmylib.mlib
exit
```

이를 실행하여 라이브러리를 형성하면 이제 hello()와 goodbye() 함수는 Stata의 일부가 된다. 우리가 clear all이라는 명령을 내렸을 때에도 이런 함수들은 사라지지 않는다. Stata를 끈 다음 다시 켰을 때에도, 우리가 만든 함수, hello()와 goodbye()는 작동한다.

```
. clear all
. mata:
: hello()
hello, world

: goodbye()
```

```
goodbye, world
: end
```

추가 노트

우리가 hello.mata를 다음과 같이 수정하거나 변경한 경우에는, 라이브러리를 다시 구축해야 한다.

```
clear all
version 15.0
mata:
void hello()
{
  printf("hello, world\n")
}
void goodbye()
{
  printf("goodbye, everyone\n")
}
void saygoodbye()
{
  printf("Have a nice day\n")
}
end
```

라이브러리 재구축 방법은 다음과 같다.

```
clear all
do hello.mata
lmbuild lmylib.mlib, replace
exit
```

```
. mata:
: saygoodbye()
See you again, world
```

제 6 장

조건문과 순환문

6.1 조건문

조건문은 특정 조건마다 별개의 명령을 실행하는 문장이다. 조건문의 구문(syntax)은 다음과 같다.

if (*expr*) *stmt1*
else *stmt2*

이 조건문은 표현식(*expr*)이 참일 때(0이 아닐 때) *stmt1*을 실행하고, 거짓일 때(0일 때) *stmt2*를 실행한다는 의미를 띤다. 예를 들어 알아보자.

```
mata:
age=20
if (age<18) printf("He/she is a non-adult\n")
else printf("He/she is an adult\n")
end
```

이런 형식을 더 확장하면, 다음과 같은 조건문을 만들 수도 있다.

if (*expr1*) *stmt1*
else if (*expr2*) *stmt2*
else if (*expr3*) *stmt3*

```
else stmt4
```

한 표현식(*expr1*)이 참일 때에는 *stmt1*을, 다른 표현식(*expr2*)이 참일 때에는 *stmt2*를 실행하고, 또 다른 표현식(*expr3*)이 참일 때에는 *stmt3*을 실행한다. 이런저런 표현식이 모두 참이 아닐 때에는 *stmt4*를 실행한다. 다음 예를 보자. 이차 방정식에서 판별식(D)의 값으로 실수 근의 개수를 확인할 수 있다. D>0일 때 실수 근은 두 개이고, D=0일 때 실수 근은 하나다. D<0일 때에 실수 근은 없다.

```
mata:
a=1; b=-2; c=2
D=b^2-4*a*c
if (D>0)          printf("There are two roots.\n")
else if (D==0)    printf("There is one root.\n")
else              printf("There is no root.\n")
end
```

여기서 *stmt1*이나 *stmt2*, *stmt3*이 한 줄이 아니라 여러 줄일 때에는 중괄호("{ }")를 사용해야 한다.

```
if (expr1) {
    stmts1
}
else if (expr2) {
    stmts2
}
else if (expr3) {
    stmts3
}
else {
    stmts4
}
```

앞에서 든 예를 그대로 확장해 보자.

```
mata:
a=1; b=-3; c=2
D=b^2-4*a*c
if (D>0) {
  printf("There are two roots\n")
  printf("The roots are %9.3f, %9.3f\n",  ///
       (-b+sqrt(D))/2*a, (-b-sqrt(D))/2*a)
}
else if (D==0) {
  printf("There is one root\n")
  printf("The root is %9.3f\n", -b/2*a)
}
else  printf("There is no root\n")
end
```

6.2 순환문

Mata는 순환문을 만드는 세 가지 도구를 갖추고 있다. ① while과 ② for, ③ do...while이 바로 그것들이다. while과 for는 순환 고리가 시작하는 입구에서 반복 조건을 점검한 다음, 본체에서는 제시한 명령을 수행한다. 이와 달리 do...while 순환문은 본체의 명령문을 실행한 연후에 순환 고리가 끝나는 부분에서 반복 조건을 점검한다. 어느 경우에나 반복 조건이 참이면 반복을 지속할 것이고, 거짓이면 반복을 중단한다. 먼저 while 순환문부터 알아보자.

(1) while

반복 근사(iterative approximation)는 흔히 while 순환문을 사용한다. 반복할 명령이 하나라면 while 순환문의 구문은 다음과 같다.

```
while (expr) stmt
```

만일 반복할 명령이 여러 개(*stmt1*, *stmt2*,...)라면, 다음과 같이 중괄호를 써야 한다.

```
while (expr) {
   stmt1
   stmt2
   .....
}
```

이 while 문은 다음과 같은 순서와 논리로 작동한다.

① 표현식(*expr*)을 점검하여, 표현식이 참이면 ② 단계로, 거짓이면 ④ 단계로 간다.
② *stmt*를 실행한다.
③ 표현식을 점검하는 ① 단계로 간다.
④ while 문을 빠져 나간다.

말로 설명하는 것보다 예를 드는 것이 이해가 더 빠를 것이다. 자연수 1부터 10까지의 합을 구해 보자.

```
mata:
i=1
sum=0
while(i<=10) {
   sum=sum+i
   printf("The iteration and the sum are %3.0f %3.0f\n", ///
      i, sum)
   i++
}
end
```

이 예제는 다음과 같은 순서로 명령을 수행한다. 먼저 변수 i에 1이라는 값을 부여하고, 합계를 나타내는 변수 sum에는 0이라는 값을 부여한다. 그런 다음 순환 고리로 진입한다. 순환 고리에 들어서자마자 while 문은 먼저 sum에 i를 더한다. 첫 루프에서 i는 1이므로 sum도 1이 될 것이다. 0에 1을 더하기 때문이다. 둘째 명령어는 첫 루프의 i와 sum을 출력하라는 것이다. 첫 루프의 i는 1이고, sum도 1이다. 이제 다음 명령어를 실행할 차례다. i++라는 셋째 명령어는 i를 하나 더 크게 하라는 것이다. 이 명령을 실행하여, i는 이제 2가 된다. 본체에 있는 모든 명령을 다 수행하였으므로 다시 조건식(*expr*)으로 돌아간다. 이제 i는 2인데, 이는 10보다 작다. 그러므로 순환을 계속하기로 한다. 둘째 루프에서 sum(=1)에 i(=2)를 더하여 sum은 3이 된다. 그리고 이때의 i와 sum(2와 3)을 출력한다. 다음 단계에서는 i가 3이 된다. 이런 과정을 i가 10이 될 때까지 반복한다. 이 명령문의 실행 결과는 다음과 같다.

```
The iteration and the sum are   1   1
The iteration and the sum are   2   3
The iteration and the sum are   3   6
The iteration and the sum are   4  10
The iteration and the sum are   5  15
The iteration and the sum are   6  21
The iteration and the sum are   7  28
The iteration and the sum are   8  36
The iteration and the sum are   9  45
The iteration and the sum are  10  55
```

다른 예를 들어, while 순환문을 조금 더 알아보자.

```
x=1
while (abs(f(x)) > 1e-8)   x=x-f(x)/fprime(x)
```

여기서 f(x)는 특정 함수이고, fprime(x)는 이 함수의 미분이다. 위 예제는 f(x)=0을 만족하는 x값, 즉 방정식 f(x)=0의 해를 뉴튼-랩슨(Newton-Raphson) 방법으로 구한다(이 방법에 대해서는 2부에서 자세히 설명할 것이다). 여기서 반복 순환은 $|f(x)|>10^{-8}$인 한 계속하는데, 그러므로 우리가 발견하는 x값은 결코 f(x)=0을 만들지 못할 것이고, 단지 f(x)=0의 상태에 근접할 것이다. 예문을 더 구체적으로 만들어 보자. $f(x)=x^2-3$이고 f(x)=0을 만족하는 x값을 구한다고 가정하자. 즉 이차 함수의 근을 구한다고 가정해 보자. 이때 f(x)를 미분한 함수, 즉 fprime(x)는 2*x가 될 것이다. 위 예문에 이를 그대로 대입해 보자.

```
mata:
x=1
while (abs(x^2-3) > 1e-8) {
  x=x-(x^2-3)/(2*x)
  printf("The result is %9.7f\n", x)
}
The result is 2.0000000
The result is 1.7500000
The result is 1.7321429
The result is 1.7320508

end
```

위 순환문은 네 번을 순환하였는데, 순환을 거듭할 때마다 x^2-3값은 0에 근접하고, x는 방정식의 근에 근접한다. 마지막 순환 단계의 x값은 실제 근, 즉 $\sqrt{3}$과 매우 근사하다.[6)]

〈삽화 6-1〉 뉴튼-랩슨 방법

여기서 근사적으로 방정식의 해를 구하는 뉴튼-랩슨 방법에 대해 잠시 알아보자. 특정 함수 $f(x)$가 미분가능하고 이 함수에 a라는 근이 하나 있다고 가정해 보자. 그리고 x_0는 a에 대한 첫 짐작(initial guess)이라고 가정해 보자. 점 $(x_0, f(x_0))$을 통과하고 기울기가 $f'(x_0)$인 직선은 함수 $f(x)$에 가장 근접하는 직선, 즉 함수 $f(x)$에 접하는 직선이다. 이 직선의 방정식은 다음과 같다.

---

6) $x^2-3=0$의 근은 두 개($\pm\sqrt{3}$)다. 다른 하나의 근($-\sqrt{3}$)에 접근하는 방법은 무엇인가? x의 초기값(첫 짐작)을 -1로 설정하면 근은 $-\sqrt{3}$에 근접한다.

```
mata:
x=-1
while (abs(x^2-3) > 1e-8) {
  x=x-(x^2-3)/(2*x)
  printf("The result is %9.6f\n", x)
}
The result is -2.000000
The result is -1.750000
The result is -1.732143
The result is -1.732051
end
```

$$f'(x_0) = \frac{f(x_0) - y}{x_0 - x}$$

이제 이 직선은 x_1에서 x축과 교차하는데, 아래 그림에서 보듯이 x_1은 x_0보다 a에 더 근접한다. x_1에서 그은 접선, 즉 $f'(x_1)$은 x_2에서 x축과 교차한다. x_2는 x_1보다 a에 더 근접한다. 이 과정을 지켜보면, 접선을 그어 나갈수록 x축과 교차하는 지점은 빠르게 근(a)에 접근한다는 사실을 알 수 있다.

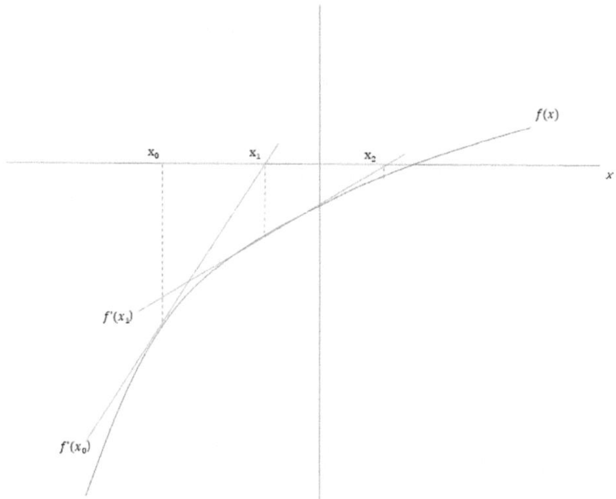

<그림 6-1> 뉴튼-랩슨 방법

이 그림에서 첫 짐작 지점의 접선은 다음과 같은 수식으로 표현할 수 있다.

$$f'(x_0) = \frac{f(x_0) - 0}{x_0 - x_1}$$

그러므로 x_1은 다음과 같이 나타낼 수 있다.

$$x_1 = x_0 - \frac{f(x_0)}{f'(x_0)}$$

다시 말해 두 번째 측정치(x_1)는 첫 짐작(x_0)에서 $f(x_0)/f'(x_0)$만큼 빼서 얻는다. 세 번째 측정치(x_2)는 두 번째 측정치(x_1)에서 $f(x_1)/f'(x_1)$만큼 빼서 얻는다. 이를 일반화하면 다음과 같은 되풀이 관계를 얻는다.

$$x_{n+1} = x_n - \frac{f(x_n)}{f'(x_n)}$$

이 수식에 가장 걸맞은 프로그램은 다음과 같이 쓸 수 있다(지금은 이 함수를 이해하기 어려울 지도 모른다. 다음 장에서 Mata 함수를 읽은 다음에 이 프로그램을 다시 보라).

```
clear all
mata:
real scalar f(real scalar x)
{
  r=x^2-3
  return(r)
}

real scalar fp(real scalar x)
{
  r=2*x
  return(r)
}

real scalar newton_raphson(real scalar x0)
{
  real scalar iter, oldx, x
  real scalar tol, max

  iter=0
  oldx=x0
  tol=1e-8
```

```
    x=oldx+10*tol

    while (abs(x-oldx)>tol) {
      iter=iter+1
      if (iter>max){
        printf("No solution found")
        break
      }
    oldx=x
    x=x-f(x)/fp(x)
    }
    return(x)
  }
  end

  : newton_raphson(1)
    1.732050808

  : newton_raphson(-1)
    -1.732050808
```

앞의 조건문에서도 그러하였듯, 순환문에서 *stmt*가 하나의 문장이라면 중괄호("{ }")를 쓰지 않아도 무방하지만 두 개 이상의 문장이라면 중괄호를 꼭 붙여야 한다.

이 while 순환을 끝내려면, 앞에서 보였던 것처럼, 표현식(*expr*)으로 제약한다. 그러나 표현식으로 순환을 멈추는 게 아니라 아래 예문처럼 break 명령으로 순환을 멈추게 할 수도 있다. 이때 표현식은 항상 참(True)으로 설정한다.

```
mata:
i=1
sum=0
while(1) {
```

```
    sum=sum+i
    printf("i and sum are %3.0f %3.0f, respectively\n", ///
               i, sum)
    i++
    if (i>8) break                                    // new
}
end
```

여기서 표현식이 상수이면, 즉 while(1)이라고 표현하면 순환은 계속한다. while(3), while(3==3) 등으로 표시해도 순환은 계속한다. 그렇다면 언제 순환을 멈추는가? 프로그램 본체 마지막에 있는 break 명령이 이 순환을 멈춘다. break 명령은 부가한 조건식이 참일 때에 작동한다는 것은 말할 것도 없다. 다음에는 반복 순환을 할 때, 가장 많이 쓰는 for 문을 살펴보자.

(2) for

for 순환문의 형태는 다음과 같다.

```
for (expr1; expr2; expr3) {
    stmt1
    stmt2
    .....
}
```

예를 들어 for 순환문을 이해해 보자. 앞의 while 순환문을 for 순환문으로 바꾸어보자.

```
mata:
sum=0
for (i=1; i<=5; i++) {
    sum=sum+i
    printf("i and sum are respectively %3.0f %3.0f\n", ///
               i, sum)
```

```
}
end
```

이 for문의 실행 결과는 다음과 같다.

```
i and sum are respectively   1   1
i and sum are respectively   2   3
i and sum are respectively   3   6
i and sum are respectively   4  10
i and sum are respectively   5  15
i and sum are respectively   6  21
i and sum are respectively   7  28
i and sum are respectively   8  36
i and sum are respectively   9  45
i and sum are respectively  10  55
```

이 for 문에서

① *expr1*(여기서는 i=1)은 순환을 시작하기 전에 해야 할 일을 지정한다. 여기서는 i를 1로 지정하였다. i가 1부터 시작한다는 의미다. i=0이라고 표현하면, i는 0부터 시작할 것이다.
② *expr2*는 순환을 계속하는 조건(여기서는 i≤10)을 제시한다. 순환은 이 조건이 참일 때에만 지속한다. 위 예제에서는 i가 10이 될 때까지만 순환한다.
③ 순환문의 본체가 한 문장(stmt)일 때에는 for 문 다음에 중괄호 없이 바로 이 문장을 써도 되지만 두 문장 이상일 때에는 반드시 중괄호("{ }")를 사용하여 이들 문장을 묶는다.
④ *expr3*은 순환문의 본체(body)에서 마지막 명령을 수행한 뒤에 해야 할 작업이다. 위의 예제에서 printf(...) 명령을 수행한 뒤에 해야 할 일은 i를 하나씩 높이는 일, 1만큼 증분(增分)하는 일이다.

이 for 문은 매우 편리해서 사람들은 다른 어떤 순환문보다 더 많이 사용한다. 그러므로 이 for 문을 이해하기 위해 다소 지루하더라도 다양한 사용 예를 살펴보자. 먼저 자연수 1부터 10까지의 합이 아니라, 원소가 1부터 10까지 이어지는 열 벡터의 합을 구해보자.

```
mata:
x=1::10
sum=0
for (i=1; i<=length(x); i++) {
```

```
  sum=sum+x[i]
  printf("sum of vectors %3.0f %3.0f\n", i, sum)
}
```

```
sum of vectors   1   1
sum of vectors   2   3
sum of vectors   3   6
sum of vectors   4  10
sum of vectors   5  15
sum of vectors   6  21
sum of vectors   7  28
sum of vectors   8  36
sum of vectors   9  45
sum of vectors  10  55
```

```
end
```

1부터 10까지 이어지는 벡터가 아니라 불규칙한 숫자로 구성된 벡터의 원소의 합을 구해보자.

```
mata:
x=(-7,2,5,9,-3,4,2,-4,3,8)
sum=0
for (i=1; i<=length(x); i++) sum=sum+x[i]
printf("sum of vectors %3.0f\n", sum)
```

```
sum of vectors  19
```

```
end
```

약간 변형한 문장도 살펴보자.

```
mata:
for(i=10; i>0; i=i-2) {
  printf("%g squared %g\n", i, i^2)
}
```

```
10 squared 100
8 squared 64
6 squared 36
4 squared 16
2 squared 4
```

```
end
```

다시, 앞에서 제시한 while 문, 즉 뉴튼-랩슨 방법을 사용한 while 문을 for 문으로 바꿔보자.

```
mata:
for (x=1; abs(x^2-3)>1e-8; ) {
  x=x-(x^2-3)/(2*x)
}
end
```

이 문장은 다소 생소하다. for() 안에 셋째 표현식(*expr3*)이 없기 때문이다. 셋째 표현식은 왜 없는가? 본체의 명령을 수행한 후에 따로 해야 할 일이 없기 때문이다.7)

조금 더 복잡하게 보이는 예를 들어 보자. for 문으로 부트스트랩(bootstrap) 회귀를 실행해 보자. Stata의 자동차 자료에서 74개의 사례로 구성된 표본('중복 추출'한 표본, 그러므로 자동차 자료와 일치하지 않는다)을 추출하여, 개별 표본마다 연비(mpg)를 종속변수로 하고 무게(weight)와 원산지(foreign)를 독립변수로 한 회귀분석을 실행해 보자(아래에서 putmata는 Stata의 데이터 변수를 행렬로 전환하는 명령어다. putmata는 8장 2절에서 자세히 논의하겠지만, 우선 help putmata로 그 사용법을 알아보라).

```
clear
sysuse auto
putmata *

mata:
datay=mpg
dataX=weight, foreign
n=rows(dataX)
cons=J(n, 1, 1)
```

7) 그러므로 위의 for 문은

```
for (x=1; abs(x^2-3)>1e-8; x=x-(x^2-3)/(2*x)) { }
```

로 바꾸거나

```
for (x=1; abs(x^2-3)>1e-8; x=x-(x^2-3)/(2*x)) ;
```

로 바꿀 수 있다. 즉 빈 괄호나 세미콜론(";")을 도입하여 순환문을 만들 수 있다. 그러나 이런 방식으로 구성한 for 문은 그다지 직관적으로 보이지 않는다.

```
dataX=dataX, cons

N=10000
rseed(10101)
b=J(N, 3, .)
for(i=1; i<=N; i++) {
  o=ceil(n*runiform(n,1))
  y=datay[o,]
  X=dataX[o,]
  b[i,]=(invsym(X'X)*X'y)'
}
mean(b)'
```

	1
1	-.0065907036
2	-1.635681907
3	41.67694475

```
end
```

이 프로그램에서 rseed()는 표본 추출을 반복할 때마다 동일 표본을 고정하는 시드를 부여한다. rseed()의 전달인자를 특정 숫자로 정하면, 부트스트랩 결과가 바뀌지 않는다. ceil(x) 함수는 소수 x를 x의 정수 부분보다 1이 더 큰 정수로 바꾼다. 예컨대, ceil(3.2)의 반환값은 4다.

위 프로그램에서 o는 중복 추출할 74개의 사례 번호(열의 번호)다. y[o,]와 X[o,]는 그 번호에 상응하는 y와 X를 뽑는다. b[,]는 이 y와 X로 구한 회귀계수다. 이렇게 일회의 회귀분석으로 얻는 한 묶음의 회귀계수(weight, foreign, cons의 계수)는 b 행렬의 한 행에 저장한다. 연후에 다시 74개의 사례로 구성된 다른 표본을 추출하여 그로부터 다른 회귀계수를 구하여 b 행렬의 다음 행에 저장한다. 이렇게 서로 다른 표본을 10,000번 추출하면 10,000개의 서로 다른 회귀계수를 구할 수 있는데, 이 10,000개의 회귀계수를 b 행렬의 각 행에 저장한다. 이렇게 b 행렬을 만들면, b 행렬의 열 평균(=mean(b))은 부트스트랩 계수가 된다.

부트스트랩 계수는 OLS 회귀계수와 얼마나 다른가? 아래의 결과에서 보듯, 두 회귀계수는 약간의 차이를 보이긴 하지만, 거의 일치한다.

```
. regress mpg weight foreign
```

mpg	Coef.	Std. Err.	t	P>|t|	[95% Conf.	Interval]
weight	-.0065879	.0006371	-10.34	0.000	-.0078583	-.0053175
foreign	-1.650029	1.075994	-1.53	0.130	-3.7955	.4954422
_cons	41.6797	2.165547	19.25	0.000	37.36172	45.99768

(3) do...while

마지막으로 do...while 순환문을 알아보자. 이 순환문의 구문은 다음과 같다.

```
do {
   stmts
} while(expr)
```

이 순환문은 while 문이지만, 지속 조건(*expr*)을 순환 고리의 맨 끝에 배치한 while 문이다. 앞의 while 문과 차이가 있다면, 적어도 본체의 명령 하나는 일단 실행한 후에 조건식(expr)의 참/거짓을 평가하여 다음 순환을 지속한다는 것이다. 그리고 while이나 for 순환문과 달리, 이 구문에서는 본체의 명령(*stmts*)이 한 줄일 때에도 중괄호("{ }")를 생략해서는 안 된다. 예를 들어 보자.

```
mata:
x=1::7
i=1
sum=0
do {
   sum=sum+x[i]
   printf("sum of vector x is %3.0f %3.0f\n", i, sum)
   i++
} while (i<=length(x))
```

```
sum of vector x is   1   1
sum of vector x is   2   3
sum of vector x is   3   6
sum of vector x is   4  10
sum of vector x is   5  15
sum of vector x is   6  21
sum of vector x is   7  28
```

```
end
```

다른 예도 들어 보자.

```
mata:
x=1
i=1
do {
  x=x-(x^2-3)/(2*x)
  printf("iteration number and x are")
  printf("%3.0f %10.8f respectively\n", i, x)
  i++
} while (abs(x^2-3)>1e-8)
```

```
iteration number and x are  1 2.00000000 respectively
iteration number and x are  2 1.75000000 respectively
iteration number and x are  3 1.73214286 respectively
iteration number and x are  4 1.73205081 respectively
```

```
end
```

제 7 장

함수

7.1 함수의 구조

앞에서 잠시 언급하였지만, Mata는 특유의 함수를 설정할 수 있다. Mata 함수의 일반 구조는 다음과 같다.

```
return_type fcnname (arguments)
{
  declarations
  program body
  return
}
```

여기서 개별 요소는 각각 다음을 뜻한다.

return_type: 함수 결과물의 유형(요소 유형과 조직 유형)
fcnname: 함수 이름
arguments: 전달인자
declarations: (함수에서 사용하는) 변수 유형 선언
program body: 함수의 표현 내용, 즉 함수가 수행하는 명령 체계
return: 함수의 연산 결과

개별 요소는 조금 뒤에 자세히 설명하기로 하고, 우선 가장 간단한 형태의 함수를 작성하여 함수를 이해해 보자. 가장 간단한 형태의 함수는 결과물의 유형(return_type)도 지정하지 않고(단, 결과물의 유형을 지정하지 않을 때에는 함수 이름 앞에 function이라는 표현을 부가(附加)해야 한다), 전달인자도 없고 프로그램에서 사용하는 변수 유형도 선언하지 않으며, 결과물도 반환하지 않는 함수다. 요컨대 다음과 같은 함수가 가장 간단한 형태의 함수다.

```
function show() {
  printf(`""This is an example"")
}
```

여기서 function이라는 군더더기를 빼고, void라는 결과물 유형을 추가하면 앞의 함수는 다음과 같이 바꿀 수 있다.

```
void show() {
  printf(`""This is an example"")
}
```

여기서 void는 함수가 아무 결과물도 반환하지 않는다는 사실을 선언한다. 결과물을 반환하지 않으므로 return 명령어도 포함하지 않을 것이다. show는 함수 이름이다. 지금 이 함수는 전달인자도 포함하지 않는다. 이 함수를 실행하는 방법은 다음과 같다(여기서 Stata의 명령어 clear all은 데이터, 변수의 값 레이블, 행렬, 스칼라, 저장한 결과 값, 그리고 Mata의 함수와 객체 등을 모두 메모리에서 제거하라는 명령어다[8]).

```
clear all
mata:
void show() {
  printf(`""This is an example"")
}
end
```

8) clear all은 clear *와 동의어다. 다른 한편, clear all은 clear와 다르다. clear는 데이터의 변수와 레이블을 제거하라는 명령어이지만, clear all은 이보다 훨씬 더 광범한 대상을 제거하는 명령어다. help clear로 양자를 비교해 보라.

이 함수를 Mata에서 실행한 다음에, Stata 프롬프트에서 다음과 같이 명령하거나,

```
. mata: show()
"This is an example"
```

Mata 프롬프트에서 함수 이름을 입력해 보자. 우리가 바라고 기대한 결과를 얻는다.

```
: show()
"This is an example"
```

이제 함수의 전달인자를 지정하여 함수를 좀 더 정교하게 만들어 보자.

```
clear all
mata:
void show(a) {
  printf("A is %f", a)
}
end

: show(pi())
A is 3.14159265
```

이번에는 전달인자는 지정하지 않지만, 결과물을 지정하고 이를 출력하는 함수를 만들어 보자.

```
real scalar speed_of_light() {
  return(300000000 /* m/sec */)
}
```

여기서 함수 이름, speed_of_light() 앞에 붙은 real scalar는 함수의 결과물 유형을 나타낸다. 이는 함수의 결과물이 실수 스칼라라고 선언한다. return()은 함수가 반환할 '함수의 결과물'이다. 이 함수를 실행하는 방법은 다음과 같다.

```
clear all
mata:
real scalar speed_of_light() {
  return(300000000 /* m/sec */)
}
speed_of_light()
300000000

end
```

만일 반환하는 결과 값이 실수 스칼라가 아니면 함수는 오류 메시지를 발신할 것이다. 다음 함수는 특정 '벡터'를 반환하는데, 함수는 논리적 오류를 만나 오류 메시지를 발신한다.

```
clear all
mata:
real scalar speed_of_light() {
  return((1,300000000) /* m/sec */)      //note
}
speed_of_light()
         speed_of_light():  3204  <tmp>[1,2] found where scalar required
                  <istmt>:     -  function returned error
r(3204);

end
```

이처럼 간단한 함수를 만들 수 있지만, 가장 바람직스럽게는 모든 형식을 갖춘 함수를 만드는 것이다. 이제 모든 요소를 두루 갖춘 함수를 살펴보자. 두 실수를 더하는 프로그램, 즉 덧셈 프로그램을 만들어 보자.

```
clear all
mata:
real scalar myadd(real scalar a, real scalar b) {
  real scalar sum
```

```
    sum=a+b
    printf("The sum of two numbers is ")
    return(sum)
  }
  end
```

myadd 함수의 결과물 유형은 실수 스칼라이고, 두 전달인자도 실수 스칼라다. 두 전달인자의 합을 저장할 변수 sum도 실수 스칼라다. myadd는 이 sum값을 반환한다. 비록 함수의 내용은 별달리 유용하지 않다고 하더라도, 이 mysum 함수는 앞에서 언급한 함수의 전형적 구조를 보여준다. 이 프로그램을 실행한 결과는 다음과 같다.

```
: myadd(pi(), exp(1))
The sum of two numbers is   5.859874482
```

이때 함수 이름이나 변수 이름과 관련하여 주의해야 할 점을 두어 가지만 언급하자. 첫째, 함수 안에서 변수 이름은 아무렇게 붙여도 무방하다. 변수 이름은 지역 범위(local scope)에서만 통용하기 때문이다. 요컨대 Mata는 오직 함수 안에서만 이 변수를 인지한다. 함수 밖에 있는 사람들이나 프로그램(사용자나 외부자)은 이 변수를 인지하지 못한다. 그러므로 프로그래머는 함수 안에서 변수 이름을 자유롭게 붙여도 무방하다. 함수 안에서 동일 변수 이름만 사용하지 않으면 된다. 그러나 둘째, 함수 밖에서는 함수 이름이든 변수 이름이든 작성자가 아무렇게나 붙여서는 곤란하다. Stata가 사용하고 있거나 사용하려고 남겨놓은 이름을 사용해선 안 되기 때문이다. 예컨대 default, complex, this, void 등과 같은 이름을 사용해선 안 된다. Stata가 이렇게 남겨놓은 이름은 [M-2] restwords를 참고하라.

7.2 변수 유형

지금까지 변수 유형을 도입하였지만, 예컨대 real scalar 등과 같은 표현을 썼지만, 이에 대해 언급하지 않았다. 이제 이 변수 유형을 알아보자. 앞 절의 마지막 예와 아래의 그림에서 보듯, 변수 유형은 결과물 유형(return_type)과 전달인자(arguments), 변수 선언(declarations), 세 군

데에서 나타난다.

```
return_type fcnname (arguments)
{
  declarations
  program body
  return
}
```

변수 유형 설정은 선택적(optional)이다. 즉 프로그래머가 변수 유형을 설정해도 좋고, 하지 않아도 좋다. 예컨대 함수는 다음과 같은 형식을 띠어도 된다(앞에서 언급하였지만, 이처럼 결과물 유형을 설정하지 않으려면, 함수 이름(*fcnname*) 앞에 function이라는 표현을 입력해야 한다).

```
function fcnname(arguments)
{
  program body
  return
}
```

예컨대, 두 객체를 곱하는 다음과 같은 예를 들어 보자.

```
function myproduct(A, i)
{
 C=A*i
 return(C)
}
```

이 프로그램에는 그 어떤 변수 유형도 없다. 이런 함수는 잘 작동하는가?

```
: A=(1,2\3,4); i=3
```

: myproduct(A, i)

```
          1      2

  1       3      6
  2       9     12
```

보다시피, 이런 프로그램도 잘 작동한다. 그러므로 프로그램을 이와 같이 간단하게 작성해도 무방하다. 그러나 신중한 프로그래머는 위와 같은 함수, 즉 변수 유형을 설정하지 않은 함수를 좀처럼 사용하지 않는다. 좋은 프로그래머는 변수 유형을 거의 항상 설정한다. 왜 그럴까? 변수 유형 설정은 프로그램의 오류를 찾거나 제거(debug)할 때 큰 도움을 주기 때문이다. 예를 들어 보자. 아래의 예는 이차방정식의 근을 구하는 프로그램이다. 판별식(D)이 0보다 작을 때, 0일 때, 0보다 클 때, 각각 근을 구하도록 구성하였다. 주지하다시피 D<0이면 실수 근은 존재하지 않는다.

```
clear all
mata:
real rowvector quadratic(real scalar a,
                        real scalar b,
                        real scalar c)
{
  real scalar     D
  real rowvector r

  D=b^2-4*a*c

  if (D<0) printf("There is no real root.")
  else if (D==0) return(-b/(2*a))
  else {
    r=(-b-sqrt(D), -b+sqrt(D))/(2*a)
    return(r)
  }
}
```

```
end
```

이 프로그램에서 눈여겨 볼 것은 첫째, 결과물이 실수 행벡터여야 한다는 사실이다. 둘째, 전달 인자는 실수 스칼라여야 한다는 것이다. 셋째, 프로그램에서 사용하는 변수는 실수 스칼라나 실수 행 벡터여야 한다는 사실이다. 넷째, D〉0일 때와 D==0일 때에는 return 명령어가 있지만, D〈0일 때에는 return 명령어가 없다는 점이다. 첫째 제약부터 셋째 제약까지에 별 문제가 있는 것 같지 않다. 그러나 넷째 사항과 관련하여 프로그램이 어쩐지 부정합하다. 그리고 이 부정합성이 오류를 낳을 것 같다. 확인해 보자.

```
: quadratic(1,-3,2)
         1    2
    1    1    2

: quadratic(1,2,1)
 -1

: quadratic(1,3,3)
There is no real root.
            quadratic():  3202  〈tmp〉[0,0] found where rowvector required
            〈istmt〉:       -  function returned error
(0 lines skipped)
```

두 개의 근과 중근을 구하는 첫 번째와 두 번째 명령은 각각 정상적이고 올바른 결과를 출력하였지만, 마지막 명령을 수행하면서 문제가 생겼다. quadratic(1, 3, 3)이라는 명령에 오류 메시지가 등장하였다. 오류 메시지를 읽어 보면, 행 벡터가 출력되어야 할 곳에 이 벡터가 존재하지 않는 것이 문제라는 것이다. 아니나 다를까, D〈0일 때 행 벡터를 출력하는 return() 명령어가 존재하지 않는다. 오류를 해결하려면 다음과 같이 return() 명령어를 추가해야 한다. 이처럼 변수 유형을 설정하면 프로그램의 오류를 비교적 쉽게 찾을 수 있다.

```
clear all
mata:
```

```
real rowvector quadratic(real scalar a,
                         real scalar b,
                         real scalar c)
{
  real scalar D, r1, r2
  real rowvector r
  D=b^2-4*a*c

  if       (D<0)  return(.,.)              // new
  else if (D==0) return(-b/(2*a))
  else
  {
    r1=(-b-sqrt(D))/(2*a)
    r2=(-b+sqrt(D))/(2*a)
    r=(r1,r2)
    return(r)
  }
}
end
```

그런데 위의 프로그램은 정상적이지만 어쩐지 불완전하게 보인다. D<0이면, 실수 해는 없지만, 허수 해가 존재하는 것이 아닌가? 허수 해를 다루는 문제는 조금 뒤에 해결할 것이다. 그 전에 변수 유형의 종류를 살펴보자.

7.3 40가지 변수 유형

변수 유형은 가 열에서 하나를 선택하고 나 열에서 하나를 선택하여 구성한다. 가 열에서 추출한 용어는 요소 유형(element type; eltype)을 가리킨다. 이 유형은 벡터나 행렬의 요소가 실수, 복소수, 문자, 포인터, 구조체나 집합체 중에 무엇인지를 구분한다(구조체와 집합체에 대해서는 장상수(2023)을 보라). 나 열에서 추출한 용어는 조직 유형(organization type; orgtype)을 가리킨다. 이 유형은 앞의 요소, 즉 실수나 복소수, 문자 등의 조직 방식을 구분한다. 요소가 행렬이나 벡터, 스칼라인지를 구별하고, 벡터라면 행 벡터나 열 벡터인지를 구분한다. 변수 유형은 요소 유형과 조직 유형의 결합이다. 요소 유형은 8개고, 조직 유형은 5개이므로, 이 둘을 결합한 변수 유형은 모두 40개다.

가(요소 유형)	나(조직 유형)
real	matrix
complex	vector
string	rowvector
pointer	colvector
struct name	scalar
class name	
numeric	
transmorphic	

이 두 유형을 결합한 변수 유형은, 예컨대

```
transmorphic      matrix
real              scalar
complex           vector
numeric           colvector
pointer           vector
struct mystruct   scalar
class myclass     scalar
```

등으로 표현할 수 있다.

요소 유형과 조직 유형 가운데에서, 먼저 조직 유형을 알아보자. 조직 유형은 다섯 개다.

orgtype	의미
matrix	r×c
vector	r×1, 1×c
rowvector	r×1
colvector	1×c
scalar	1×1

주) 여기서 r,c≥0이다. 만일 r이나 c가 0이라면 행렬이나 벡터 등은 null 행렬, null 벡터라고 부른다.

여기서 행렬(matrix)을 제외한 조직 유형은 모두 다른 유형의 하위 범주다. 예컨대 스칼라는 벡터나 행 벡터, 열 벡터의 특별한 경우이고, 벡터는 행렬의 특별한 경우다. 스칼라도 행렬의 특별한 경우다. 벡터는 r×1 행렬이거나 1×c 행렬이고, 스칼라는 1×1 행렬이다. 만일 특정 함수가 특정 자리에 스칼라가 있기를 요구한다면, 그 자리에 1×1 행렬도 제공할 수 있다. 동일 논리로 특정 함수가 특정 자리에 행렬이 존재하기를 요구한다면, 제한적이겠지만 그 자리에 스칼라를 집어넣을 수도 있다.

요소 유형은 다음과 같은 여덟 개이다.

eltype	의미
real	실수
complex	복소수
string	문자(ASCII, Unicode, binary)
pointer	다른 변수의 주소 지시자
struct name	구조체 객체
class name	클래스 객체
numeric	실수나 복소수
transmorphic	위의 모든 것

첫 여섯 개의 요소 유형은 서로 배타적이다. 실수와 문자는 명백히 서로 다르다(실수와 복소수의 구분만 다소 불분명하다). 마지막 두 개의 요소 유형은 가장 느슨하고 가장 넓은 범위의 유형이다. numeric은 실수와 복소수를 포함한다. 결과물 유형이 numeric이면 실수나 복소수를 모두 반환할 수 있고, numeric 전달인자를 요구하는 함수는 그 전달인자로 실수나 복소수를 모두 받아들인다. transmorphic은 아무런 제약도 받지 않고, 그 어떤 유형도 수용하는 유형이다. 다시 말해, transmorphic이라고 선언된 변수는 프로그램의 한 부분에서 real로 간주할 수 있고, 다른 부분에서는 complex로, 또 다른 부분에서는 string으로 간주할 수 있다. 그러나 보통 transmorphic을 이런 용도로 활용하지 않는다. 그런 사용법은 오류를 내기 쉬울 뿐이다. transmorphic의 효과적 사용법은 추후에 다시 논의할 것이다.

요소 유형과 조직 유형은 무엇을 의미하는가? 사용 예를 살펴보고 그 의미를 이해해 보자.

```
real rowvector quadratic2(real scalar a,
                          real scalar b,
                          real scalar c)
{
```

```
    real scalar     D
    real rowvector r

    D=b^2-4*a*c
    r=((-b-sqrt(D))/(2*a), (-b+sqrt(D))/(2*a))
    return(r)
}
```

결과물 유형(return_type)을 규정하는 real rowvector는 이 함수가 반환하는 결과물이 '실수'여야 하고 '행 벡터'여야 한다는 의미를 띤다. 만일 함수를 실행하여 얻은 결과물이 실수가 아니라면 함수는 오류 메시지를 낼 것이고, 만일 결과물이 행 벡터가 아니고 열 벡터이거나 행렬이라면 그때에도 함수는 오류 메시지를 발신할 것이다. 단, 결과물이 스칼라라면 함수는 이를 오류라고 간주하지 않을 것이다. 예컨대, 결과물이 r=(-b-sqrt(D))/(2*a)라고 해도, 즉 근이 하나라 해도, 함수는 별 까탈을 부리지 않을 것이다. 왜냐하면 스칼라(1×1)는 행 벡터(r×1)의 하위 범주이기 때문이다. 위 함수가 반환하는 결과물(r)은 행 벡터다. 그러므로 결과물이 스칼라라고 해도 함수는 오류 메시지를 내보내지 않을 것이다.

이 함수에서는 세 개의 전달인자를 입력해야 하는데, 이는 모두 '실수 스칼라'여야 한다. 만일 사용자가 전달인자에 실수 행렬이나 복소수 열벡터를 입력하면 함수는 오류 메시지를 낼 것이다. 위 함수를 실행할 때 quadratic(1, 3, 2)라고 하면 함수가 지정한 조건을 충족하여 함수는 무난히 수행할 것이다. 그러나 quadratic(1, 3)이라고 해도(즉, 두 개의 전달인자만 입력해도) 오류가 날 것이고, quadratic(1, 2-3i, 3)라고 해도(전달인자에 다른 조직 유형을 입력해도) 함수는 오류 메시지를 낼 것이다.

변수 유형과 관련하여 한 가지 예를 더 들어 보자. 지금까지 우리는 D〈0일 때에는 해가 존재하지 않는다고 가정하였다. 그러나 D〈0일 때에도 해는 존재한다. 허수의 해가 존재한다. 허수 해까지 감안하면, 앞의 quadratic() 함수는 어떻게 조정해야 할까?

```
clear all
mata:
numeric rowvector quadratic3(real scalar a,
                             real scalar b,
                             real scalar c)
```

```
{
  real scalar             D
  complex scalar       CD
  numeric rowvector r

  D=b^2-4*a*c
  CD=C(D)
  r=(-b-sqrt(CD), -b+sqrt(CD))/(2*a)
  return(r)
}
end
```

함수의 머리와 본체 부분에서 결과물의 유형을 설정할 때, 요소 유형을 numeric으로 한다. 왜냐하면 해가 실수일 수도, 복소수일 수도 있기 때문이다. 해 r을 구할 때 사용한 C() 함수는 실수를 복소수로 전환한다. D=-7일 때, C(D)는 이를 -7+0i로 전환한다. 그리하여 sqrt(C(D))가 -7의 허수 제곱근을 구하는 것을 허용한다. C() 함수에 대해서는 help mata C()로 알아보라. 그리고 C() 함수를 사용하지 않고, 그냥 sqrt(D)라고 입력했을 때 어떤 결과가 나타나는지도 확인해 보라. 함수의 나머지 부분은 기호만 바뀌었을 뿐이지, 이전에 살펴보았던 함수(quadratic())와 별로 다를 게 없다.

이렇게 바꾼 quadratic3() 함수로 우리는 D>0일 때나 D=0일 때는 말할 것도 없고, D<0일 때도 해를 구할 수 있을까? 확인해 보자.

```
mata: quadratic3(1, -3, 0)
        1   2
  1     0   3

mata: quadratic3(1, -3, 2)
        1   2
  1     1   2

mata: quadratic3(1, -3, 3)
```

	1	2
1	1.5 - .866025404i	1.5 + .866025404i

다른 한편, 이러저러한 변수 유형과 관련하여 한 가지 중요한 점을 언급하자. 요소 유형이 포인터일 때에 변수 유형을 설정하는 방법은 다른 요소 유형일 때 변수 유형을 설정하는 방법과 조금 다르다. 요소 유형이 포인터일 때에는 아래와 같이 p를 지정할 수 있다.

```
pointer scalar p
pointer vector p
pointer matrix p
```

그러나 이런 선언은 p가 가리키는 것, 즉 p의 내용물(*p)을 밝히지 않는다는 점에서 불완전하다. 우리가 프로그램을 만들 때 주소(p)와 주소에 담긴 내용물(*p)을 별개의 변수인 것처럼 생각하는 것이 바람직하다. 그런데 위의 선언은 주소(p)만 말할 뿐 p의 내용물(*p)을 언급하지 않는다. 실제의 프로그램에서는 주소(p)의 변수 유형뿐만 아니라 내용물(*p)의 변수 유형을 지정해야 한다. 내용물(*p)의 변수 유형은 괄호 안에 지정한다. 만일 p가 주소를 나타내는 스칼라이고, *p가 실수 행렬이라면

```
pointer(real matrix) scalar p
```

이라고 표기하는 것이 좋다. 이런 표기의 실제 예는 나중에 살펴볼 것이다.

7.4 기본 값 초기화

다음 함수를 보자.

```
clear all
mata:
function foo() {
```

```
    real scalar bar
    return(bar)
}
```

이 함수는 변수 bar를 특정 값으로 초기화하지 않아 일종의 버그를 내포한다. 이 함수는 bar를 특정 값으로 초기화하지 않았으므로 기본 값으로 초기화한다. 실수 스칼라의 기본 값은 결측값(.)이다. 그러므로 foo()함수를 실행하면 함수는 결국 결측값(.)을 반환한다.

```
: foo()
  .
```

Mata는 실수 스칼라로 선언한 변수("real scalar bar")를 기본 값으로 초기화한다. 그런데 기본 값은 무엇인가? Mata는 어떤 값으로도 초기화하지 않은 스칼라의 기본 값을 결측값(.)으로 부여한다. 문자(string)의 기본 값은 빈칸("")이고, 포인터의 기본 값은 NULL이다. 아무 주소도 가리키고 있지 않다는 말이다. 벡터와 행렬의 기본 값은 null로 초기화한다. null의 의미는 벡터나 행렬의 차원이 0이라는 말이다. 행 벡터면 1×0이고, 열벡터는 0×1, 행렬은 0×0으로 초기화한다는 말이다.

scalar	.
string	""
pointer	NULL
matrix	null(0×0)
row vector	null(1×0)
column vector	null(0×1)

7.5 요소 유형과 조직 유형의 초기화

사용자가 요소 유형을 설정하지 않으면 Mata는 이 유형을 transmorphic으로 초기화한다. 사용자가 조직 유형을 설정하지 않으면 Mata는 이 유형을 matrix로 초기화한다. 그러므로 사용자가 변수 유형을 설정하지 않을 때, Mata는 변수 유형을 transmorphic matrix로 설정한다. 변수 유형의 기본 값이 transmorphic matrix라는 말이다. 예를 들어보자. 사용자가 변수 유형을 앞과 같이 지정하면 Mata는 뒤와 같이 이해한다.

```
transmorphic  -> transmorphic matrix
real          -> real matrix
colvector     -> transmorphic colvector
matrix        -> transmorphic matrix
```

유형 지정과 관련하여 다음 함수를 보자.

```
mata:
function foo(string a, string b, string c)
{
  colvector bar
  bar=(a\b\c)
  return(bar)
}
end
```

위 함수는 매우 기형적이다. 이 함수가 이상하게 보이는 이유는 첫째, 결과물의 요소 유형과 조직 유형을 선언하지 않았기 때문이다. 둘째, 전달인자는 요소 유형만 제시하였기 때문이다. 셋째, 변수 선언부에서 bar 변수를 선언할 때에는 조직 유형만 제시하였기 때문이다. 그런데도 이 함수를 실행하면 정상적 결과를 얻는다.

```
: foo("A", "B", "C")
        1
    +-----+
  1 |  A  |
  2 |  B  |
  3 |  C  |
    +-----+
```

어떻게 이런 결과를 얻는 것이 가능하였는가? 조직 유형과 요소 유형의 기본 값 때문이다. 앞에서 말한 바와 같이, 사용자가 요소 유형에 아무런 제약을 가하지 않으면 Mata는 기본 값, 즉 transmorphic을 배당한다. 사용자가 조직 유형에 아무런 제약을 주지 않으면 Mata는 기본 값,

즉 matrix를 부여한다. 위 함수에서 사용자는 결과물 유형에 아무런 제약도 붙이지 않았다. 그러므로 Mata는 transmorphic matrix를 기본 값으로 부여한다. 전달인자는 어떠한가? 위 함수에서 사용자는 전달인자에 요소 유형만 기입하였을 뿐, 즉 string만 기입하였을 뿐, 조직 유형은 제시하지 않았다. 그러므로 Mata는 조직 유형의 기본 값, matrix를 부여한다. 다른 한편 사용자는 선언부의 변수 설정에서 조직 유형만 입력하였을 뿐, 즉 colvector만 입력하였을 뿐, 요소 유형은 입력하지 않았다. 그러므로 Mata는 요소 유형의 기본 값, transmorphic을 입력한다. 이런 기본 값을 채워 넣으면 위 함수는 아래와 같이 고쳐 읽을 수 있게 된다.

```
mata:
transmorphic matrix foo(string matrix a,
                        string matrix b,
                        string matrix c)
{
  transmorphic colvector bar
  bar=(a\b\c)
  return(bar)
}
end
```

이런 변수 유형으로 앞에서 제시한 결과를 얻을 수 있다는 것은 쉽게 알 수 있다. 선언한 결과물 유형은 transmoprhic matrix인데, 이는 실제의 결과물 유형인 string colvector를 포함하고, 함수에서 선언한 전달인자 유형은 string matrix인데, 이 유형은 실제의 전달인자 유형인 string scalar를 포함한다. 변수 선언에서 bar의 유형은 transmorphic colvector인데, 이 유형은 실제 변수 유형인 string colvector를 포함한다. 그러므로 별다른 문제없이 결과를 얻을 수 있다.

이렇게 함수에서 요소 유형을 누락하거나 조직 유형을 뺄 수도 있다. 아예 변수 유형 전체를 지정하지 않을 수도 있다. 그러나 이런 방식의 프로그래밍이 매력적인 것은 아니다. 이런 방식의 프로그래밍은 어떤 결과든, 결과를 얻을 가능성이 높을지 모르나 오류 가능성을 줄이지 못한다. 오류를 줄이려면 요소 유형이나 조직 유형을 구체적으로 지정해야 한다.

7.6 결과물의 유형

함수가 산출하는 결과물의 유형은 모두 40가지이다. 함수는 이 40가지 유형의 어떤 결과물도 반환할 수 있다. transmorphic matrix도 이 많은 유형의 하나다. 그러나 transmorphic matrix를 반환하는 함수는 꼭 transmorphic matrix라는 결과만 반환할 필요는 없다. 이 함수는 하위 범주의 변수 유형을 반환할 수도 있다. 즉 이 함수는 때로 real scalar를 반환할 수 있고, 다른 때에는 string vector를 반환할 수 있다.

```
mata:
transmorphic matrix euler(numeric scalar a, real scalar b)
{
  return(exp(a*b))
}
end
```

위 함수는 결과물이 transmorphic matrix가 될 것을 요구한다. 그러나 이 함수는 그 결과물이 행렬이 되어야 한다고 지정하지만, 스칼라를 반환하는 것도 허용한다. 스칼라도 행렬의 일종이기 때문이다. 어쨌든 위 함수는 행렬이 아니라 실수 스칼라나 복소수 스칼라도 반환한다.

```
: euler(1i, pi())
 -1

: euler(1-4i, pi())
 23.1406926
```

다른 한편, 함수가 꼭 결과물을 반환해야 하는 것은 아니다. 함수는 void를 반환할 수도 있다. void는 아무것도 반환(return)하지 않는다는 뜻이다. 결국 함수는 아무것도 반환하지 않을 수도 있다.

void *fcnname*(*arguments*) {

```
  declarations
  program body
}
```

예를 들어보자.

```
mata:
void pvalue() {
  real scalar df, t
  df=2; t=3.185
  printf("pvalue=%f when df=%f and t=%f", ///
        ttail(df, t), df, t)
}
end
```

이 함수는 (이미 파악한) 자유도와 t값으로 p값을 구하는 프로그램이다.

```
: pvalue()
pvalue=.043022793 when df=2 and t=3.185
```

이 함수를 달리 생각해 보자. 어떤 함수든 return으로 그 함수를 종료할 수 있다. 그러나 void 함수는 return으로 특정 결과를 반환하지 않고 함수를 종료한다. 요컨대 void 함수는 return을 입력해도 좋지만, 입력하지 않아도 된다.

```
mata:
void pvalue() {
  real scalar df, t
  df=2; t=3.185
  printf("pvalue=%f when df=%f and t=%f", ///
        ttail(df, t), df, t)
  return                                    //<--new
```

```
}
end
```

7.7 transmorphic의 적정 사용

앞에서 우리는 transmorphic을 남용하는 것은 그다지 바람직스럽지 않다고 말하였다. 그러나 transmorphic을 사용하는 것이 편리할 때도 있다. 몇 가지 경우를 생각해 보자.

(1) 결과 반환의 경우가 서로 다를 때

transmorphic은 어떤 요소 유형도 포함한다. 그러므로 void도 포함한다. 이런 성질을 활용하여, 한 경우에는 void를 사용하고(특정 결과를 반환하지 않고), 다른 경우에는 특정 결과를 반환할 수도 있다. 예를 들어보자. 앞에서 우리는 이차방정식의 근을 구하는 quadratic 함수를 논의하였다. 앞에서는 D<0일 때나 D≥0일 때를 구분하지 않고 모두 근을 반환하였다. D≥0일 때에는 실수 근을, D<0일 때에는 결측값(.)을 반환하였다. 그러나 우리가 알다시피, D<0일 때에는 실수 근이 없다. 이렇게 실수 근이 없을 때에는 결측값을 반환할 것이 아니라 아무것도 반환하지 않아야 한다. 즉 D<0일 때에는 아무것도 반환하지 않고, D≥0일 때에는 실수 근을 반환하여야 한다. 이를 어떻게 처리할 것인가? transmorphic을 사용해 보자.

```
clear all
mata:
function quadratic4(real scalar a,
                    real scalar b,
                    real scalar c)  //<-- modified
{
  real scalar D, r1, r2
  real rowvector r
  D=b^2-4*a*c
```

```
    if        (D<0)   return                    //<--modified
    else if (D==0) return(-b/(2*a))
    else
    {
      r1=(-b-sqrt(D))/(2*a)
      r2=(-b+sqrt(D))/(2*a)
      r=(r1,r2)
      return(r)
    }
  }
  end
```

이 quadratic4() 함수는 앞의 quadratic() 함수를 어떻게 수정하였는가? 먼저 결과물 유형(return type)을 real rowvector에서 그냥 function으로 바꾸었다. 이는 결과물 유형을 transmorphic matrix라고 선언한 것과 같다. 기본 값이 그러하기 때문이다. 둘째, if D<0 return(.)을 if D<0 return으로 바꾸었다. 결측값(.)을 반환하던 함수를 아무것도 반환하지 않는 함수로 바꾸었다. 아무것도 반환하지 않는다는 것을 무엇을 의미할까? D<0일 때 결과물의 유형을 확인해 보자. 그리고 eltype()와 orgtype() 함수로 이 결과물의 요소 유형과 조직 유형을 알아볼 수 있다.

```
: x=quadratic4(1, 3, 3)
: eltype(x)
  real
: orgtype(x)
  matrix
```

D<0일 때 아무것도 반환하지 않았는데, 그 결과물의 요소 유형은 real이고 조직 유형은 matrix다. 이로 미루어 보건대, 아무것도 반환하지 않았다는 말은 0×0을 반환하였다는 말과 같다.[9)]

9) 이 예제는 다소 억지를 부린 것이다. 이 경우에는 변수 유형을 transmorphic matrix으로 설정하는 것이 그렇게 바람직스럽지 않다. 이 예제는 다음과 같이 수정하는 게 더 간결하다.

```
clear all
mata:
real matrix quadratic5(...)     // modified
```

어쨌든 이 함수를 실행한 결과는 다음과 같다. D<0일 때, 아무것도 반환하지 않았음을 주의하라.

: quadratic4(1, 2, 2)

: quadratic4(1, 2, 0)

	1	2
1	-2	0

: quadratic4(1, 2, 1)
-1

(2) 오버로드 함수

함수의 결과물이 그런 것이 아니라, 함수의 전달인자가 한 경우에는 특정 유형이고 다른 경우에는 이와 다른 또 하나의 유형일 때, 그 전달인자를 transmorphic으로 설정할 수 있다. 그리고 그런 전달인자를 허용하는 함수를 오버로드 함수(overloaded function)라고 한다.[10)]

아래의 프로그램은 전달인자가 실수 벡터일 때에는, 예컨대 개별 상품의 요금 벡터일 때에는, 이 벡터의 요소를 모두 합하여 반환하고, 전달인자가 문자열일 때에는 기본요금 5달러를 출력하는 함수다. 한 경우에는 실수 벡터를 전달하고 다른 경우에는 문자 스칼라를 전달하므로 함수의 전달인자 유형은 transmorphic으로 설정하였다.

clear all

```
{
  ......
  if (D<0) return
  ......
}
end
```

결과물의 유형을 transmorphic matrix로 하면 void 함수도 포함하기 때문에 return 명령어를 사용할 수 있다. 그런데 결과물 유형을 real matrix로 하면 어떻게 return 명령어를 쓸 수 있는가? 결과물 유형을 matrix로 하면 결과물은 r×c가 되어야 하고, D<0일 때에 결과물은 0×0이 되어야 한다. 1×0이나 0×1은 벡터이므로 무엇을 반환하는 것이다. 그러나 0×0은 아무것도 반환하지 않은 것과 같다. 그러므로 return(.) 대신 return을 사용할 수 있다.

10) 오버로드(overload)는 흔히 '중복 정의'라고 번역한다. 중복 정의란 동일한 이름의 함수에 입력/출력값의 지정을 다르게 하는 방법이다. 예를 들어 void create(int a)와 void create(double b)는 이름은 같지만 서로 다른 함수다. 사용자가 create함수에 int형의 값을 넘기면 하나의 서브루틴이 작동하고, double형의 값을 넘기면 다른 서브루틴이 작동한다.

```
mata:
real scalar foo(transmorphic x)
{
  if (eltype(x)=="real")    return(foo1(x))
  else if (eltype(x)=="string") return(foo2(x))
  _error("real or string required")
}

real scalar foo1(real vector v)
{
  real scalar S
  S=sum(v)
  printf("Total rate(dollars): ")
  return(S)
}

real scalar foo2(string scalar s)
{
  real scalar S
  S=5
  printf("Basic rate(dollars): ")
  return(S)
}
end

: A=(10, 25, 34, 16, 15)
: b="basic"
: foo(A)
Total rate(dollars):   100

: foo(b)
```

```
Basic rate(dollars):    5
```

위 예제에 포함되어 있는 error()와 _error()의 차이점은 명령 창에 help mata error를 입력해 보라. 그리고 _error()앞에 else를 쓰지 않아도 무방하다는 점에도 주목하라.

앞의 예제에서 전달인자를 둘 이상으로 확장할 수 있다. 앞의 프로그램에서 전달인자가 실수 벡터인 경우만 전달인자가 둘이라고 가정해 보자. 예컨대, 앞의 프로그램은 실제 요금을 계산하는 함수라고 가정하고, 지금 작성하는 이 프로그램은 부가가치세를 포함한 요금을 계산하는 함수라고 가정해 보자(현재 부가가치세는 10%이지만 가변적인 것이라고 가정해 보자. 그렇다면 부가가치세를 함수의 전달인자로 따로 설정해야 한다). 그리고 전달인자가 문자열일 때에는 전달인자가 그대로 하나라고 가정해 보자. 이렇게 가정하면, 앞의 함수를 다음과 같이 수정할 수 있다.

```
clear all
mata:
real scalar foo(transmorphic one, | transmorphic two)    // modified
{
  if (eltype(one)=="real") {                  // new
    if (args()!=2) _error(3001)               // new
       return(foo1(one, two))                 // modified
  }
  if (eltype(one)=="string") {                // new
    if (args()!=1) _error(3001)               // new
    return(foo2(one))
  }
  _error("real or string required")
}

real scalar foo1(real vector v, real scalar k) // modified
{
  real scalar S
  S=sum(v)*k                                   // modified
  printf("Weighted rate(dollars): ")
```

```
   return(S)
}

real scalar foo2(string scalar s)
{
   real scalar S
   S=5
   printf("Basic rate(dollars): ")
   return(S)
}
end

: A=(10, 25, 34, 16, 15)
: foo(A, 1.1)
Weighted rate(dollars):   110

: foo("b")
Basic rate(dollars):   5
```

여기에서 사용한 args() 함수는 전달인자의 수를 세는 함수다. 그 사용법은 Stata나 Mata 프롬프트에서 help mata args()라고 입력해 보라. 위 함수의 전달인자에서 세로 막대("|") 기호(이 기호는 or를 뜻하는 논리연산자다)를 삽입한 까닭은 한 서브루틴(foo1)에서 두 개의 전달인자를 쓰지만, 다른 서브루틴(foo2)에서는 하나의 전달인자를 사용하기 때문이다. 결국 세로 막대("|")는 전달인자가 하나이거나 둘이라는 의미를 나타낸다.

7.8 mata strict

Mata는 사용자가 변수를 명시적으로 선언할 것을 요구할 수 있다. 그리하여 문제가 될 법한 구성체(construct)에 미리 주목하여 이것이 실책으로 이어지는 것을 막거나, 구성체를 명확하게 정의하지 않아 프로그램이 의도치 않은 방향으로 흐르는 것을 막는다.

그런데 Mata는 어떤 방법으로 사용자를 강제할까? Mata는 strict 선택지를 켬(on)으로써 사용자가 변수를 명시적으로 선언하도록 강제할 수 있다. 예를 들어보자.

```
mata:
real matrix quadraticroots(real scalar a,
                           real scalar b,
                           real scalar c)
{
  D=b^2-4*a*c
  return((-b-sqrt(D), -b+sqrt(D))/(2*a))
}
end
```

위 프로그램에서 사용자는 D를 미리 선언하지 않았다. 그런데도 Mata는 이를 컴파일한다. strict 환경을 켜지 않았기 때문이다. 그러나 반복하지만, 이런 방식의 프로그램은 바람직하지 않다. 사용자는 프로그램의 어떤 요소도 미리 명시하는 게 좋다. 말하자면 엄격한 문장이나 엄밀한 논리를 펼치는 게 더 낫다. strict 환경을 켠 상태에서는 Mata는 위와 같은 프로그램을 허용하지 않는다. 엄격하고 엄밀한 프로그램이 필요하다. 먼저 strict 환경을 켜는 방법부터 알아보자. Stata 프롬프트에서

```
. set matastrict on
```

이라고 명령하거나, Mata 프롬프트에서

```
: mata set matastrict on
```

이라고 입력한다. 이를 끌 때에는 on 대신 off를 쓰면 된다. strict 환경의 기본 값은 꺼짐(off)이다. 다시 말해 아무런 조치를 취하지 않으면 strict 환경은 꺼진 상태를 유지한다. 어쨌든 strict 환경을 켜면, Mata는 앞에서 제시한 프로그램을 컴파일하지 않는다. 그 대신 다음과 같은 오류 메시지를 낸다. D를 선언하지 않았기 때문에 프로그램 실행을 끝낸다는 것이다.

```
clear all
set matastrict on                          // new

mata:
real matrix quadraticroots(real scalar a,
                           real scalar b,
                           real scalar c)
{
  D=b^2-4*a*c
  return((-b-sqrt(D), -b+sqrt(D))/(2*a))
}
end
```

```
variable D undeclared
(0 lines skipped)
```

이 프로그램을 정상적으로 실행하려면 (함수 본체에서 사용할 변수) D를 함수 본체 첫 머리에서 미리 선언해야 한다. 사용자는 이렇게 엄밀한 문장을 써야 한다.

```
clear all
mata:
mata set matastrict on                     // new

real matrix quadraticroots(real scalar a,
                           real scalar b,
                           real scalar c)
{
  real scalar D                             //new

  D=b^2-4*a*c
  return((-b-sqrt(D), -b+sqrt(D))/(2*a))
}
```

```
end
```

함수에 matastrict를 설정하면 추후에 다음과 같은 메시지가 나타날 수 있다.

```
variable ______ undeclared
note: variable______ may be used before set
note: variable______ unused
note: argument_____ unused
note: variable_______ set but not used
```

첫째 메시지는 오류이고, 나머지 메시지는 경고다. 첫째 메시지는 프로그램을 중단하면서 나타날 것이고, 나머지 메시지는 프로그램을 강행하면서 나타난다. 첫째 메시지는 사용자가 변수를 선언하지 않았다는 것을 의미한다. 변수를 적절하게 선언하면 오류 메시지는 사라진다. 나머지 메시지는 사용자가 변수나 전달인자를 선언해 놓고도 실제로는 사용하지 않을 때 나타난다. 예를 들어 보자.

```
set matastrict on
mata:
real matrix example(real scalar a, real scalar m)
{
  real scalar x, y
  x=a*3
  y=a*4
  return(x+y)
}
end

note: argument m unused
: example(3, 1)
21
```

```
: example(3)
            example():  3001  expected 2 arguments but received 1
              <istmt>:     -  function returned error
```

위와 같은 연습용 함수를 실행하면 "argument m unused"라는 경고 메시지가 출현한다. 그러나 example(3, 1)이라는 명령은 정상적으로 실행한다. 이와 달리, Mata는 example(3)이라는 명령어는 실행하지 않고 종료한다. 오류이기 때문이다.

7.9 전달인자

이 절에서는 전달인자와 관련하여 몇 가지 비표준적 사용법을 이야기해 보자. 전달인자는 사용자(user)나 호출자(caller)가 함수에 전달하는 신호다. 함수는 이 신호를 가공하여 결과를 산출한다. 예컨대 원주율을 구하는 다음과 같은 함수 circumference()의 전달인자는 반지름 r다.

```
clear all
mata:
real scalar circumference(real scalar r) {
  real scalar c
  c=2*pi()*r
  printf("The circumference of a radius %f circle is " , r)
  return(c)
}
end
```

이 함수의 사용법은 다음과 같이 전달인자를 구체화하는 것이다. 다시 말해 전달인자를 특정한 값으로 지정하는 것이다.

```
: curcumference(5)
  The circumference of a radius 5 circle is    31.41592654
```

이처럼 전달인자는 사용자나 호출자가 입력하는 외생적(exogenous) 값이다. 그러나 전달인자의 사용법이 이에 그치는 것은 아니다. 함수는 다음과 같은 방식으로 전달인자의 값을 바꿀 수 있다.

```
void foo(X)
{
  X=I(3)
}
```

이 함수의 전달인자에 구체적인 값을 입력하면, 다음과 같이 전달인자의 내용이 바뀐다.

```
: X=1
: foo(X)
: X
[symmetric]
       1   2   3
    +-------------+
  1 |  1          |
  2 |  0   1      |
  3 |  0   0   1  |
    +-------------+
```

이 함수에서 X는 원래 스칼라였는데, 함수를 거치면서 행렬이 되었다. 전달인자가 바뀐 셈이다. 왜 이런 함수가 필요한 것일까? 두 가지 가능성 때문이다. 첫 번째 가능성은 외생적인 전달인자는 그대로 두고 함수의 결과물을 새 전달인자로 삼는 함수를 만들 수 있기 때문이다. 이런 논리는 매우 어렵게 들리지만, 실은 매우 간단하다. Mata의 내장 함수인 eigensystem() 함수로 설명해 보자. 이 함수는 행렬 A의 고유벡터(X)와 고유값(L)를 구하는 함수다. 그러나 이 함수는 X와 L을 결과 값으로 얻는 것이 아니라 전달인자 형태로 얻는다.

```
: A=(2,0,-2\1,1,-2\0,0,1)
: X=L=.
: eigensystem(A, X, L)
: X
```

```
                  1                 2                 3

  1    -.707106781                  0       .894427191
  2    -.707106781                  1                0
  3              0                  0       .447213595
```

: L

```
       1    2    3

  1    2    1    1
```

이보다 더 심하게 전달인자를 변형하는 함수도 있다. 투입요소를 바꾸어 산출요소로 대체하는 _fcn() 형태의 함수가 바로 그것들이다. 예를 들어보자. 다음 대칭행렬의 역행렬을 구해보자.

: A=(2, 2, 1\2,5,1\1,1,2); A

```
[symmetric]
       1    2    3

  1    2
  2    2    5
  3    1    1    2
```

대칭행렬의 역행렬을 구하는 내장 함수는 invsym()이다.

: invsym(A)

```
[symmetric]
                    1                2                3

  1                 1
  2    -.3333333333     .3333333333
  3    -.3333333333               0     .6666666667
```

이렇게 내장 함수 invsym()은 전달인자를 그대로 두고 결과 값을 별도로 산출한다. 그러나 이와 달리 _invsym()은 전달인자 그 자체를 결과 값으로 바꾼다.

: _invsym(A)

: A

```
[symmetric]
                  1              2              3
    +---------------------------------------------+
  1 |             1                               |
  2 |  -.3333333333    .3333333333                |
  3 |  -.3333333333              0    .6666666667 |
    +---------------------------------------------+
```

이처럼 전달인자를 내생적으로 바꾸는 사용법은 전달인자의 비표준적 사용방법이다. 그러나 비표준적 사용법이 이에 그치는 것은 아니다. 다른 비표준적 사용방법도 존재하는데, 그 대표적 방법은 전달인자를 가변적으로 만드는 것이다. 다시 말해 함수는 한 경우에는 하나의 전달인자를 전달하고 다른 경우에는 하나 이상의 전달인자를 전달할 수 있다. 이런 예는 앞에서도 잠시 말하였지만 중요한 사용법이니만큼 다시 한 번 더 언급해 보자. 별다른 효용성도 없고 설득력도 떨어지는 프로그램이지만, 개념적 이해를 위해 다음 함수를 살펴보자.

```
mata:
real matrix myweight(real matrix A, | real scalar w)
{
  if (args()==1) w=2
  r=w*A
  return(r)
}
end
```

이 함수의 전달인자를 주목해 보라. 첫째 전달인자 뒤에 쉼표(",")를 붙이고 수직 막대("|")를 기입하였다. 그런 다음 둘째 전달인자를 전달하였다. 앞에서 이미 말하였지만, 이런 기호(쉼표와 수직 막대)는 첫째 전달인자는 필수 요소이고, 둘째 전달인자는 선택 요소라는 사실을 의미한다. 다시 말해 이 기호는 둘째 전달인자는 넣어도 되고 넣지 않아도 무방하다는 의미를 전달한다.

프로그램 본체에 등장하는 if (args()==1) w=2라는 문장은 전달인자가 하나일 때에 w는 2라는 사실을 의미한다. 전달인자가 둘인 경우, w의 크기는 사용자가 따로 결정할 것이다.

이제 이 함수를 사용해 보자. A라는 행렬이 있고, w라는 스칼라가 있는데, 이 함수는 w*A를 출력한다.

```
: A=(1,2,3\2,3,4\3,4,5)
```

```
: myweight(A)
[symmetric]
        1     2     3
    +-----------------
  1 |   2
  2 |   4     6
  3 |   6     8    10
    +-----------------
```

```
: myweight(A, 3)
[symmetric]
        1     2     3
    +-----------------
  1 |   3
  2 |   6     9
  3 |   9    12    15
    +-----------------
```

실질적인 의미를 띠는 함수를 예로 들어보자. 다음은 테일러 급수(Taylor series)로 자연대수(自然對數, e)의 근사값을 구하는 함수다(이 방법에 대한 수학적 논의는 2부에서 살펴본다).

```
clear all
mata:
void myexp(real scalar x, | real scalar tol)
{
  real scalar solold, sol, i, ea

  if (args()==1) tol=.05
  solold=0
  sol=1
  i=1
  ea=.

  while (ea>tol) {
    solold=sol
    sol=solold+x^i/factorial(i)
    ea=abs((sol-solold)/sol)*100
```

```
    printf("At iteration %f, the approximation is %f\n", ///
                i, sol)
    i=i+1
  }
}
end
```

이 함수에서 전달인자는 둘이다. 하나는 필수 요소고 다른 하나는 선택 요소다. Mata는 필수 요소와 선택 요소를 쉼표와 수직 막대로 구분한다. 만일 사용자가 전달인자를 하나만 사용한다면(앞의 전달인자만 사용한다면) 뒤의 전달인자는 미리 정한 값을 갖는다. if (args()==1) tol=.05 라는 문장은 전달인자가 하나라면 tol은 .05가 될 것이라는 의미다. 만일 사용자가 뒤의 전달인자(tol)의 값까지 지정하여 두 개의 전달인자를 입력하면, 함수는 사용자가 지정한 tol을 쓸 것이다.

위 함수를 조금만 해설해 보자. 먼저 solold, sol, i, ea 등을 초기화한 이후 while 반복문으로 들어간다. 그 다음에 우리가 보는 것은 sol=solold+x^i/factorial(i)이라는 문장이다. 이는 sol 값은 solold 값, 즉 1에 $x^i/i!$를 반복해서 더한다는 의미를 띤다. 이는 수식,

$$e^x = \sum_{n=0}^{\infty} \frac{f^{(n)}(0)}{n!} x^n = 1 + x + \frac{x^2}{2!} + \frac{x^3}{3!} + \cdots + \frac{x^n}{n!}$$

을 프로그램 언어로 번역한 것이다. 반복은 백분율 상대오차(ea)가 종료 기준(tol)보다 클 때에만 계속한다. 다시 말하면, 반복은 백분율 상대오차가 종료기준보다 작아질 때 종료한다.

위 함수가 잘 작동하는지 살펴보자. 먼저 x=1일 때, 즉 $e^1=e$의 값은 얼마인가? 먼저 백분율 근사오차를 미리 정한 값 .05으로 삼을 때, 자연대수 e의 값은?

```
: myexp(1)
At iteration 1, the approximation is 2
At iteration 2, the approximation is 2.5
At iteration 3, the approximation is 2.66666667
At iteration 4, the approximation is 2.70833333
At iteration 5, the approximation is 2.71666667
At iteration 6, the approximation is 2.71805556
At iteration 7, the approximation is 2.71825397
```

오차를 1e-8로 하면? 반복은 조금 더 길어지고 자연대수 값은 조금 더 정밀해진다.

: myexp(1, 1e-8)

```
At iteration 1, the approximation is 2
At iteration 2, the approximation is 2.5
At iteration 3, the approximation is 2.66666667
At iteration 4, the approximation is 2.70833333
At iteration 5, the approximation is 2.71666667
At iteration 6, the approximation is 2.71805556
At iteration 7, the approximation is 2.71825397
At iteration 8, the approximation is 2.71827877
At iteration 9, the approximation is 2.71828153
At iteration 10, the approximation is 2.7182818
At iteration 11, the approximation is 2.71828183
At iteration 12, the approximation is 2.71828183
At iteration 13, the approximation is 2.71828183
```

x=2면? 즉, e^2는? 위 함수의 실행 결과는 7.389다.

: myexp(2, 1e-8)

```
At iteration 1, the approximation is 3
At iteration 2, the approximation is 5
At iteration 3, the approximation is 6.33333333
At iteration 4, the approximation is 7
At iteration 5, the approximation is 7.26666667
At iteration 6, the approximation is 7.35555556
At iteration 7, the approximation is 7.38095238
At iteration 8, the approximation is 7.38730159
At iteration 9, the approximation is 7.38871252
At iteration 10, the approximation is 7.38899471
At iteration 11, the approximation is 7.38904602
At iteration 12, the approximation is 7.38905457
At iteration 13, the approximation is 7.38905588
At iteration 14, the approximation is 7.38905607
At iteration 15, the approximation is 7.3890561
At iteration 16, the approximation is 7.3890561
At iteration 17, the approximation is 7.3890561
```

제 8 장 Stata와 연결하는 함수

Mata는 Stata와 구별되는 별개의 언어이지만, 그렇다고 Stata와 완전히 분리된 언어는 아니다. Mata는 Stata와 긴밀하게 서로 얽혀 있다. Mata는 Stata의 데이터, 변수, 매크로 등을 사용할 수 있다. Mata 함수는 Stata의 프로그램과 결합하기도 한다. 흔히 Stata와 Mata는 합당한 기능과 장점에 따라 제 구실을 수행하여 나중에 서로 보완한다. Stata와 Mata는 각각 어떤 구실을 수행하는가? Stata는 주로 데이터를 입력하고 결과를 출력하며, 문장을 분해하거나 분석하는 데에 사용한다. 즉 Stata는 자료를 관리하고 분석하는 데에 사용한다. 이와 달리, Mata는 주로 데이터를 연산하는 데에 사용한다. 이 둘을 어떻게 결합하는가? 이 장에서는 Stata와 Mata의 연결을 알아보자.

8.1 Stata의 자료 받아들이기: st_data()와 st_view()

Mata는 서로 다른 두 종류의 함수를 사용하여 Stata의 데이터를 Mata의 처리 대상, 즉 행렬로 바꿀 수 있다. st_data()와 st_view()가 바로 그것들이다. st_data()는 Stata 데이터의 복사본(a copy)을 만들고, st_view()는 Stata 데이터의 뷰(a view)를 만든다.[11]

Stata에 다음과 같이 간단한 데이터가 있다고 가정해 보자.

11) Stata에서 뷰(view)는 가상의 데이터(virtual data)다. 예컨대 Stata의 변수 데이터로 이루어진 가상의 행렬(virtual matrices)을 뷰라고 부른다(Baum, 2016: 301). 본문에서도 언급하였지만, 이런 뷰는 몇 가지 특징을 보인다. 첫째, 실제의 데이터보다 메모리를 훨씬 적게 쓴다. 그만큼 효율적이다. 둘째, 실제의 데이터를 바꾸면 뷰가 달라지는 것은 당연하다. 거꾸로 뷰를 수정하면 원래의 데이터도 바뀐다.

```
. list
```

	mpg	weight	length
1.	22	2930	186
2.	17	3350	173
3.	22	2640	168
4.	20	3250	196
5.	15	4080	222

Mata에서 이 데이터의 복사본을 만들 수 있다. 복사본을 만드는 내장 함수는 st_data() 이다. st_data()에서 첫째 전달인자에 마침표(".")를 넣으면 모든 사례(observation)를 포함하라는 이야기고, 둘째 전달인자에 마침표를 넣으면 모든 변수(variable)를 포함하라는 말이다.

```
: X=st_data(.,.)
: X
```

	1	2	3
1	22	2930	186
2	17	3350	173
3	22	2640	168
4	20	3250	196
5	15	4080	222

이 복사본으로 우리는 우리가 바라는 계산을 할 수 있다. 예컨대 특정한 독립변수(X)로 어떤 종속변수(y)에 대해 회귀분석을 실시하여 회귀계수($b=(X'X)^{-1}X'y$)를 구할 수 있다. 여기서 중요한 것은 y나 X가 복사본이라는 것이다. 그리하여 우리가 데이터를 고치거나 바꾸어도, 그런 작업은 y나 X를 변형하지 않는다. 거꾸로 y나 X를 바꾸어도 원래의 데이터는 바뀌지 않는다.

함수 st_view()는 Stata에 저장된 데이터에 접근하는 다른 방법을 제공한다.

```
: st_view(V=.,.,.)
: V
```

	1	2	3
1	22	2930	186
2	17	3350	173
3	22	2640	168
4	20	3250	196
5	15	4080	222

V의 내용은 앞에서 말한 복사본 X와 동일하다. 그리고 V를 다루는 방법은 X를 다루는 방법과 동일하다. 예컨대 우리는 어떤 y에 대해 $(V'V)^{-1}V'y$를 구할 수 있다. 그러나 V는 X와 다르다. X가 복사본인데 반하여, V는 뷰라는 점이 다르다. 행렬 V는 Stata의 데이터와 동일하다. 그리하여 V를 수정하면 Stata의 데이터도 바뀐다.

```
: V[1,1]=500
: end
. list
```

	mpg	weight	length
1.	500	2930	186
2.	17	3350	173
3.	22	2640	168
4.	20	3250	196
5.	15	4080	222

이와 비슷하게, Stata의 데이터를 변형하면 V도 바뀐다.

```
. replace mpg=2 in 1
. mata
: V
```

	1	2	3
1	2	2930	186
2	17	3350	173
3	22	2640	168
4	20	3250	196
5	15	4080	222

뷰 V와 복사본 X가 서로 다른 점이 또 하나 있다. 그것은 각자가 소비하는 메모리의 크기가 다르다는 것이다. 뷰는 메모리를 적게 소비하고, 복사본은 메모리를 많이 차지한다. 아래의 표에서 보듯, 뷰는 겨우 32 바이트를 소비하는 데 반하여 복사본은 120바이트나 차지한다. 데이터가 별로 크지 않은데도, 복사본이 뷰보다 약 네 배 더 많은 메모리를 소비한다. 데이터의 크기가 크면 클수록 이 차이는 기하급수적으로 벌어진다.

```
: mata describe
      # bytes   type                        name and extent
    -----------------------------------------------------------
           32   real matrix                 V[5,3]
          120   real matrix                 X[5,3]
    -----------------------------------------------------------
```

우리가 st_data()보다 st_view()를 더 많이 사용하는 것은 이 사실, 즉 st_view()가 메모리를 덜 소비한다는 사실 때문이다. 위 예제처럼 행렬이 작을 때에는 st_data()도 큰 문제를 일으키지 않지만 거대한 자료에서 거대 행렬을 추출해서 이를 연산해야 할 때에는 st_view()를 사용하지 않을 수 없다.

앞에서 우리는 st_view()로 행렬을 만드는 방법을 다음과 같이 표기하였다.

```
: st_view(V=.,.,.)
```

그런데 왜 그냥 V가 아니고, V=.이라고 표기해야 할까? 다른 함수가 그런 것처럼 st_view() 함수의 전달인자도 이미 존재해야 하기 때문이다. 즉 V를 미리 초기화해야 하기 때문이다. 이런 표기법이 눈에 거슬리면, 다음과 같이 나누어서 표기해야 한다.12)

```
: V=.
: st_view(V,.,.)
```

그런데 st_view()에서 눈여겨보아야 할 것은 V=.라는 표기뿐만 아니다. 행렬을 만드는 다음과 같은 방법, 즉 V=st_view(.,.)라고 하지 않고 st_view(V=.,.,.)라고 쓰는 방법도 특이하다. 특이하기는 하지만, 어쨌든 st_view() 함수의 첫째 전달인자 V는 Mata가 만들어야 할 행렬을 지정한다. 둘째 전달인자는 포함할 사례(observation)을 나타내고, 셋째 전달인자는 포함할 변수를 특정한다. 둘째 전달인자가 "."인 것은 모든 사례를 포함한다는 의미고, 셋째 전달인자가 "."인 것은 모든 변수를 포함한다는 뜻이다.

보통 우리는 사례를 모두 사용한다. 그러나 우리는 변수를 모두 사용하지 않는다. 일부 변수만 사용할 뿐이다. 예를 들어, 자동차 자료에서 mpg를 y로 삼고, weight와 foreign을 X로 삼지만, 나머지 변수는 사용하지 않는다. 이럴 때, 즉 몇 개의 변수만 사용할 때 뷰를 만드는 방법은 다음과 같다.

12) 앞으로 보겠지만, eigensystem()과 같은 함수에서도 전달인자는 미리 존재해야 한다. 그러므로 eigensystem(A, X=.,L=.)과 같이 명령한다. 물론 이도 두 단계로 표시할 수 있다. X=L=.이라고 명령한 뒤에 eigensystem(A, X, L)이라고 명령할 수 있다.

```
. sysuse auto, clear
. mata:
: st_view(y=.,.,"mpg")
: st_view(X=.,.,("weight", "foreign"))
```

이런 경우에 주목해야 할 것은 셋째 전달인자다. 우리는 ("weight", "foreign")이라고 지정하여 두 변수만 선택하여 행 벡터로 지정하였고, 나머지 변수는 관심 대상에서 제외하였다. 이 셋째 전달인자를 다른 방식으로 표기할 수도 있다. tokens()라는 내장 함수를 사용하는 방법이다.

```
: st_view(X=.,.,tokens("weight foreign"))
```

여기서 tokens() 함수는 빈 칸(space)을 기준으로, 하나의 문자 리터럴("weight foreign")을 ("weight", "foreign")이라는 행 벡터로 전환한다. Stata의 tokenize 명령과 흡사한 기능을 수행한다.

어쨌든 이렇게 변수를 추출한 다음, 그것이 복사본이든 뷰든 상관없이, 위에서 보인 것처럼 그 변수를 사용하여 다음과 같이 행렬을 연산할 수 있다.

```
: b=invsym(X'X)*X'y
```

그러나 위의 연산은 cross()라는 내장 함수를 사용하여 다음과 같은 방식으로 하는 것이 더 낫다. 왜냐하면 cross() 함수는 행렬의 곱을 더 정확하고 더 빠르게 연산할 수 있고 일반적인 행렬 연산보다 더 적은 메모리를 쓰기 때문이다.[13]

```
: b=invsym(cross(X,1,X,1))*cross(X,1,y,0)
: b
                 1
    +----------------+
  1 |  -.0065878864  |
  2 |  -1.650029106  |
  3 |   41.67970233  |
    +----------------+
```

데이터에 결측값이 있으면 어떻게 할 것인가? 가장 간단하고 가장 효율적인 방법은 Stata에서

13) cross() 함수의 자세한 활용은 help mata cross()로 알아보라.

결측값을 제거하고 Mata는 연산만 하는 것이다.

```
. sysuse auto, clear
. gen cons=1
. egen missing=rowmiss(mpg weight foreign)    // note
. drop if missing                              // note
. mata:
: st_view(y=.,.,"mpg")
: st_view(X=.,.,tokens("weight foreign cons"))
: b=invsym(cross(X,X))*cross(X, y)
: end
```

그러나 st_view() 함수로도 결측값을 다룰 수 있다. st_view() 함수는 넷째 전달인자를 선택사항으로 두어서, 특정 변수를 지정할 수 있다. 이 변수는 결측값과 결측값이 아닌 사례를 분리한다. 이 변수 이름은 흔히 touse라고 설정한다. 프로그래밍에서 touse 변수는 분석에 사용할 사례에는 0이 아닌 값을 주고, 분석에서 제외할 사례에는 0을 부여한다. 그리고 이런 touse 변수를 넷째 전달인자로 지정한다.

```
program myreg
  version 15
  syntax varlist [if][in]
  marksample touse
  tempvar cons
  qui gen `cons'=1
  mata: myreg("`varlist' `cons'", "`touse'")
end

version 15
mata:
real colvector myreg(string scalar varnames, string scalar touse)
{
```

```
    string rowvector vars
    real matrix X
    real colvector y

    vars=tokens(varnames)
    st_view(y=.,.,vars[1], touse)
    st_view(X=.,.,vars[|2\.|], touse)
    b=invsym(cross(X, X))*cross(X, y)
    return(b)
  }
  end
```

다른 예를 들어서 Stata와 Mata를 연결하는 다른 st_interface 함수를 알아보자. 아래의 centervars.ado는 개별 변수에서 그 변수의 평균값을 뺀 변수를 만드는 프로그램이다. 말하자면 변수를 중심화(centering)하는 프로그램이다.

```
  program centervars
    version 15.1
    syntax varlist(numeric), GENerate(string) [DOUBLE]
    marksample touse
    qui count if `touse'
    if r(N)==0 error 2000
    foreach v of local varlist {
      confirm new var `generate'`v'
    }
    foreach v of local varlist {
      qui gen `double' `generate'`v'=.
      local newvars="`newvars' `generate'`v'"
    }
    mata: centerv("`varlist'", "`newvars'", "`touse'")
  end
```

```
version 15.1
mata:
mata set matastrict on
void centerv(string scalar varnames,
                string scalar newvarnames,
                string scalar touse)
{
   real matrix X, Z
   st_view(X=.,.,tokens(varnames), touse)
   st_view(Z=.,.,tokens(newvarnames), touse)
   Z[.,.]=X:-mean(X)
}
end
```

위 프로그램은 다소 복잡하므로, 몇 가지 해설해 보자. ① centervars 프로그램의 명령어 구문(syntax)은 다음과 같다.

centervars *varlist*, GENerate(*string*) double

여기서는 auto.dta 데이터를 사용하여 mpg, weight, foreign 변수를 중심화한다고 한다고 가정해 보자. 그리고 중심화한 변수 이름을 c_mpg, c_weight, c_foreign으로 한다고 가정해 보자. 그러면 명령어는 다음과 같을 것이다.

```
. centervars mpg weight foreign, gen(c_) double
```

여기서 gen(c_)이라는 선택 명령은 c_로 시작하는 새 변수를 만들 것이라는, 즉 c_mpg, c_weight, c_foreign이라는 이름의 새 변수를 만들 것이라는 예고다. 이렇게 이름을 미리 지은 다음에 프로그램 본문에서는 generate c_mpg=... 등의 명령어로 새 변수를 지정할 것이다(qui gen `double' `generate'`v'=.). ② 여기서 confirm 명령어는 새로 만든 변수, 즉 c_mpg 등이 과연 새 변수인지, 즉 기존의 변수와 그 이름이 겹치지는 않는지를 확인한다. 새 변수임이 확실하다면 아무 반응도 보이지 않을 것이지만, 새 변수가 아니고 기존 이름과 겹친다면 오류 메시지가 나타날 것이다. ③ local newvars "`newvars' `generate'`v'"는 재미있는 문법이다. 이 명령의 의미를 풀어보자. 맨 먼저 local newsvars "`newvars' `generate'`v'의 `newvars'"는 빈칸이다. 그러므로 local newsvars... 명령으로 만들어지는 다음 `newvars'는 `c_mpg'가 된다. 첫 번째 `generate'`v'는 `c_mpg'가 될 것이기 때문이다. 그 다음 반복과정에서 `newvars'는 `c_mpg c_weight'다. 다음 반복과정에서 `newvars'는 `c_mpg c_weight c_foreign'가 된다. ④ Stata와 Mata의 centerv() 함수의 전달인자는 순서대로 변수 이름, 새 변수 이름, touse다. 그러므로 st_view()는 네 개의 전달인자를 포함한다.

이 프로그램을 centervars.ado라고 이름 붙이고, 이를 C:\ado\personal 폴더에 저장하자. 이제 이 프로그램을 실행하여, auto 데이터에서 mpg, weight, foreign 변수를 중심화해 보자.

```
. discard
. sysuse auto
. centervars mpg weight foreign, gen(c_) double
```

이제 변수들이 제대로 중심화하였는지 확인해 보자. 다음 결과를 보면 제대로 중심화하였다는 사실을 확인할 수 있다.

```
. sum mpg weight foreign
```

Variable	Obs	Mean	Std. Dev.	Min	Max
mpg	74	21.2973	5.785503	12	41
weight	74	3019.459	777.1936	1760	4840
foreign	74	.2972973	.4601885	0	1

```
. sum c_mpg c_weight c_foreign
```

Variable	Obs	Mean	Std. Dev.	Min	Max
c_mpg	74	-9.60e-16	5.785503	-9.297297	19.7027
c_weight	74	-1.35e-13	777.1936	-1259.459	1820.541
c_foreign	74	-3.30e-17	.4601885	-.2972973	.7027027

지금까지 우리는 st_view() 함수로 Stata 데이터를 Mata 행렬로 전환하는 방법을 알아보았다. 이 함수와 관련하여 이와 구분되는 두 개의 함수를 언급할 필요가 있다. st_subview()와 st_sview()가 바로 그것들이다. 전자는 Stata의 문자 벡터를 Mata의 벡터로 불러들이는 함수고,

후자는 st_view()로 만든 뷰에서 일부 벡터를 추출하는 함수다. 사람들은 이런 함수를 많이 사용하지 않는다. 그러므로 이의 사용법을 자세히 언급하지 않는다. 자세한 사용법은 help mata st_sview()와 help mata st_subview()를 입력하여 도움말을 보라.

```
. sysuse auto
. mata:
: st_sview(producer=., ., "make")
: st_view(allv=., ., .)
: st_subview(y=., allv, ., 3)
: st_subview(X=., allv, ., (7, 12))
```

8.2 putmata

앞에서 보았다시피, st_data()와 st_view() 함수로 Stata와 Mata를 연결하는 방법은 프로그램을 작성하거나 다룰 때 주로 사용한다. 그러나 대화 모드(interactive mode)에서는 이보다 더 간편한 방법이 있다. 대화 모드에서는 putmata 명령으로 Stata의 변수를 Mata의 벡터나 행렬로 손쉽게 전환할 수 있다. 거꾸로 Mata의 행렬을 Stata로 이동하는 명령은 getmata다. 그러나 여기서는 이 명령어에 대해 따로 논의하지 않는다. help mata getmata로 알아보라. 여기서는 putmata만 알아보자. putmata의 구문(syntax)은 다음과 같다.

putmata *putlist* [*if*][*in*][, replace <u>omit</u>missing view]

여기서 *putlist*는 다음과 같은 형식으로 표현할 수 있다.

① putmata mpg -> Mata에서 mpg라는 벡터를 만든다.
② putmata mpg weight -> Mata에서 mpg와 weight라는 벡터를 생성한다.
③ putmata * -> Stata의 모든 변수를 Mata의 벡터로 만든다. Mata의 벡터 이름은 Stata의 변수 이름과 같다.
④ putmata y=mpg -> Stata의 mpg 변수를 Mata의 y 벡터로 만든다.
⑤ putmata X=(weight foreign) -> Mata에서 X 행렬을 만드는데, 1열은 weight, 2열은 foreign으로

한다.

⑥ putmata y=mpg X=(weight foreign), omitmissing replace view-〉 Mata에서 벡터와 행렬을 만드는데, Stata의 mpg 변수를 Mata의 y 벡터로 만들고, Stata의 weight와 foreign 변수는 Mata의 X 행렬로 생성한다. omitmissing는 y와 X에서 결측 사례를 제외하라는 선택 명령이다. view는 데이터의 복사본을 만들지 말고 뷰를 만들라는 선택 명령이다. st_view() 함수에서 본 것처럼, 이는 메모리를 절약할 것이다. replace는 Mata의 행렬에 mpg라는 벡터와 weight, foreign이라는 행렬이 이미 존재한다면 이를 대체하라는 선택 명령이다.

이외의 자세한 선택 사항은 help putmata로 알아보라. 지금부터는 putmata를 사용하는 예를 들어보자.

```
. sysuse auto, clear
. gen cons=1
. putmata y=mpg X=(weight foreign cons), omitmissing replace
 (1 vector, 1 matrix posted)

. mata:
: b=invsym(X'X)*X'y
: b
                 1
    +----------------+
  1 |  -.0065878864  |
  2 |  -1.650029106  |
  3 |   41.67970233  |
    +----------------+

: yhat=X*b          // y estimate
: e=y-yhat          // error
: sum(e)
 6.72173e-12
: sum(yhat)
 1576
: end
```

여기서 주의할 것은 putmata로 만든 벡터나 행렬은 Stata 변수의 복사본(a copy)이라는 사실이다. 계산은 다소 느리지만 메모리 소비가 적은 뷰(a view)를 만들려면 view라는 선택 명령을 덧붙여야 한다.

```
. putmata y=mpg X=(weight foreign), omitmissing view
```

8.3 다른 st_interface 함수

지금까지 우리는 Stata의 객체를 Mata로 옮기는 접속기(interface)로 st_view()나 st_data()를 살펴보았다. 그러나 Stata의 객체를 Mata로 옮기거나 Mata의 객체를 Stata로 옮기는 접속기(interface)는 이외에도 많다. st_local(), st_global(), st_numscalar(), st_matrix() 등이 바로 그것들이다. 이들은 차례로 로컬(지역) 매크로, 글로벌(전역) 매크로, 스칼라, 행렬을 이리저리 옮기는 함수다. 이 절에서는 이들 접속기에 대해 간단하게 살펴보자. 이들 함수의 문법은 비슷하다. 그러므로 st_local() 함수의 구문을 살펴서 다른 함수의 구문도 이해해 보자.

st_local(*string scalar name*)
st_local(*string scalar name, string scalar contents*)

앞 구문, 즉 st_local(*name*)은 Stata의 로컬(지역) 매크로를 Mata의 객체로 전환한다. 뒤의 구문, 즉 st_local(*name, contents*)은 거꾸로 Mata의 객체를 Stata의 객체로 바꾼다. 예를 들어 보자.

```
. sysuse auto
. local varlist "mpg weight foreign"
. mata
: st_local("varlist")
  mpg weight foreign

: st_local("a", "mpg weight")
: st_local("A", st_local("varlist"))
```

```
: end

. disp "`a'"
  mpg weight

. disp "`A'"
  mpg weight foreign
```

이 예문으로 알 수 있는 바는 다음과 같은 세 가지 사실이다. 첫째, Stata에서 varlist라는 매크로를 만든 다음, Mata에서 st_local("varlist")라고 명령하면, Stata의 매크로를 Mata로 불러들인다.[14] 그렇다고 Mata에서 Stata 매크로를 그대로 쓸 수 있다고 말하는 것은 아니다. Stata와 달리, Mata에는 매크로가 없다. 그러므로 Stata의 매크로를 Mata에서 사용하려면 매크로를 다른 객체로 변환해야 한다. 예컨대

```
: varnames=st_local("varlist")
```

라고 변환한 다음, varnames라는 객체를 사용해야 한다.

둘째, Stata의 매크로를 Mata에서 불러들일 때 매크로에 따옴표(“”)를 붙이는 까닭은 Stata의 매크로가 설령 숫자를 나타낸다고 해도 Mata는 이를 문자로 인지하기 때문이다. Stata에 다음과 같은 매크로가 있다고 하자.

```
. local theanswer 42
```

이를 Mata의 객체로 만들어보자.

```
: theanswer=st_local("theanswer")
```

14) Mata에서 매크로를 불러들일 때, st_local("`varlist'")가 아니라 st_local("varlist")임에 주목하라. 빠른 이해를 돕기 위해 다른 예를 들어 보자.

```
. local a 3
. mata:
: st_local("a")
  3
```

이 예에서도 st_local("`a'")가 아니라 st_local("a")이라고 표기하였다.

이렇게 만든 Mata의 theanswer 객체는 문자다. 이를 숫자로 바꾸려면 strtoreal() 함수를 써야 한다.15)

```
: strtoreal(theanswer)
  42
```

셋째, Mata의 객체를 Stata의 매크로로 변환하려면 st_local(string scalar name, string scalar contents) 명령을 사용해야 한다. 예컨대 Mata의 mpg weight라는 문자열을 Stata의 a 라는 로컬 매크로로 전환하려면, Mata에서 다음과 같은 함수를 사용해야 한다.

```
: st_local("a", "mpg weight")
```

이 함수가 Stata에서 a라는 로컬 매크로를 만들었는가? 확인해 보자.

```
: end
. display "`a'"
  mpg weight
```

지금까지 주로 st_local() 함수를 해설하였다. 다른 st_interface 함수의 구문도 st_local()의 구문과 흡사하다. 그러므로 여기서는 별다른 설명이나 해설 없이 st_global(), st_numscalar(), st_matrix() 함수를 활용하는 간단한 예를 살펴보자. 자세한 구문과 적당한 적용 예는 help mata 명령으로 알아보라.

```
. global b "hello, world"
. mata:
: st_global("b")
  hello, world
```

---

15) 다른 한편, st_numscalar(), st_matrix() 함수는 st_local() 함수와 달리, 문자열로 인지한 스칼라와 행렬을 다시 숫자로 전환하다.

```
. scalar year=2002
: st_numscalar("year")
  2022

: eltype(st_numscalar("year")(
  real
```

```
: st_global("B", "good morning")
: end
. disp "$B"
good morning

. scalar c=2.7
. mata:
: st_numscalar("c")
2.7

: st_numscalar("C", exp(1))
: end
. disp C
2.7182818

. matrix M=(1,2\3,4)
. mata:
: st_matrix("M")
       1   2
    +---------+
  1 |  1   2  |
  2 |  3   4  |
    +---------+

: N=(3,4\5,6)
: st_matrix("M2", N)
: end
. matlist M2

             |        c1         c2
-------------+----------------------
          r1 |         3          4
          r2 |         5          6
```

Ⅱ. 수치해석

제 9 장 오차
제 10 장 선형방정식의 해 구하기
제 11 장 보간법
제 12 장 근 찾기
제 13 장 최적화
제 14 장 수치 미분과 수치 적분

제 9 장

오 차

수치분석 또는 수치해석(numerical analysis)은 컴퓨터를 이용하여 근사값을 구하는 계산 방법이다. 이는 정확값을 구하는 수리적 방법과 다르다.

정확값과 달리, 근사값은 필연적으로 오차(error)를 포함한다. 이 오차는 주로 반올림 오차(round error)와 절단 오차(truncation error)로 구성된다. 이 오차가 발생하는 원인을 자세하게 이해하는 것은 수치분석을 잘 이해하는 기초가 된다. 그러나 이 책에서는 이와 같은 오차가 발생하는 원인을 따지지 않고, 오차를 다루는 방법만을 알아보기로 한다. 반올림 오차와 절단 오차가 발생하는 원인에 대한 자세한 논의는 다른 수치해석 교재를 참고하라(cf. Chapra, 2017; Chapra and Canale, 2014; 권순학, 2016).

오차는 정확도(accuracy)와 정밀도(precision)라는 개념과 관련한다. 정확도는 측정값이나 계산값이 참값에 근접하는 정도를 지칭하고, 정밀도는 여러 측정값이나 계산값이 서로 가까운 정도를 말한다. 말을 바꾸면, 정확도는 참값과 측정값의 관련을 말하고, 정밀도는 측정값의 상호관계를 말한다. 참값과 멀리 떨어진 측정값은 정확하지 않다고 말할 수 있고, 서로 비슷하지 않은 측정값은 정밀하지 않다고 말할 수 있다. 오차는 이 둘, 즉 정확도와 정밀도 차원을 모두 지칭한다. 정확도와 정밀도가 크면 오차는 작고, 반대로 정확도와 정밀도가 작으면 오차는 크다. 그러나 보통 참값은 알려져 있지 않은 경우가 많으므로 우리는 정확도보다는 주로 정밀도에 초점을 맞출 것이다.

참값을 x라 하고 근사값을 x'이라고 하자. 그리고 오차를 ϵ라고 표기하자. 그러면 이 세 값의 관계는 다음과 같이 나타낼 수 있다.

$$x = x' + \epsilon$$

이를 바꾸면,

$$\epsilon = \epsilon_T = x' - x$$

이다. 여기서 ϵ_T는 참값과 비교한 오차, 즉 참 오차(true error)를 나타낸다. 그리고 이런 형태의 오차는 수치의 차이를 그대로 보여주는 절대 오차다. 절대 오차의 단점은 지금 다루는 수치의 크기를 고려하지 않는다는 것이다. 수치의 크기를 참작하는 한 방법은 오차를 참값으로 정규화하는 것이다.

$$\epsilon_t = \frac{x - x'}{x}$$

이 상대오차(ϵ_t)는 백분율로 바꾸어 다음과 같이 표시할 수 있다.

$$\epsilon_t = \frac{x - x'}{x} \times 100$$

상대오차나 백분율 상대오차가 중요한 이유는 다음과 같은 예로 알 수 있다. 연필과 건물의 길이를 측정하였다고 해 보자. 연필을 측정한 값이 14.9cm이고, 건물의 측정치가 14.99m, 즉 1,499cm라고 가정해 보자. 참값은 각각 15cm, 1500cm라고 가정하자. 그러면 오차는 모두 1cm다. 그러나 백분율 상대오차는 이와 현저히 다르다. 연필은 6.7%(≒1*100/15)의 백분율 오차를 보이지만, 건물은 0.067%(≒1*100/1500)의 오차를 보인다. 매우 상식적인 결론이지만, 건물의 상대오차가 현저히 작다.

ϵ_T와 ϵ_t는 참값에 기반한 오차다. 그러나 실제 상황에서는 참값을 모르는 경우가 더 많다. 수리적 해를 구할 수 있는 함수에서는 참값을 알지만, 이를 구하기 어려운 함수나 방정식에서는 참값을 알지 못한다. 우리가 아는 것은 단지 근사값일 뿐인 경우가 많다. 이런 상황에서는 근사값으로 근사 오차(approximation error)를 정규화해야 한다.

$$\epsilon_a = \frac{\text{근사 오차}}{\text{근사값}} \times 100$$

위 식은 대부분 별달리 효용이 없다. 왜냐하면 근사값에 오차가 얼마나 포함되어 있는지, 즉 근사오차가 일마나 큰지를 미리 알 수 없기 때문이다. 그러므로 때때로 우리는 근사 오차를 구할 때 반복법(iterative approach)을 사용해야 한다. 반복법에서 근사 오차는 현재의 근사값과 이전의 근사값을 바탕으로 얻는다. 서로 다른 조건에서 근사값을 구하는 과정을 반복하면, 이전에 측정한 근사값과 지금 측정한 근사값을 서로 견주어 근사오차를 구할 수 있고, 다음과 같은 방식으로 근사 오차를 상대화할 수 있다. 아래 식에서 x'1은 현재 근사값이고, x'0은 이전 근사값이다.

$$\epsilon_a = \frac{x'_1 - x'_0}{x_1'} \times 100$$

이 근사값의 방향은 중요하지 않다. 즉 오차의 부호가 양인지, 음인지는 중요하지 않다. 이것의 절대적 크기가 중요하다. 수치해석에서는 흔히 이 백분율 상대오차, 즉 근사값 백분율 상대오차(ϵ_a)의 절댓값이 미리 정한(predefined) 특정 허용값(ϵ_s)보다 작을 때까지 반복을 진행한다. 다시 말해 백분율 상대오차의 절댓값이 허용값보다 작아지면 수치 계산의 반복을 종료한다. 이런 의미에서 허용값은 반복 계산의 종료기준(stopping criterion)이 되는 셈이다.

$$|\epsilon_a| < \epsilon_s$$

위와 같은 논의를 이해하기 위해 한 예를 들어 보자. 수학에서 특정 함수는 무한급수로 표현할 수 있다. 예컨대 자연대수의 지수함수는 다음과 같은 식으로 연산할 수 있다.

$$\begin{aligned} e^x &= 1 + \frac{x}{1!} + \frac{x^2}{2!} + \frac{x^3}{3!} + \ldots + \frac{x^n}{n!} \\ &= 1 + x + \frac{x^2}{2} + \frac{x^3}{3!} + \ldots + \frac{x^n}{n!} \end{aligned}$$

여기서 $e^1 = e$는 다음과 같은 함수로 구할 수 있다.

$$e = 1 + 1 + \frac{1}{2} + \frac{1}{3!} + \ldots + \frac{1}{n!}$$

이것을 연산할 때, 무한급수의 첫째 항만을 계산에 넣으면 $e = 1$이고, 둘째 항까지 계산하면 $e = 2$다. 셋째, 넷째 항, 다섯째 항으로 범위를 넓히면 e는 각각 2.5, 2.667, 2.708이 된다. 특정 항까지 포함할 때, 발생하는 참 백분율 상대오차와 근사값 백분율 상대오차를 구해보자. 다행한 일이지만, 이 경우에 우리는 참값을 미리 알고 있다. 참값은 2.718282...이다.

항	결과	ϵ_t (%)	ϵ_a (%)
1	1	63.2	-
2	2	26.4	50.00
3	2.5	8.0	20.00
4	2.666667	1.9	6.25
5	2.708333	.34	1.538462
6	2.716667	.08	.306748
7	2.718056	.01	.051098
8	2.718254	.001	.007299

참 백분율 상대오차는 놓아두고, 근사값 백분율 상대오차를 보자. 둘째 항까지 포함하면, 근사값 백분율 상대오차는 50%다. 매우 큰 값이다. 그러나 셋째, 넷째, 다섯째, 여섯째 항까지 포함하면 상대오차는 급격하게 줄어든다. 일곱째 항까지 포함하면 근사오차는 약 .05%이고, 여덟째 항까지 포함하면 .007%가 된다. 일반적으로 최소한 소수점 이하 n자리 유효숫자까지 만족하는 결과를 판정하는 기준은 흔히 다음과 같은 공식으로 정한다.

$$\epsilon_s = (.5 \times 10^{2-n})\%$$

세 자리 유효숫자까지 만족하려면

$$\epsilon_s = (.5 \times 10^{2-3}) = .05\%$$

과 같은 판정기준을 사용한다. 이 기준(.05%)에 의하면, 여덟째 항에서 계산은 종료한다. e의 근사값 추정은 2.718254에서 멈춘다.

앞의 급수 전개는 다음과 같은 수식으로 표현할 수 있거니와,

$$e^x \cong \sum_{i=0}^{n} \frac{x^n}{n!}$$

이 수식을 바탕으로 삼아, 자연대수의 근사값을 추정하는 함수를 만들어 보자.

```
clear all
mata:
```

```
void myexp(real scalar x, | real scalar tol)
{
  real scalar solold, sol, i, ea

  if (args()==1) tol=.05
  solold=0
  sol=1
  i=1
  ea=.

  while (ea>tol) {
    solold=sol
    sol=solold+x^i/factorial(i)
    ea=abs((sol-solold)/sol)*100
    printf("At iteration %f, the approximation is %f\n", ///
              i, sol)
    printf("Relative error is %f\n", ea)
    i=i+1
  }
}
end
```

이 프로그램이 제대로 작동하는지 살펴보자.

: myexp(1)

```
At iteration 1, the approximation is 2
Relative error is 50
At iteration 2, the approximation is 2.5
Relative error is 20
At iteration 3, the approximation is 2.66666667
Relative error is 6.25
At iteration 4, the approximation is 2.70833333
Relative error is 1.53846154
At iteration 5, the approximation is 2.71666667
Relative error is .306748466
At iteration 6, the approximation is 2.71805556
Relative error is .05109862
At iteration 7, the approximation is 2.71825397
Relative error is .00729927
```

위의 결과는 종료기준을 .05퍼센트로 설정했을 때의 결과다. 종료기준을 낮추면 오차는 더 줄어든다. 예컨대 기준을 1e-6이라고 하면, 아래에서 보는 바와 같이 반복회수는 12회까지 늘어난다. 반복회수가 늘어나면서 근사값은 더 정밀해진다.

: myexp(1, 1e-6)

```
At iteration 1, the approximation is 2
Relative error is 50
At iteration 2, the approximation is 2.5
Relative error is 20
At iteration 3, the approximation is 2.66666667
Relative error is 6.25
At iteration 4, the approximation is 2.70833333
Relative error is 1.53846154
At iteration 5, the approximation is 2.71666667
Relative error is .306748466
At iteration 6, the approximation is 2.71805556
Relative error is .05109862
At iteration 7, the approximation is 2.71825397
Relative error is .00729927
At iteration 8, the approximation is 2.71827877
Relative error is .0009124
At iteration 9, the approximation is 2.71828153
Relative error is .000101378
At iteration 10, the approximation is 2.7182818
Relative error is .000010138
At iteration 11, the approximation is 2.71828183
Relative error is 9.2162e-07
```

그런데 e^1이 아니라 e^2 값은 얼마인가? 아래에서 보다시피, 7.3891이다.

: myexp(2, 1e-6)

```
At iteration 1, the approximation is 3
Relative error is 66.6666667
At iteration 2, the approximation is 5
Relative error is 40
At iteration 3, the approximation is 6.33333333
Relative error is 21.0526316
At iteration 4, the approximation is 7
Relative error is 9.52380952
At iteration 5, the approximation is 7.26666667
Relative error is 3.66972477
At iteration 6, the approximation is 7.35555556
Relative error is 1.20845921
At iteration 7, the approximation is 7.38095238
Relative error is .344086022
At iteration 8, the approximation is 7.38730159
Relative error is .085947572
At iteration 9, the approximation is 7.38871252
Relative error is .019095813
At iteration 10, the approximation is 7.38899471
Relative error is .003819017
At iteration 11, the approximation is 7.38904602
Relative error is .000694362
At iteration 12, the approximation is 7.38905457
Relative error is .000115727
At iteration 13, the approximation is 7.38905588
Relative error is .000017804
At iteration 14, the approximation is 7.38905607
Relative error is 2.5434e-06
At iteration 15, the approximation is 7.3890561
Relative error is 3.3913e-07
```

제 10 장 선형연립방정식의 해 구하기

10.1 가우스 소거법

연립선형방정식을 풀 때, 보통 행렬을 사용한다. 예를 들어 다음과 같은 세 개의 연립방정식이 있다고 가정해 보자.

$$a_{11}x_1 + a_{12}x_2 + a_{13}x_3 = b_1 \quad (10.1)$$

$$a_{21}x_1 + a_{22}x_2 + a_{23}x_3 = b_2 \quad (10.2)$$

$$a_{31}x_1 + a_{32}x_2 + a_{33}x_3 = b_3 \quad (10.3)$$

여기에서 계수와 미지수, 상수의 집합을 각각 다음과 같은 행렬과 벡터로 나타내면,

$$A=\begin{bmatrix} a_{11} & a_{12} & a_{13} \\ a_{21} & a_{22} & a_{23} \\ a_{31} & a_{32} & a_{33} \end{bmatrix}, \quad b=\begin{bmatrix} b_1 \\ b_2 \\ b_3 \end{bmatrix}, \quad x=\begin{bmatrix} x_1 \\ x_2 \\ x_3 \end{bmatrix}$$

앞의 수식 (10.1), (10.2), (10.3)은 다음과 같은 행렬 방정식으로 간단하게 표현할 수 있다.

$$Ax=b$$

여기서 A는 계수 행렬이고, x와 b는 각각 미지수 벡터와 상수 벡터다. 이 행렬 방정식을 푸는 방법, 즉 미지수 벡터를 구하는 방법은 양변에 A의 역행렬(A^{-1})을 곱하는 것이다.

$A^{-1}Ax=A^{-1}b$

여기서 $A^{-1}A=I$ 이므로 위 식은 다음과 같이 바꾸어 쓸 수 있다.

$x=A^{-1}b$

이로써 미지수를 구한다. 이런 방식으로 미지수를 구하는 예를 들어 보자. 다음과 같은 연립방정식은 어떻게 풀 수 있는가?

$$\begin{aligned} 150x_1 - 100x_2 \qquad\quad &= 588.6 \\ -100x_1 + 150x_2 - 50x_3 &= 686.7 \\ -50x_2 + 50x_3 &= 784.8 \end{aligned}$$

먼저 이를 행렬 방정식으로 바꾸면 다음과 같다.

$$\begin{bmatrix} 150 & -100 & 0 \\ -100 & 150 & -50 \\ 0 & -50 & 50 \end{bmatrix} \begin{bmatrix} x_1 \\ x_2 \\ x_3 \end{bmatrix} = \begin{bmatrix} 588.6 \\ 686.7 \\ 784.8 \end{bmatrix}$$

이 행렬 방정식의 해를 구하려면, 앞에서 본 바와 같이, A의 역행렬을 구한 다음에 이를 상수 벡터와 곱하면 된다. 역행렬을 구하는 Stata 함수는 luinv()다.

```
: A=(150, -100, 0\-100, 150, -50\0, -50, 50)
: b=(588.6\686.7\784.8)
: luinv(A)*b
              1
    +----------+
  1 |  41.202  |
  2 |  55.917  |
  3 |  71.613  |
    +----------+
```

해를 더 편리하게 찾는 방법은 역행렬이 아니라 직접 해를 구하는 함수, 즉 lusolve() 함수를 사용하는 것이다.

: lusolve(A, b)

```
          1
   +---------+
 1 |  41.202 |
 2 |  55.917 |
 3 |  71.613 |
   +---------+
```

이렇게 쉽게 해를 구할 수 있지만, Stata에는 연립방정식의 해를 구하는 이런 함수, 즉 luinv()나 lusolve() 함수가 없다고 가정해 보자. 그렇다면 연립방정식의 해를 어떻게 구할 것인가? 여러 방식의 알고리듬을 만들 수밖에 없다. 예컨대 크레이머(Cramer)의 공식을 이용하는 방식을 쓰거나 가우스(Gauss) 소거법을 이용하여 해를 구해야 한다. 여기서는 가장 널리 알려진 풀이 방법, 가우스 소거법을 살펴보기로 하자.

소거법은 두 단계를 거친다. 첫째, 산술 조작으로 방정식에서 미지수를 차례로 소거한다(전진 소거). 전진 소거(forward elimination)를 마치면 마지막 방정식은 미지수 하나에 상수 하나인 방정식이 된다. 이 방정식에서 미지수를 구한다. 둘째, 마지막 방정식에서 미지수를 구한 다음에 앞 방정식에 이 값을 대입하여 차례로 미지수의 값을 구한다. 즉 후진 대입(backward substitution)하여 미지수 값을 구한다.

3차 연립방정식에서 전진 소거와 후진 대입 과정을 알아보자. 먼저, 두 개의 방정식에서 미지수를 소거하는 방법은 다음과 같다. 앞의 (10.1) 방정식의 각 항에 a_{21}/a_{11}을 곱하면, 아래와 같이 바뀐다.

$$a_{21}x_1 + \frac{a_{21}}{a_{11}}a_{12}x_2 + \frac{a_{21}}{a_{11}}a_{13}x_3 = \frac{a_{21}}{a_{11}}b_1$$

이 방정식에서 (10.2) 방정식을 빼면, x_1항은 소거되고 나머지 항은 다음과 같이 남는다.

$$(a_{22} - \frac{a_{21}}{a_{11}}a_{12})x_2 + (a_{23} - \frac{a_{21}}{a_{11}}a_{13})x_3 = b_2 - \frac{a_{21}}{a_{11}}b_1 \qquad (10.4)$$

마찬가지 절차로 (10.1) 방정식에 $\frac{a_{31}}{a_{11}}$을 곱하면, 식 (10.1)은 아래와 같이 바뀐다.

$$a_{31}x_1 + \frac{a_{31}}{a_{11}}a_{12}x_2 + \frac{a_{31}}{a_{11}}a_{13}x_3 = \frac{a_{31}}{a_{11}}b_1$$

이 방정식에서 (10.3) 방정식을 빼면, x_1항은 소거되고 나머지 항은 다음과 같이 남는다.

$$(a_{32} - \frac{a_{31}}{a_{11}}a_{12})x_2 + (a_{33} - \frac{a_{31}}{a_{11}}a_{13})x_3 = b_3 - \frac{a_{31}}{a_{11}}b_1 \quad (10.5)$$

모양이 번잡하므로 (10.4)와 (10.5)를 각각 다음과 같이 간단하게 표시할 수 있다.

$$a'_{22}x_2 + a'_{23}x_3 = b'_2 \quad (10.6)$$

$$a'_{32}x_2 + a'_{33}x_3 = b'_3 \quad (10.7)$$

여기에서 x_2 항을 소거하기 위해, (10.6)에 다시 a'_{32}/a'_{22}를 곱하고, (10.7)에서 이를 뺀다.

$$(a'_{33} - \frac{a'_{32}}{a'_{22}}a'_{23})x_3 = b'_3 - \frac{a'_{32}}{a'_{22}}b'_2$$

여기서 $(a'_{33} - \frac{a'_{32}}{a'_{22}}a'_{23})$을 a''_{33}이라고 하고, $b'_3 - \frac{a'_{32}}{a'_{22}}b'_2$을 b''_3이라고 하면, 위 식은 다음과 같이 쓸 수 있다.

$$a''_{33}x_3 = b''_3 \quad (10.8)$$

(10.8)을 풀면, 다음과 같이 미지수의 값을 구할 수 있다.

$$x_3 = \frac{b''_3}{a''_{33}}$$

지금까지는 아래 방향으로 움직이며 항을 소거하여 미지수 하나의 값을 얻었다(전진 소거). 이제 위 방향으로 움직이며 나머지 미지수 값을 구해보자(후진 대입). $x_3 = b''_3/a''_{33}$ 을 (10.6)에 대입하면

$$x_2 = (b'_2 - a'_{23}x_3)/a'_{22}$$

이 되고, x_3, x_2의 값을 (10.1)에 대입하면

$$x_1 = (b_1 - a_{13}x_3 - a_{12}x_2)/a_{11}$$

이 된다. 이로써 미지수를 모두 알아냈다.

이상과 같은 논의를 행렬의 관점에서 정리해 보자. 계수와 상수를 한 자리에 모아놓은 확장행렬(augmented matrix)은 다음과 같은데,

$$\begin{bmatrix} a_{11} & a_{12} & a_{13} & b_1 \\ a_{21} & a_{22} & a_{23} & b_2 \\ a_{31} & a_{32} & a_{33} & b_3 \end{bmatrix}$$

앞에서 본 방법으로 미지수를 순차적으로 소거하면 위 확장행렬은 다음과 같은 행사다리꼴(row echelon form) 행렬로 바꿀 수 있다.

$$\begin{bmatrix} a_{11} & a_{12} & a_{13} & b_1 \\ & a'_{22} & a'_{23} & b'_2 \\ & & a''_{33} & b''_3 \end{bmatrix}$$

이 행렬에서 미지수는 다음과 같이 도출할 수 있다.

$$x_3 = b''_3/a''_{33}$$
$$x_2 = (b'_2 - a'_{23}x_3)/a'_{22}$$
$$x_1 = (b_1 - a_{13}x_3 - a_{12}x_2)/a_{11}$$

지금까지 편의상 미지수가 세 개인 경우를 살펴보았지만, 위의 계산 과정은 n개의 미지수가

있는 방정식에도 그대로 일반화할 수 있다. 다시 말해 전진 소거와 후진 대입은 다음과 같은 방식으로 수행할 수 있다.

$$\begin{bmatrix} a_{11} & a_{12} & a_{13} & \cdots & a_{1n} & b_1 \\ & a'_{22} & a'_{23} & \cdots & a'_{2n} & b'_2 \\ & & a''_{33} & \cdots & a''_{3n} & b''_3 \\ & & & \cdots & \cdots & \cdots \\ & & & & a_{nn}^{(n-1)} & b_n^{(n-1)} \end{bmatrix}$$

$$x_n = b_n^{(n-1)} / a_{nn}^{(n-1)}$$

$$x_i = (b_i^{(i-1)} - \sum_{j=i+1}^{n} a_{ij}^{(n-1)} x_j) / a_{ii}^{(i-1)}$$

이와 같은 소거법을 논리적으로 이해하기는 어렵지 않다. 그러나 문제는 이 방법을 컴퓨터 알고리듬으로 만드는 것이다. 지금부터는 이 알고리듬을 만들어보자. 이 알고리듬을 실행하는 함수의 이름을 gauss라 하면, gauss() 함수는 크게 네 부분으로 나눌 수 있다. 첫째 부분은 소거와 대입이라는 작업을 본격적으로 실행하기 이전에 필요한 정보를 정렬한다. 이 부분에서는 행렬의 크기(m×n)를 재고, 계수 행렬과 상수 행렬을 붙여 확장행렬(Aug)을 만든다.

```
//prework
m=rows(A)
n=cols(A)
if (m!=n) printf("Matrix A must be square.\n")

nb=n+1
Aug=A,b
```

둘째 부분은 전진 소거 과정을 다룬다.

```
//forward elimination
for (k=1; k<=(n-1); k++) {
  for (i=(k+1); i<=n; i++) {
```

```
        factor=Aug[i,k]/Aug[k,k]
        Aug[i, k..nb]=Aug[i, k..nb]-factor*Aug[k, k..nb]
      }
  }
```

미지수가 세 개인 연립방정식이라면, 즉 계수 행렬이 3×3 행렬이라면, 두 번(n-1 번) 소거할 것이므로 k는 1이나 2라는 값을 보인다. 그러므로 i는 2부터 3까지의 값을 취한다. k=1이고, i=2일 때, 둘째 방정식의 선도 부분(leading entry)을 소거하려면, 확장행렬 Aug_{mn}에서 Aug_{12} /Aug_{11}을 계산하고 이를 factor라는 벡터에 저장한 다음, 이를 $Aug_{1,(1,2,3)}$에 곱한다. 그리고 이 값을 $Aug_{2,(1,2,3)}$에서 뺀다. 순환 과정(loop)을 돌아 k=1이고, i=3일 때에는 셋째 방정식을 변형한다. i 순환 과정을 마치고 다시 k 순환과정으로 들어서면 k=2, i=3이 된다. 이때에는 변형된 둘째 방정식의 앞부분을 소거하면서 순환과정을 모두 마친다.

gauss() 함수의 셋째 부분은 후진 대입을 다룬다.

```
  //backward substituion
  for (k=1; k<=(n-1); k++) {
    for (i=(k+1); i<=n; i++) {
      factor=Aug[i,k]/Aug[k,k]
      Aug[i,k..nb]=Aug[i,k..nb]-factor*Aug[k, k..nb]
    }
  }
```

다시 미지수가 세 개인 연립방정식을 살핀다고 가정해 보자. 이때 계수 행렬의 차원은 3×3이고, n은 3이고 nb=4다. 그러므로 x 벡터의 n 번째 요소, 즉 x[3]은 행사다리꼴 행렬의 가장 아래쪽 요소를 서로 나눈 값, 즉 Aug34/Aug33이다. 그 아래의 for문에서는 이를 이용하여 x[2]와 x[1]를 계산한다.

gauss() 함수의 네 번째 요소는 출력문이다. 출력하는 요소는 행사다리꼴 행렬(Aug)과 미지수 벡터(x)다. 아래 명령은 확장행렬과 해를 리스트로 만든 다음, 이 리스트를 출력한다.

```
  //printing the output
  return(x)
```

앞의 논의를 종합하고 함수 형태를 갖추어 표현하면, 가우스 방법으로 연립방정식의 해를 구하는 프로그램은 다음과 같다.

```
clear all
mata:
real matrix gauss(real matrix A, real colvector b)
{
  real scalar m, n, nb, k, i
  real matrix Aug
  real colvector x

  //prework
  m=rows(A)
  n=cols(A)
  if (m!=n) printf("Matrix A must be square.\n")

  nb=n+1
  Aug=A,b

  //forward elimination
  for (k=1; k<=(n-1); k++) {
    for (i=(k+1); i<=n; i++) {
      factor=Aug[i,k]/Aug[k,k]
      Aug[i,k..nb]=Aug[i,k..nb]-factor*Aug[k, k..nb]
    }
  }

  //backward substitution
  x=J(n,1,.)
  x[n]=Aug[n,nb]/Aug[n,n]
  for(i=(n-1); i>=1; i--) {
```

```
    x[i]=(Aug[i, nb]-Aug[i,(i+1)..n]*x[(i+1)..n])/Aug[i,i]
  }

  //printing the output
  return(x)
}
end
```

가우스 방법으로 방정식의 해를 구하는 함수를 다 만들었으므로 이제 이 함수로 다음과 같은 연립방정식의 해를 구해 보자.

$$
\begin{aligned}
3x_1 - 0.1x_2 - 0.2x_3 &= 7.85 \\
0.1x_1 + 7x_2 - 0.3x_3 &= -19.3 \\
0.3x_1 - 0.2x_2 + 10x_3 &= 71.4
\end{aligned}
$$

연립방정식의 계수와 상수는 다음과 같은 행렬과 벡터로 바꿀 수 있고,

```
: A=(3, -.1, -.2\.1, 7, -.3\.3, -.2, 10)
: b=(7.85\-19.3\71.4)
```

이 행렬과 벡터를 gauss() 함수의 전달인자로 삼으면 연립방정식의 해를 구할 수 있다. 해는 x_1=3, x_2=-2.5, x_3=7.0이다.

```
: gauss(A, b)
          1
    +--------+
  1 |      3 |
  2 |   -2.5 |
  3 |      7 |
    +--------+
```

연립방정식을 gauss() 함수로 무난히 풀어냈다. 그러나 아직 해결해야 할 문제는 남아 있다. 앞에서 보았듯, 첫째 방정식의 계수(Aug_{11})를 기준으로 둘째 방정식의 미지수를 소거하였다. 그

러나 만일 이 계수가 0이거나 0에 근접하는 수라면 큰 문제가 발생한다. 예컨대 다음과 같은 계수 행렬과 상수 벡터가 있다고 하자.

```
: A=(0, 2, 3\4, 6, 7\2, 1, 6)
: b=(8\-3\5)
: A
        1   2   3
  1     0   2   3
  2     4   6   7
  3     2   1   6
```

계수 행렬의 첫 번째 요소가 0이므로 이 연립방정식은 gauss() 함수로 풀리지 않는다.

```
: gauss(A, b)
        1
  1     .
  2     .
  3     .
```

이런 문제를 피하려면 열을 바꾸면 된다. 즉 첫 번째 계수가 0이 되지 않도록 열을 바꾸면, 즉 피벗팅(pivoting)하면 된다. 3차 연립방정식일 때, 피벗팅하는 가장 간단한 방법은 다음과 같다.

```
if (Aug[1,1]==0) {
   row_tmp=Aug[1,]
   Aug[1,]=Aug[2,]
   Aug[2,]=row_tmp
}
```

그러나 n차 방정식이면, 위 프로그램을 일반화해야 한다. n차 연립방정식에서 피벗팅하는 방법은 다음과 같다.

```
for (k=1; k<=(n-1); k++) {
   o=abs(Aug[k..n,k]):==max(abs(Aug[k..n,k]))
```

```
  h=select(k::n, o)
  ipr=h+k-1
  if (ipr~=k) {
    row_tmp=Aug[k,]
    Aug[k,]=Aug[ipr,]
    Aug[ipr,]=row_tmp
  }
}
```

이 피벗팅 프로그램의 논리는 다음과 같다. 3차 연립방정식이라면 k는 n-1, 즉 2까지 될 수 있다. 즉 k는 1부터 2까지 값을 가질 수 있다. 먼저 k가 1이라고 가정해 보자. 그렇다면 abs(Aug[1..3, 1])은 첫 열의 절댓값을 보일 것이고, max(abs(Aug[1..3,1]))은 첫 열의 최댓값을 보일 것이다. 열 벡터 o는 첫 열의 최댓값이 있는 행을 1로 하고, 나머지 행은 0으로 채운다. 지금 우리가 필요로 하는 것은 최댓값이 있는 열이 몇 째 열인지 확인하는 것이다. 이 작업은 select() 함수로 해낼 수 있다. select(1::3, o)는 최댓값이 있는 열을 지정한다. 여기서는 둘째 열이므로, h는 2가 되고 ipr도 2가 된다. 이 ipr은 k, 즉 1과 같지 않으므로 첫째 열을 ipr째 열과 바꾼다. k가 2일 때에도 같은 방식의 작업을 반복한다. 이런 작업 끝에 확장행렬은 다음 순서로 재배열된다.

	1	2	3	4
1	4	6	7	-3
2	2	1	6	5
3	0	2	3	8

이렇게 바꾼 행렬로 해를 구한다. 이와 같이 피벗팅을 허용한 함수는 다음과 같다. 이 함수는 gauss() 함수에 약간의 제약 조건을 허용한다.

```
clear all
mata:
real matrix gauss_pivot(real matrix A,
                        real colvector b)
{
```

```
//prework
real scalar m, n, nb, k, h
real matrix Aug
real colvector x, o

m=rows(A)
n=cols(A)
if (m!=n) printf("Matrix A must be square.\n")

nb=n+1
Aug=A,b

//pivoting
for (k=1; k<=(n-1); k++) {
  o=abs(Aug[k..n,k]):==max(abs(Aug[k..n,k]))
  h=select(k::n, o)
  ipr=h+k-1
  if (ipr~=k) {
    row_tmp=Aug[k,]
    Aug[k,]=Aug[ipr,]
    Aug[ipr,]=row_tmp
  }
}

//forward elimination
for (k=1; k<=(n-1); k++) {
  for (i=(k+1); i<=n; i++) {
    factor=Aug[i,k]/Aug[k,k]
    Aug[i,k..nb]=Aug[i,k..nb]-factor*Aug[k, k..nb]
  }
}
```

```
  //backward substitution
  x=J(n,1,.)
  x[n]=Aug[n,nb]/Aug[n,n]
  for(i=(n-1); i>=1; i--) {
    x[i]=(Aug[i, nb]-Aug[i,(i+1)..n]*x[(i+1)..n])/Aug[i,i]
  }

  //printing output
  return(x)
}
end
```

이 함수를 실행하면, 해는 x_1=-5.432, x_2=.045, x_3=2.636이다.

```
: gauss_pivot(A, b)
                  1
    +----------------+
  1 |  -5.431818182  |
  2 |   .0454545455  |
  3 |   2.636363636  |
    +----------------+
```

10.2 반복법

지금까지 연립방정식의 해를 구할 때 가장 많이 쓰는 알고리듬, 가우스 소거법을 살펴보았다. 그러나 이와 전혀 다른 접근으로 연립방정식을 풀 수 있다. 반복법(iterative method) 또는 근사법(approximate method)이 바로 그것이다.

반복법은 최종 값을 추정하는 데에서 시작한다. 그런 다음 이 추정치에 일정한 조치(또는 처치)를 더하여 새 추정치를 얻는다. 이 추정치에 다시 조치를 더하여 새 추정치를 얻는 과정을 반복한다. 이 과정을 계속 반복하되, 다음과 같은 두 조건에서 한 조건 이상이 충족되면 이 반복을 멈춘다. 첫째, 순차적으로 일어나는 두 반복에서 첫 번째 추정치와 두 번째 추정치의 값 차이가 너무 작아 더 반복해 보아야 더 나은 추정치를 얻을 가능성이 없을 때 멈춘다. 둘째, 미리 정한 반복

회수를 넘을 때 멈춘다. 여기에서는 이 두 조건을 모두 사용할 것이다. 첫째 조건이 충족되어 반복이 멈추면 좋겠지만, 그와 같은 조건이 충족되지 않아 무한 반복할 수도 있다. 이런 일이 발생하지 않도록 최대 반복 회수를 넘으면 추정치의 품질과 무관하게 반복을 강제로 멈추는 안전장치를 도입할 필요가 있다.

첫째 조건은 현재 추정치와 직전 추정치의 거리를 측정하여 그 거리가 일정 기준보다 더 작아야 한다는 것이다. 현재 추정치와 직전 추정치의 거리를 측정하는 방법은 여러 가지다. 예컨대, 현재 추정치 벡터의 개별 요소간 거리로 잴 수도 있고, 벡터 사이의 절대 거리를 재는 방법도 있다. 일반적으로 후자를 사용한다.

$$\|x^{(n+1)} - x^{(n)}\| < t_0 \qquad (10.9)$$

위 수식에서 $x^{(n)}$은 n번째 반복의 추정치고, t_0은 최대 허용치다. 벡터 사이의 거리는 흔히 요소 차이의 벡터 놈(norm)으로 측정한다. 벡터 놈은 벡터 요소의 제곱을 모두 합한 값의 제곱근인데, 두 벡터 사이의 거리는 개별 요소의 차이를 제곱하여 이를 모두 합한 다음 제곱근한 값으로 측정한다. 즉 벡터간 거리는 요소 차이의 벡터 놈이다. 예컨대 x, y 두 벡터가 다음과 같다고 가정해 보자.

```
: x=(1, 2)
: y=(3, 4)
```

x, y 벡터의 벡터 놈은 각각 2.24와 5이고

```
: norm(x); norm(y)
  2.236067977
  5
```

두 벡터 사이의 거리는 요소별 차이, 즉 (-2,-2)의 벡터 놈이다.

```
: norm(x-y)
  2.828427125
```

이와 같은 방식으로 구한 벡터간 거리를 종료 기준과 비교하여 반복을 계속하거나 중단할 것이다.

(1) 야코비 반복법

이 절에서는 야코비(Jacobi) 반복법을 알아본다. 앞에서 보았듯, 연립방정식은 다음과 같은 행렬 방정식으로 표시할 수 있다.

$$Ax=b$$

그런데 A=R+D가 되는 R과 D가 있을 수 있다. 원리적으로 R과 D의 조합은 무한하다. 어쨌든 이 R과 D를 상정하면 앞의 수식을 다음과 같이 변형할 수 있다.

$$Ax=b$$
$$(R+D)x=b$$
$$Rx+Dx=b$$
$$Dx=b-Rx$$
$$x=D^{-1}(b-Rx) \qquad (10.10)$$

수식 (10.10)은 다음과 같이 변형할 수 있다.

$$x^{(n+1)}=D^{-1}(b-Rx^{(n)}) \qquad (10.11)$$

여기서 $x^{(n)}$은 n번째 반복의 추정치고, $x^{(n+1)}$은 (n+1)번째 반복의 추정치다. 다른 방법도 마찬가지지만, 해를 빨리 얻으려면 야코비 반복도 몇 가지 사전 작업을 해야 한다. 야코비 반복에서 문제가 되는 것은 D의 역행렬을 빨리 구해야 한다는 것이다. 역행렬을 빨리 구하는 한 가지 방법은 D 행렬은 A의 주대각선 요소로 구성한 대각선 행렬로 만드는 것이다. 대각선 행렬의 역행렬은 요소의 역수로 손쉽게 만들 수 있기 때문이다. D 행렬이 대각선 행렬이면, R 행렬은 A의 요소를 그대로 갖되, 대각선 요소는 모두 0인 행렬이 된다.

```
: A=(5,2,3\2,7,4\1,3,8); A
```

```
       1   2   3
    ┌─────────────┐
  1 │  5   2   3  │
  2 │  2   7   4  │
  3 │  1   3   8  │
    └─────────────┘
```

: D=diag(diagonal(A)); D

```
[symmetric]
       1   2   3
    ┌─────────────┐
  1 │  5          │
  2 │  0   7      │
  3 │  0   0   8  │
    └─────────────┘
```

: Dinv=diag(1:/diagonal(A)); Dinv

```
[symmetric]
                  1              2              3
    ┌─────────────────────────────────────────────┐
  1 │            .2                               │
  2 │             0    .1428571429                │
  3 │             0              0           .125 │
    └─────────────────────────────────────────────┘
```

: R=A-D; R

```
       1   2   3
    ┌─────────────┐
  1 │  0   2   3  │
  2 │  2   0   4  │
  3 │  1   3   0  │
    └─────────────┘
```

대각선 행렬 D의 역행렬을 쉽게 찾았으므로 이제 가우스 소거법에서 볼 수 있는 행 조작은 하지 않고 (10.11)의 방정식을 반복한다.

야코비 함수를 만들 때에 신경 써야 할 것은 첫 번째 추정치와 두 번째 추정치로 넣는 값이다. 원리적으로 어떤 값이라도 넣을 수 있지만, 여기서 우리는 0을 첫 번째 추정치로 설정하고, 최대 허용값을 두 번째 추정치로 설정할 것이다.

```
clear all
mata:
real matrix jacobi(real matrix A,          ///
```

```
                    real colvector b, | ///
                    real scalar tol,    ///
                    real scalar maxiter)
{
  real scalar n, iter, vec
  real colvector Dinv, x, newx
  real matrix R

  if (args()==2) {
    tol=1e-6
    maxiter=100
  }

  n=length(b)
  iter=0

  Dinv=diag(1:/diagonal(A))
  R=A-diag(diagonal(A))
  x=J(n, 1, 0)
  newx=J(n, 1, tol)
  vec=sqrt(sum(newx-x)^2)

  while (vec>tol) {
    if (iter>=maxiter) {
      printf("iterations maximum exceeded.")
      break
    }
    x=newx
    newx=Dinv*(b-R*x)
    iter=iter+1
  }
```

```
  return(newx)
}
```

야코비 함수를 만들었다. 이제 이를 실행해 보자.

```
: A=(2,4,3\4,9,6\2,4,7); A
        1   2   3
  1     2   4   3
  2     4   9   6
  3     2   4   7

: b=(7\3\9)
        1
  1     7
  2     3
  3     9

: jacobi(A, b)
iterations maximum exceeded.                    1
  1     -1.68853e+17
  2     -7.85553e+16
  3     -6.26359e+16

:  jacobi(A, b, 1e-6, 100)
iterations maximum exceeded.                    1
  1     -1.68853e+17
  2     -7.85553e+16
  3     -6.26359e+16
```

특정 연립방정식에 야코비 함수를 실행한 결과는 위와 같다. 이 해의 특징은 다음과 같다. 첫째, 반복 과정에서 최대 반복 회수를 넘는다. 그리하여 경고문구가 출현한다. 둘째, 합리적인 범위를 넘어서는 엄청난 크기의 해를 얻는다. 이는 해를 얻는 데에 실패하였다는 사실을 의미한다. 왜 해를 얻는 데에 실패하였는가? 곧이어 보겠지만 계수 행렬이 대각 지배적(diagonal dominant)이지 않았기 때문이다.

야코비 함수가 반복을 성공적으로 수행하여 적절한 해를 구할 수 있는 여건은 다음과 같다. 첫째, 행렬이 대각 지배적이어야 한다. 다시 말해 대각 요소의 값이 해당 열의 다른 요소의 절댓값을 합한 값보다 더 커야 한다. 둘째, 대각 요소는 0이 되어서는 안 된다. 즉 대각선 행렬의 역행렬을 구할 때 나눔 오류가 발생하지 않아야 한다. 이런 조건이 충족되지 않으면 야코비 반복법은 수렴하지 않을 수 있다.

야코비 반복법은 앞의 두 조건이 맞아 떨어지면 적절한 해를 빠르게 얻을 수 있다.

: A=(5,2,3\2,7,4\1,3,8); A

	1	2	3
1	5	2	3
2	2	7	4
3	1	3	8

: b=(40\39\55); b

	1
1	40
2	39
3	55

: jacobi(A, b)

```
iterations maximum exceeded.        1
```

	1
1	4
2	1
3	6

jacobi() 함수에서 tol 전달인자는 1e-6을 기본값으로 설정하였고, 최대반복회수 maxiter는 100회를 기본값으로 설정하였다. 각각의 값을 변경하면 다른 결과를 얻는다. 특히 maxiter를 변경하면 추정치가 확연하게 달라진다. maxiter 값을 변경하여 추정치가 수렴하는 과정을 살펴보자.

: jacobi(A, b, 1e-6, 10)

```
iteration maximum exceeded.                    1
```

1	3.795287973
2	.8197909165
3	5.870806133

: jacobi(A, b, 1e-6, 20)

```
iterations maximum exceeded.                    1
```

1	3.991342596
2	.9923564973
3	5.994581101

: jacobi(A, b, 1e-6, 30)

```
iterations maximum exceeded.                    1
```

1	3.999634518
2	.9996773151
3	5.999771246

: jacobi(A, b, 1e-6, 40)

```
iterations maximum exceeded.                    1
```

1	3.999984571
2	.9999863776
3	5.999990343

: jacobi(A, b, 1e-6, 50)

```
iterations maximum exceeded.                    1
```

1	4
2	1
3	6

(2) 가우스-자이델 반복법

야코비 반복법은 앞에서 제시한 수식 (10.10)에 근거한다. 그런데 이 식에서 D와 R은 자의적이다. 야코비 반복법에서는 D와 R을 대각선 행렬과 비대각선 행렬이라고 정하였지만, D+R이 계수 행렬 A가 되는 D, R은 무수히 많다.

가우스-자이델(Gauss-Seidel) 반복법은 행렬을 상삼각행렬(U)과 하삼각행렬(L)로 나눈다. 상삼각행렬은 계수 행렬 A의 주대각선 위에 있는 요소로 이루어진 행렬이고, 하삼각행렬은 주대각선을 포함하여 대각선 아래의 요소로 이루어진 행렬이다. 상삼각행렬의 아랫부분은 모두 0이고, 하삼각행렬의 윗부분은 모두 0이다.

```
: A=(5,2,3\2,7,4\1,3,8); A
        1   2   3
    +-------------+
  1 |   5   2   3 |
  2 |   2   7   4 |
  3 |   1   3   8 |
    +-------------+

: L=U=A
: L=lowertriangle(A) ; L
        1   2   3
    +-------------+
  1 |   5   0   0 |
  2 |   2   7   0 |
  3 |   1   3   8 |
    +-------------+

: U=uppertriangle(A, 0); U
        1   2   3
    +-------------+
  1 |   0   2   3 |
  2 |   0   0   4 |
  3 |   0   0   0 |
    +-------------+
```

가우스-자이델 반복법은 자코비 반복법과 개념적으로 같다. 수식 (10.11)은 행렬의 이름만 바꾸어서, 즉 D와 R을 L과 U로 바꾸어서 다음과 같이 쓸 수 있다.

$$x(n+1) = L^{-1}(b - U^{*}x(n)) \tag{10.12}$$

자코비 반복법에서는 대각선 행렬의 역행렬을 쉽게 구했지만, 가우스와 자이델 반복법에서 하삼각행렬(L)의 역행렬을 구하기는 쉽지 않다. 여기서는 Mata의 내장함수인 luinv() 함수나 lusolve() 함수로 이를 구하기로 한다. 역행렬 구하기를 제외하고는, 가우스와 자이델 반복법의 절차는 자코비 반복법과 크게 다르지 않다.

```
clear all
mata:
real matrix gauss_seidel(real matrix A,          ///
                         real colvector b, |  ///
                         real scalar tol,        ///
                         real scalar maxiter)
{
  real scalar n, iter, vec
  real colvector Dinv, x, newx
  real matrix R

  if (args()==2) {
    tol=1e-6
    maxiter=100
  }

  n=length(b)
  iter=0

  L=U=A
  L=lowertriangle(A)
  U=uppertriangle(A, 0)
  Linv=lusolve(L, I(n))

  x=J(n, 1, 0)
  newx=J(n, 1, tol)
  vec=sqrt(sum(newx-x)^2)

  while (vec>tol) {
```

```
    if (iter>=maxiter) {
      printf("iterations maximum exceeded.\n")
      break
    }
    x=newx
    newx=Linv*(b-U*x)
    iter=iter+1
  }
  return(newx)
}
end
```

gauss_seidel() 함수에서 특별한 것은 while 문의 조건 부분에 있는 수식이다. 이 수식, 즉 sqrt(sum((newx-x)^2)은 벡터 요소 차이의 제곱합의 제곱근이다. 이는 앞에서 이미 보았듯, 벡터 사이의 거리를 말한다. 그러므로 while 조건문은 벡터 사이의 거리가 허용한계값(tol)보다 큰 조건에서만 반복을 계속한다는 것을 의미한다.

이 반복법이 제대로 수행되는 조건도 야코비 반복법의 조건과 흡사하다. 즉 계수 행렬이 대각지배적이어야 한다는 것이다. 그러나 가우스-자이델 반복법은 야코비 반복법보다 더 유연하고 더 효율적이다.

```
: A=(2,4,3\4,9,6\2,4,7)
: b=(7\3\9)
```

앞에서 보았듯, 야코비 반복법은 이 방정식의 해를 구하는 데에 실패하였다. 가우스와 자이델의 반복법은 어떠한가?

```
: gauss_seidel(A, b, 1e-8, 100)
iterations maximum exceeded.
                  1

  1      24.74979055
  2     -10.99991564
  3       .500011636
```

야코비 반복법과는 달리, 가우스와 자이델 반복법은 해를 거의 근사하게 추정하였다. 이처럼 가우스-자이델 반복법은 야코비 반복법보다 더 유연하기도 하지만, 더 빨리 수렴하기도 한다.

```
: A=(5,2,3\2,7,4\1,3,8)
: b=(40\39\55)
: gauss_seidel(A, b, 1e-6, 10)
iterations maximum exceeded.
                   1

  1     3.999995456
  2     1.000003081
  3     5.999999412
```

```
: gauss_seidel(A, b, 1e-6, 15)
  iterations maximum exceeded.
                     1

    1     3.999999999
    2     1.000000001
    3               6
```

```
: gauss_seidel(A, b, 1e-6, 20)
  iterations maximum exceeded.
          1

    1     4
    2     1
    3     6
```

야코비 반복법은 50번을 반복 계산해야 해에 근접하였지만, 가우스-자이델 반복법은 반복회수가 20도 되지 않아 해에 근접하였다. 그러나 이런 빠른 수렴은 적용범위의 축소라는 대가를 치르고서야 얻은 것이다. 가우스-자이델 반복법은 계수 행렬 A가 대각 지배적이거나 대칭적 양정치 행렬(symmetric positive definite matrix)일 때에만 수렴한다. 이는 이 반복법을 적용할 수 있는 범위가 제한되어 있다는 것을 의미한다.

제 11 장

보간법

데이터를 분석할 때 흔히 만나는 문제는 결측값(missing value)이다. 결측값이 발생하는 이유는 여러 가지다. 응답자가 고의로 대답하지 않는 경우도 있고, 조사자가 실수로 기입을 누락할 수도 있다. 또는 예산이나 시간 제약 때문에 조사하지 않아 결측값이 발생할 수도 있다. 결측값이 발생한 이유야 무엇이든, 이 결측값을 짐작해야 할 때가 있다. 예컨대 〈그림 11-1〉에서 보는 것처럼 x가 0과 2일 때, y가 각각 -1과 3이었다고 가정해 보자. x가 1일 때에는 y 값은? 종종 이를 예측해야 할 때가 있다.

보간법(補間法, interpolation)은 이 결측값을 예측한다. 즉 보간법은 불완전한 데이터를 보완하여 비교적 온전한 형태의 자료를 얻는 방법이다. 결측값을 예측할 때 아무 근거도 없이 마구잡이로 짐작할 수는 없다. 특정 함수에 기댄 예측이 필요하다. 그러므로 보간법은 결측값을 예측하는 가장 그럴듯한 함수를 만드는 과정이라고 말할 수 있다. 예컨대 보간법은 점 (-1, 2), (1, 6), (3, 34)를 동시에 지나는 2차 함수를 구하는 방법이기도 하고, 이 함수를 근거로 결측값, 즉 x가 0이나 2일 때 y가 어떤 값을 갖는지를 결정하는 방법이기도 하다. 또 보간법은 실제 함수 f(x)와 가장 근접한 다른 함수 p(x)를 구하는 방법이기도 하다. 예컨대 다음과 같은 원래의 함수가 있다고 가정해 보자.

$$f(x) = 3e^x + x^2 + \cos(x)$$

'특정 구간에서' 이 함수와 가장 근접하는 다항식은 무엇일까? x의 구간이 [-2, 2]에서

$$p(x) = a_0 + a_1 x + a_2 x^2$$

이라는 이차 함수가 원래 함수 f(x)와 가장 근접한다면, p(x)의 계수를 구하고 이 다항식을 활용하여 결측값을 계산할 수 있다. 앞으로 우리는 원래 함수에서 얻은 데이터를 만족하는 특정 다항식을 구한 다음에, 이 다항식으로 결측값을 예측하기도 할 것이다. 그러나 이처럼 다항식으로 보

간하는 방법을 살펴보기에 앞서, 논의의 순서를 따라, 선형 방정식으로 데이터를 보완하거나 추정하는 방법부터 알아보기로 하자.

11.1 선형 보간법

한 데이터에서 두 사례만 확보했다고 가정해 보자. 이 두 사례는 두 시점에서 이루어진 두 가지 정보일 수도 있고, 하나의 정보에 대응하는 다른 정보일 수도 있다. 예컨대 0이라는 시점(x)에 -1의 위치(y)에 있었던 물체가 2라는 시점에 3이라는 위치에서 발견되었다고 가정하자. 이 두 정보는 점 (0, -1), (2, 3)이라고 표시할 수 있다. 이를 그림으로 표시하면 〈그림 11-1〉과 같다.

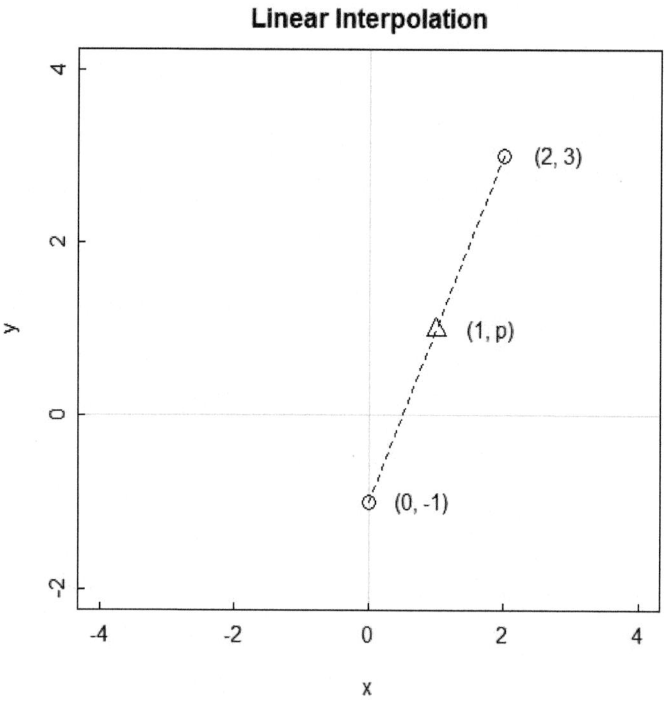

<그림 11-1> 선형 보간

그런데 0과 2라는 시점에서 이 물체의 위치는 알고 있지만, 1이라는 시점에서 이 물체는 어디에 있었을까? 불행하게도 우리 자료에서 이 정보는 없다. 그러므로 이미 알고 있는 두 개의 정보에서 특정 함수 p(x)를 구하고 이 함수로 y 값을 짐작할 수밖에 없다. 이 물체가 1이라는 시점에

p라는 위치에 있었다고 하면, 이 정보는 (1, p)라고 표기할 수 있다. 이 p를 구하는 가장 간단한 방법은 (0, -1)과 (2, 3)을 잇는 직선을 구하는 것이다. 그리고 이 직선에서 x=1일 때의 y 값, 즉 p를 추정하면 된다. 이 직선(y=mx+b)을 구하는 방식은 간단하다. 먼저 기울기(m)는 다음과 같은 방식으로 구한다.

$$m=\frac{y_2-y_1}{x_2-x_1}=\frac{-1-3}{0-2}=2$$

절편(b)은 다음과 같이 구한다.

$$b=y_2-mx_2=2-2(2)=-1$$

그러므로 두 점을 잇는 선형 함수는

$$y=2x-1$$

이다. 이 함수를 이용하면 x가 1일 때의 y값은 1이라고 짐작할 수 있다. 이렇게 결측값을 짐작할 때 사용한 직선을 일반적 방식으로 구해보자. 다음 linterp()는 직선의 계수(m, b)를 구한다.

```
clear all
set matastrict on

mata:
real colvector linterp(real scalar x1,
                       real scalar y1,
                       real scalar x2,
                       real scalar y2)
{
  real scalar m, b
  real colvector mb
```

```
    m=(y2-y1)/(x2-x1)
    b=y2-m*x2
    mb=m\b
    printf("The slope is %f.\n", m)
    printf("The intercept is %f.\n", b)
    return(mb)
  }
  end
```

이 함수를 앞의 예에 적용해 보자.

```
: linterp(2,3,0,-1)
The slope is 2.
The intercept is -1.
         1
    +---------+
  1 |      2  |
  2 |     -1  |
    +---------+
```

이렇게 선형 보간 방정식을 구하면 특정 x에 대응하는 y 값은 쉽게 구할 수 있다. 예컨대 x=1일 때, y=1이고, x=1.5이면, y=2이다. 그러면 x=1.783756이면, y 값은? 이 값을 구할 수 없는 것은 아닌데, 방정식에 대입하여 계산하는 일이 조금 번거롭다. 특히 선형 함수가 아니라 다항 함수이면 더 번거롭다. 독립변수의 값에 대응하여 종속변수의 값을 계산하는 함수를 이용하면, 특정 x에 대응하는 y 값을 쉽게 구할 수 있다. 여기서는 naivepoly() 함수를 사용해 보자(Howard, 2017: 21).

```
clear all
set matastrict on

mata:
real scalar naivepoly(real scalar x,
                      real rowvector coefs)
{
```

```
    real scalar n, i
    real scalar y

    n=length(coefs)
    y=0
    for (i=1; i<=n; i++) {
        y=y+coefs[i]*(x^(i-1))
    }
    return(y)
}
end
```

x가 1.783756일 때, naivepoly() 함수로 구한 y 값은 다음과 같이 2.568이다.

```
: naivepoly(1.783756, (-1, 2))
  2.567512
```

그런데 만일 선형 함수가 아니라, $y = x^4 + 3x^3 - 15x^2 - 19x + 30$ 이고 x=1.783756이라면 y값은?

```
: naivepoly(1.783756, (30, -19, -15, 3, 1))
  -24.4678005
```

위 함수에서 계수 벡터는 저차항 계수부터 고차항 계수 순서로 배열되어 있음에 주의하라.

지금까지 선형 방정식으로 결측값을 예측하였다. 그러나 선형 방정식으로 결측값을 예측하는 방법은 몇 가지 문제를 일으킨다. 첫째, 두 점 사이의 거리가 멀면 선형 방정식을 이용한 보간보다 곡선을 이용한 보간이 더 낫다. 둘째, 가장 우려되는 것은 역시 오차다. 오차 문제는 오히려 두 점 사이의 거리가 가까울수록 발생한다. 두 점 사이의 거리가 가까울수록, 특히 분모가 되는 x 값의 거리($x_2 - x_1$)가 작을수록, 오차가 발생할 가능성이 크다. 이런 문제점이 있지만 선형 보간식은 보간 다항식의 기초를 이루고 있다는 점에서 기억할 만하다.

11.2 다항식 보간법

두 점이 있고 이 두 점이 서로 같지 않다면, 이 두 점을 지나는 직선은 하나뿐이다. 세 점이 있고 이 세 점이 한 직선 위에 놓여 있지 않다면, 오직 하나의 포물선이 이 세 점을 동시에 통과한다. 네 개의 점이 있다면 이 네 점을 통과하는 하나의 3차 다항식을 생각할 수 있고, (n+1) 개의 점이 있다면 n차 다항식을 생각할 수 있다. 이 n차 다항식은 다음과 같이 쓸 수 있다.

$$p_n(x) = a_0 + a_1 x + a_2 x^2 + \ldots + a_n x^n$$

(n+1)개의 점은 $(x_0,\ y_0)$, $(x_1,\ y_1)$, ..., (x_n, y_n)다. 그러므로 다음과 같은 연립방정식을 설정할 수 있다. 여기서 미지수는 a_0, a_1, ..., a_n이다.

$$a_0 + a_1 x_0 + a_2 x_0^2 + \ldots + a_n x_0^n = y_0$$
$$a_0 + a_1 x_1 + a_2 x_1^2 + \ldots + a_n x_1^n = y_1$$
....
....
$$a_0 + a_1 x_n + a_2 x_n^2 + \ldots + a_n x_n^n = y_n$$

이 연립방정식을 행렬 형태로 바꾸어 쓰면,

$$\begin{bmatrix} 1 & x_0 & x_0^2 & \ldots & x_0^n \\ 1 & x_1 & x_1^2 & \ldots & x_1^n \\ 1 & x_2 & x_2^2 & \ldots & x_2^n \\ \ldots & \ldots & \ldots & \ldots & \ldots \\ 1 & x_n & x_n^2 & \ldots & x_n^n \end{bmatrix} \begin{bmatrix} a_0 \\ a_1 \\ a_2 \\ \ldots \\ a_n \end{bmatrix} = \begin{bmatrix} y_0 \\ y_1 \\ y_2 \\ \ldots \\ y_n \end{bmatrix}$$

이고, 이를 다시 간단히게

Xa=y

라고 표기할 수 있다. 여기서 X와 같은 모습의 행렬을 방데르몽 행렬(Vandermonde matrix)라고 부른다. 어쨌든 미지수 벡터 a를 구하는 방식은

$$a = X^{-1}y$$

이고, 이를 푸는 Stata함수는 lusolve(X, y) 이다. 예를 들어보자. 네 점 (-2, -1), (-1, -2), (1, 1), (2, 0)을 지나는 3차 다항식을 구해 보자. 먼저 이 점은 〈그림 11-2〉와 같이 그릴 수 있다.

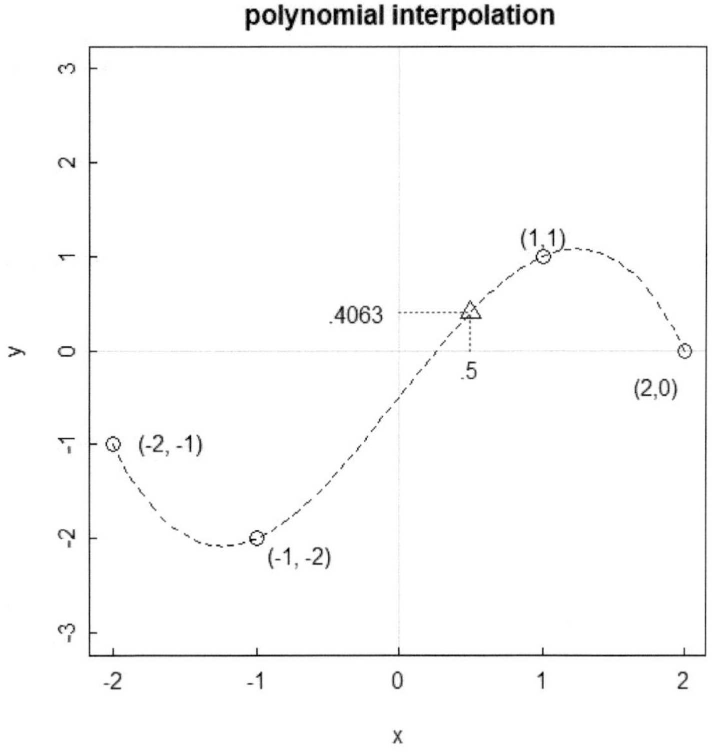

<그림 11-2> 3차 다항식 보간

이 네 점을 3차 다항식에 대입하면 다음과 같고,

$$a_0 - 2a_1 + 4a_2 - 8a_3 = -1$$

$$a_0 - a_1 + a_2 - a_3 = -2$$

$$a_0 + a_1 + a_2 + a_3 = 1$$

$$a_0 + 2a_1 + 4a_2 + 8a_3 = 0$$

이를 행렬 형태로 정리하면 다음과 같이 표기할 수 있다.

$$\begin{bmatrix} 1 & -2 & 4 & -8 \\ 1 & -1 & 1 & -1 \\ 1 & 1 & 1 & 1 \\ 1 & 2 & 4 & 8 \end{bmatrix} \begin{bmatrix} a_0 \\ a_1 \\ a_2 \\ a_3 \end{bmatrix} = \begin{bmatrix} -1 \\ -2 \\ 1 \\ 0 \end{bmatrix}$$

앞에서 말했듯, 미지수 벡터 a는 다음과 같이 구한다.

```
: X=(1,-2,4,-8\1,-1,1,-1\1,1,1,1\1,2,4,8)
: y=(-1\-2\1\0)
: a=lusolve(X, y)
: a
                  1

  1              -.5
  2      1.916666667
  3                0
  4     -.4166666667
```

그러므로 앞의 네 점을 지나는 3차 다항식은

$$y = -.5 + 1.917x - .417x^3$$

이라고 쓸 수 있고, 다음과 같은 명령으로 이 다항식을 그림으로 나타낼 수 있다(〈그림 11-2〉의 점선 참조)

```
: st_matrix("A", a)
: end
. twoway function A[1,1]+A[2,1]*x+A[3,1]*x^2+A[4,1]*x^3, range(-2 2)
```

이런 과정을 일반화하는 함수를 만들 수는 없는가? 있다. 다음의 polyinterp() 함수가 바로 그것이다.

```
clear all
version 15.1
set matastrict on

mata:
real colvector polyinterp(real colvector x,
                          real colvector y)
{
  real scalar n, i, xi
  real matrix vandermonde, alpha

  if (length(x)!=length(y)) {
    _error("Length of x and y vectors should be the same.")
  }

  n=length(x)-1
  vandermonde=J(length(x), 1, 1)
  for (i=1; i<=n; i++) {
    xi=x:^i
    vandermonde=vandermonde,xi
  }
  alpha=lusolve(vandermonde, y)
  return(alpha)
}
end
```

위의 polyinterp() 함수에서 방데르몽 행렬을 만드는 과정에 유의할 필요가 있다. for 반복구문에서 i가 1일 때, xi는 x가 되고, vandermonde라는 객체는 1과 x 값으로 이루어진 2×n 행렬이 된다(여기서 n은 x, y의 벡터 길이다). i가 2가 되면, xi는 x^2가 되고, vandermonde는 2×n 행렬에 x^2 값으로 이루어진 벡터를 덧붙여 3×n 행렬이 된다. 반복을 계속하여 i가 n-1이 되면, xi는 x^{n-1}이 되고, vandermonde 객체는 1과 x, x^2,..., x^{n-1} 값으로 이루어진 n×n 행렬이 된다. 이렇게 방데르몽 행렬이 만들어지면, lusolve() 함수로 이를 y 벡터와 결합하여 미지수 벡터(alpha)를 구한다.

앞에서 든 예로 이 함수의 작동 결과를 살펴보면, 그 결과는 앞에서 언급한 결과와 정확하게 일치한다.

```
: x=(-2\-1\1\2); y=(-1\-2\1\0)
: polyinterp(x, y)
: coefs
                 1
    +--------------+
  1 |          -.5 |
  2 |  1.916666667 |
  3 |            0 |
  4 | -.4166666667 |
    +--------------+
```

원래의 데이터, 즉 x, y 벡터로 알 수 있듯 x=.5일 때의 y 값은 존재하지 않는다. 그러나 그 값을 짐작해야 할 때도 있다. 그럴 때에는 방금 구한 3차 보간다항식을 이용하고, 앞에서 본 naivepoly() 함수를 적용하면 쉽게 추정값을 구할 수 있다. x가 .5일 때, y는 .4063일 것으로 짐작된다.

```
: naivepoly(.5, coefs')
  0.40625
```

다항식 보간법은 함수의 근사값을 구하는 데에 많이 사용하고, 이 다항식을 구할 때에는 때때로 방데르몽 행렬을 사용한다. 그러나 방데르몽 행렬은 선형 방정식이나 2차 방정식을 구할 때에 많이 사용할 뿐 3차 이상의 고차 다항식을 구할 때에는 잘 사용하지 않는다. 다항식의 차수(degree)가 증가할수록 방데르몽 행렬을 이용한 연산이 불안정해지기 때문이다(권순학, 2016: 286). 그러나 데이터를 고차 다항식으로 보간하지 않는 이유가 기술적 문제에 있는 것은 아니다. 고차 다항식으로 보간하는 방법의 또 하나의 약점은 데이터의 양 끝점에서 고차 다항식이 참값과 비교적 큰 차이를 보인다는 것이다(Howard, 2017: 100). 그러므로 다음 두 절에서는 이 행렬을 사용하지 않는 고차 다항식 보간법을 살펴보기로 하자. 특히 마지막 절에서는 4차 이상의 고차 다항식은 사용하지 않고 몇 개의 3차 다항식을 결합해서 보간하는 스플라인 보간법도 알아보기로 한다. 우선, 방데르몽 행렬을 사용하지 않는 고차 다항식 보간법을 알아보자.

11.3 라그랑주 보간법

(n+1) 개의 점이 있는데, 이 점을 (x_i, y_i)라고 하자(여기서 i=0, 1, 2, ..., n). 그리고 이 모든 점을 지나는 고차 다항식 $p_n(x)$가 있다고 하자. $x=x_0$에서 $y=y_0$이고 그 외의 다른 점, 즉 $x=x_1, x_2, \cdots, x_n$에서 0이 되는 다항식을 $p_n^{(0)}(x)$라고 하면 이는 다음과 같이 쓸 수 있다. 여기서 α는 상수다.

$$p_n^{(0)}(x) = \alpha(x-x_1)(x-x_2)\cdots(x-x_n) \tag{11.1}$$

식 (11.1)에서 $x=x_0$일 때, $y=y_0$가 되려면 다음이 만족되어야 한다.

$$p_n^{(0)}(x) = \alpha(x_0-x_1)(x_0-x_2)\cdots(x_0-x_n) = y_0$$

이 식에서 우리는 다음과 같이 α를 구할 수 있다.

$$\alpha = \frac{y_0}{(x_0-x_1)(x_0-x_2)\cdots(x_0-x_n)}$$

이를 식 (11.1)에 대입하면 다음과 같은 식이 된다.

$$p_n^{(0)}(x) = \frac{(x-x_1)(x-x_2)\cdots(x-x_n)}{(x_0-x_1)(x_0-x_2)\cdots(x_0-x_n)} y_0 \tag{11.2}$$

같은 방법을 반복하여, $x=x_1$에서 $y=y_1$이고 그 외의 다른 점, 즉 $x=x_0, x_2, \cdots, x_n$에서는

0이 되는 다항식을 $p_n^{(1)}(x)$라고 하면

$$p_n^{(1)}(x)=\frac{(x-x_0)(x-x_2)\cdots(x-x_n)}{(x_1-x_0)(x_1-x_2)\cdots(x_1-x_n)}y_1 \tag{11.3}$$

이 된다. 또 $x=x_n$에서 $y=y_n$이고 그 외의 다른 점, 즉 $x=x_0, x_1, \cdots, x_{n-1}$에서는 0이 되는 다항식을 $p_n^{(n)}(x)$라고 하면, 이는 다음과 같이 쓸 수 있다.

$$p_n^{(n)}(x)=\frac{(x-x_0)(x-x_1)\cdots(x-x_{n-1})}{(x_n-x_0)(x_n-x_1)\cdots(x_n-x_{n-1})}y_n \tag{11.4}$$

이 모든 식, 즉 $x=x_0, x_1, \cdots x_n$일 때의 다항식 $p_n^{(0)}, p_n^{(1)}, \cdots p_n^{(n)}$을 모두 합하면, 즉 식 (11.2), (11.3), (11.4)를 모두 합하면, $x=x_0, x_1, \cdots, x_n$에서 $y=y_0, y_1, \cdots, y_n$이 되는 n차 다항식을 만들 수 있다. 이를 라그랑주 다항식(Lagrange polynomial)이라고 부르고, $p_n(x)$라고 표기한다.

$$\begin{aligned}p_n(x)=&\frac{(x-x_1)(x-x_2)\cdots(x-x_n)}{(x_0-x_1)(x_0-x_2)\cdots(x_0-x_n)}y_0\\&+\frac{(x-x_0)(x-x_2)\cdots(x-x_n)}{(x_1-x_0)(x_1-x_2)\cdots(x_1-x_n)}y_1\\&+\cdots\cdots\cdots\cdots\\&+\frac{(x-x_0)(x-x_1)\cdots(x-x_{n-1})}{(x_n-x_0)(x_n-x_1)\cdots(x_n-x_{n-1})}y_n\end{aligned} \tag{11.5}$$

여기서

$$L_k(x) = \frac{(x-x_0)(x-x_1)\cdots(x-x_{k-1})(x-x_{k+1})\cdots(x-x_n)}{(x_k-x_0)(x_k-x_1)\cdots(x_k-x_{k-1})(x_k-x_{k+1})\cdots(x_k-x_n)}$$

$$= \prod_{i=0,\, i\neq k}^{n} \frac{(x-x_i)}{(x_k-x_i)},\ k=0, 1, \cdots, n$$

라고 하면, 식 (11.5)는 다음과 같이 바꿔 쓸 수 있다.

$$p_n(x) = y_0L_0(x) + y_1L_1(x) + \cdots + y_nL_n(x)$$

$$= \sum_{k=0}^{n} y_kL_k(x) \qquad (11.6)$$

식 (11.6)을 사용하면 라그랑주 2차 다항식은 다음과 같이 쓸 수 있다.

$$p_2(x) = y_0L_0(x) + y_1L_1(x) + yL_2(x)$$

$$= y_0\frac{(x-x_1)(x-x_2)}{(x_0-x_1)(x_0-x_2)} + y_1\frac{(x-x_0)(x-x_2)}{(x_1-x_0)(x_1-x_2)} +$$

$$y_2\frac{(x-x_0)(x-x_1)}{(x_2-x_0)(x_2-x_1)} \qquad (11.7)$$

이 이차 다항식을 만드는 예를 들어보자. 수식 (11.7)을 따르면, 점 (-1, 2), (1, 6), (3, 34)를 지나는 2차 다항식은 다음과 같다.

$$p_2(x) = 2\frac{(x-1)(x-3)}{((-1)-1))((-1)-3)} + 6\frac{(x-(-1))(x-3)}{(1-(-1))(1-3)} + 34\frac{(x-(-1))(x-1)}{(3-(-1))(3-1)}$$

$$= \frac{2}{8}(x-1)(x-3) + \frac{6}{-4}(x+1)(x-3) + \frac{34}{8}(x+1)(x-1)$$

$$= 3x^2 + 2x + 1$$

만일 Stata/Mata가 상징 수식(symbolic expressions)을 다룰 수 있다면, 위와 같은 다항식을 구하는 함수를 작성할 수 있을 것이다. 그러나 불행하게도 Stata/Mata는 상징 연산을 할 수 없다. 상징 연산을 하는 우회적 방법은 다음과 같다. Stata는 16판부터 Stata 함수 접속기(Stata

Function Interface; STI)를 써서 Python과 통합한다. 그리하여 Stata는 Python의 SimPy 라이브러리를 사용하여 상징을 연산할 수 있다. 그러므로 여기서는 Python을 사용하여 상징적 연산을 시도해 보자. Stata에서 파이썬 프로그램을 구동하는 방법은 우석진·김도형(2022)을 보라.

```
from sympy import *
def laginterp(x0, y0):
    x=symbols('x')
    n=len(x0)
    for order in range(1, n):
        sum=0
        for i in range(1, order+2):
            temp=y0[i-1]
            for j in range(1, order+2):
                if i!=j: temp=temp*(x-x0[j-1])/(x0[i-1]-x0[j-1])
            sum=sum+temp
    S=simplify(sum)
    print(S)
```

Python 언어는 Stata/Mata 언어와 다르다. 그러므로 이를 이해하려면 파이썬으로 프로그램을 만드는 방법을 조금 배워야 한다(cf. 박진수, 2019; 박응용, 2019). Python 프로그램은 조금 독특한 구석이 있는데, 이 독특함을 보이기 위해 R 프로그램도 병기하였다. 이 둘을 서로 비교하면서 Python 프로그램의 특이성을 확인해 보라. 미리 말하자면, 여기에서 두 프로그램이 차이를 보이는 것은 지수(index)의 운용 방식이다. 예컨대, R에서 x=c(1,2,3,4)라는 벡터가 있을 때 첫째 요소(1)와 둘째 요소(2)는 각각 x[1]와 x[2]이지만, Python에서 x=[1,2,3,4]라는 리스트가 있을 때 첫째 요소(1)와 둘째 요소(2)는 각각 x[0]과 x[1]로 표기한다. R은 첫째 요소가 1부터 시작하지만 Python은 0부터 시작한다. 어쨌든 R 프로그램은 다음과 같다.

```
laginterp=function(x0, y0) {
  library(Ryacas)
  n=length(x0)
```

```
  x = Sym("x")
  for (order in 1:(n-1)) {
    sum=0
    for (i in 1:(order+1)) {
      temp=y0[i]
      for (j in 1:(order+1)) {
        if (i!=j) temp=temp*(x-x0[j])/(x0[i]-x0[j])
      }
      sum=sum+temp
    }
  }
  S=Simplify(sum)
  return(S)
}
```

위 Python 함수(laginterp)나 R 함수를 프로그래밍할 때 주목할 만한 핵심 부분은 역시 for 문이다.

```
for order in range(1, n):
        sum=0
        for i in range(1, order+2):
            temp=y0[i-1]
            for j in range(1, order+2):
                if i!=j: temp=temp*(x-x0[j-1])/(x0[i-1]-x0[j-1])
            sum=sum+temp
```

이 부분을 자세히 알아보자. 여기서 for를 세 번 사용하였다. 이 for를 순서대로 알아보자. 먼저 order는 차수를 나타낸다. order=1,2,3...일 때, i와 j의 변화를 차례로 파악하여 라그랑주 함수를 도출할 수 있다. order=1일 때, 이 함수는 선형 함수일 것이다. 그러나 우리가 알고자 하는 것은 2차 함수다. 세 점의 위치 정보(n=3)를 알고 있기 때문에 이 정보를 다 활용하면 2차 함수를 도출할 수 있다. 그러므로 order=2인 경우만을 살펴보기로 하자. 남은 것은 둘째와 셋째

for 문이다. 먼저 둘째 for 문에 진입하여 i=1일 때를 살펴보자. temp=y0[0]=2가 된다. 이제 셋째 for 문으로 들어간다. 여기서는 여전히 i=1이지만 j는 변한다. j는 1일 수 없으므로 j=2부터 시작한다. 즉 i=1, j=2가 된다. temp=y0[0]*(x-x0[1])/(x0[0]-x0[1])이 되고 이는 2(x-1)/(-1-1)=-(x-1)이 된다. i=1이고 j=3이면, temp=-(x-1)(x-x0[2])/(x0[0]-x0[2])가 되고, 이는 (1/4)(x-1)(x-3)이 된다. j의 반복이 끝났으므로 셋째 for 문을 벗어난다. 이때 sum=0+(1/4)(x-1)(x-3)이 된다.

이제 i=2 차례와 i=3 차례가 남았다. i=2 차례를 다 돌면 sum=(1/4)(x-1)(x-3)-(3/2)(x+1)(x-3)이 되고, i=3 차례를 끝마치면 sum=(1/4)(x-1)(x-3)-(3/2)(x+1)(x-3)+17/4(x+1)(x-1)이 된다. 이를 정리하면 sum=$3x^2$+2x+1이다.

이 함수가 제대로 작동하는지를 살펴보자. Python의 편집 창(IDLE)에 laginterp() 함수를 입력하고 실행한 다음에,[16] 명령 창에 다음 명령어를 입력해 보자. 여기서 '>>>'는 파이썬의 명령 프롬프트다.

```
>>> x=c(-1, 1, 3); y=c(2, 6, 34)
>>> laginterp(x0, y0)
  3 * x^2 + 2 * x + 1
```

이는 앞에서 수식 계산으로 얻은 결과와 정확하게 일치한다.

위의 이차 함수는 매우 평범하다. 이보다 조금 더 복잡한 함수를 예로 들어 보자. 함수 $f(x)=3e^x+x^2+\cos(x)$를 x=-1, x=0, x=1과 f(-1), f(0), f(1)을 지나는 2차 다항식으로 보간해 보자. 즉 (-1, f(-1)), (0, f(0)), (1, f(1))이라는 세 점을 통과하는 2차 다항식으로 나타내 보자. 먼저 Python에서 함수를 설정하고, 특정한 x에서 얻은 함수 값을 계산해 보자.

```
>>> def f(x):
        S=3*exp(x)+x**2+cos(x)
        return S

>>> f1=f(-1).evalf()
>>> f2=f(0).evalf()
>>> f3=f(1).evalf()
```

16) 특정 디렉토리에서 앞에서 제시한 프로그램(이는 아마도 laginterp.py라는 이름을 갖고 있을 것이다)을 불어들인 다음, 이것을 IDLE에서 실행(run)한다는 의미다.

```
>>> x=[-1, 0, 1]; y=[f1, f2, f3]
>>> laginterp(x, y)
    2.16954421031387*x**2 + 3.5256035809314*x + 4.0
```

세 점을 잇는 이차 다항식은 $p_2(x) = 2.1695x^2 + 3.5256x + 4$이다. 아래의 〈그림 11-3〉의 점선으로 보듯, 이 다항식은 [-1, 1]구간에서 함수 $f(x) = 3e^x + x^2 + \cos(x)$와 근접한다.

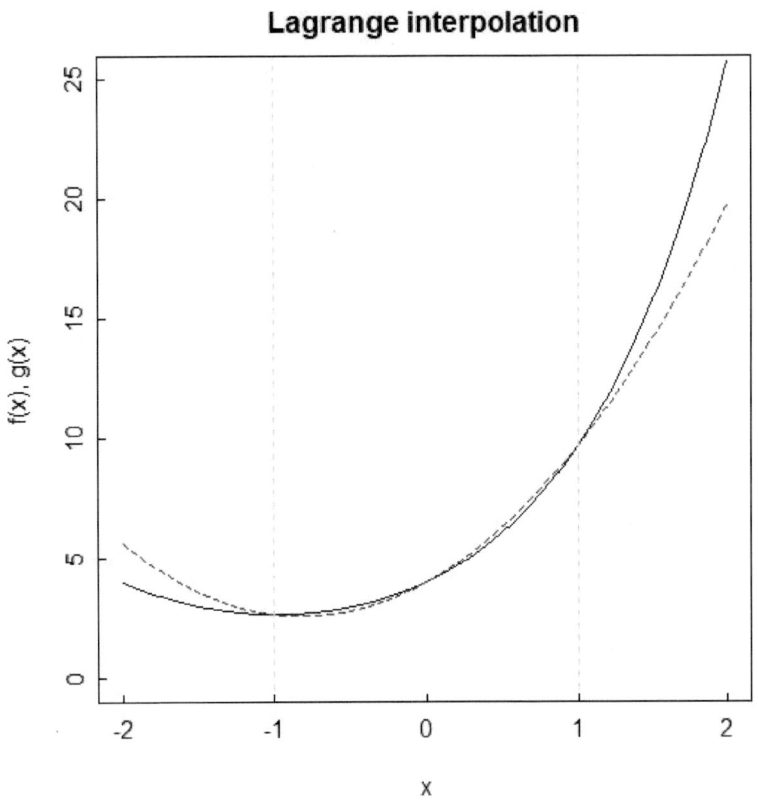

<그림 11-3> 함수 $f(x) = 3e^x + x^2 + \cos(x)$와 2차 다항식

laginterp() 함수로 2차 다항식 이상의 고차 다항식도 구할 수 있다. 앞의 polyinterp() 함수를 설명할 때 사용했던 예를 이용하여 3차 다항식을 구하고, 이를 polyinterp() 함수의 실행 결과와 비교해 보라.

11.4 뉴튼 보간법

(n+1) 개의 점 (x_i, y_i), $i=0, 1, 2, ..., n$을 지나는 n차 보간 다항식 $p_n(x)$는 식 (11.8)과 같이 쓸 수 있다.

$$p_n(x) = a_0 + a_1(x-x_0) + a_2(x-x_0)(x-x_1) +$$
$$a_3(x-x_0)(x-x_1)(x-x_2) +, ..., +$$
$$a_n(x-x_0)(x-x_1)(x-x_2)...(x-x_{n-1}) \qquad (11.8)$$

뉴턴 보간법은 식 (11.8)의 계수 a_i, $i=0,\ 1,\ 2, ..., n$를 구하는 것이다. 이를 구하려고 식 (11.8)에 (n+1) 개의 점 (x_i, y_i), $i=0, 1, 2, ..., n$을 대입하여 정리하면 다음과 같은 수식을 얻을 수 있다.

$$p_n(x_0) = a_0 = y_0$$
$$p_n(x_1) = a_0 + a_1(x_1 - x_0) = y_1$$

$$p_n(x_2) = a_0 + a_1(x_2 - x_0) + a_2(x_2 - x_0)(x_2 - x_1) = y_2$$
$$\vdots$$
$$p_n(x_n) = a_0 + a_1(x_n - x_0) + a_2(x_n - x_0)(x_n - x_1)$$
$$+ ... + a_n(x_n - x_0)(x_n = x_1)...(x_n - x_{n-1}) = y_2 \qquad (11.9)$$

수식 (11.9)에서 $a_i, i=0, 1, 2, ..., n$를 구할 수 있으나 이런 방식의 연산은 계산량이 많아 불편하다. 그러므로 일반적으로 차분법을 사용한다. 차분법은 데이터의 간격이 같지 않을 때 사용하는 분할 차분법(divided difference)이 있고, 데이터의 간격이 같을 때 사용하는 전향차분(forward difference)과 후향차분법(backward difference)이 있다. 여기서는 분할 차분법을 보기로 한다. 더 일반적인 방법이기 때문이다. 함수 값을 다음과 같이 표기하기로 약속하면,

$$f[x_i] = f(x_i) \tag{11.10}$$

$$f[x_i, x_j, x_k] = \frac{f[x_j, x_k] - f[x_i, x_j]}{x_k - x_i}$$

$$= \frac{\dfrac{f(x_k) - f(x_j)}{x_k - x_j} - \dfrac{f(x_j) - f(x_i)}{x_j - x_i}}{x_k - x_i}$$

$$\vdots$$

$$f[x_0, x_1, \cdots, x_n] = \frac{f[x_1, x_2, ..., x_n] - f[x_0, x_1, ..., x_{n-1}]}{x_n - x_0}$$

식 (11.9)는 다음과 같이 고쳐 쓸 수 있다.

$$a_0 = f(x_0) = f[x_0] \tag{11.11}$$

$$a_1 = \frac{f(x_1) - f(x_0)}{x_1 - x_0} = \frac{f[x_1] - f[x_0]}{x_1 - x_0} = f[x_{0,} x_1]$$

$$a_2 = \frac{\dfrac{f(x_2 - x_1)}{x_2 - x_1} - \dfrac{f(x_1) - f(x_0)}{x_1 - x_0}}{x_2 - x_0} = \frac{f[x_1, x_2] - f[x_0, x_1]}{x_2 - x_0} = f[x_{0,} x_1, x_2]$$

$$\vdots$$

$$a_n = \frac{f[x_1, x_2, ..., x_n] - f[x_0, x_1, ..., x_{n-1}]}{x_n - x_0} = f[x_{0,} x_1, x_2, ..., x_n]$$

식 (11.11)을 식 (11.8)에 대입하면

$$p_n(x) = f[x_0] + f[x_0, x_1](x - x_0) + \quad (11.12)$$

$$f[x_0, x_1, x_2](x - x_0)(x - x_1) + \ldots +$$

$$f[x_0, x_{1, \ldots,} x_n](x - x_0)(x - x_1)(x - x_2)\ldots(x - x_{n-1})$$

$$= \sum_{i=0}^{n} f[x_0, x_1, \ldots, x_i] \prod_{j=0}^{i-1} (x - x_j)$$

이와 같은 다항 보간식 $p_n(x)$에서 n=1인 경우, 즉 두 개의 점 $(x_0, f(x_0))$, $(x_1, f(x_1))$을 직선으로 연결하는 선형 보간식 $p_1(x)$는 다음과 같고,

$$p_1(x) = f(x_0) + \frac{f(x_1) - f(x_0)}{x_1 - x_0}(x - x_0)$$

$$= f[x_0] + f[x_0, x_1](x - x_0)$$

세 점 $(x_0, f(x_0))$, $(x_1, f(x_1))$, $(x_2, f(x_2))$를 잇는 이차 다항식은 다음과 같다.

$$p_2(x) = f[x_0] + f[x_0, x_1](x - x_0) + f[x_0, x_1, x_2](x - x_0)(x - x_1)$$

이차 다항식을 구하는 예를 들어보자. 조금 전에 우리는 라그랑주 보간법으로 $f(x) = 3e^x + x^2 + \cos(x)$에 근접하는 2차 다항식을 구하였다. 이제 뉴튼 방법으로 이를 구해보자. 함수 $f(x)$ 위에 놓여 있는 세 점, 즉 (-1, f(-1)), (0, f(0)), (1, f(1))만을 알고 있다고 가정하고, 이 세 점을 동시에 통과하는 다항식을 구해 보자. 앞에서 우리는 이차 다항식의 계수를 (11.11) 수식으로 구하였는데, 이 수식을 시각적 방식으로 표현하면 〈표 11.1〉과 같다.

<표 11.1> 분할 차분표

i	x_i	$f[x_i]$	$f[x_i, x_{i+1}]$	$f[x_i, x_{i+1}, x_{i+2}]$
0	x_0	$f[x_0]$		
1	x_1	$f[x_1]$	$f[x_0, x_1]$	
2	x_2	$f[x_2]$	$f[x_1, x_2]$	$f[x_0, x_1, x_2]$

i	x_i	$f[x_i]$	$f[x_i, x_{i+1}]$	$f[x_i, x_{i+1}, x_{i+2}]$
0	-1	2.6439	1.3561	2.1695
1	0	4.0000	5.6951	
2	1	9.6951		

이 차분표를 구성하는 방법은 단순하다. 먼저, $f[x_i]$ 값을 구하고 개별 $f[x_i]$ 값의 차이를 두 점의 간격으로 나누어 $f[x_i, x_{i+1}]$ 값을 구한다. 그리고 다시 개별 $f[x_i, x_{i+1}]$ 값의 차이를 구간 간격으로 나누어 $f[x_i, x_{i+1}, x_{i+2}]$ 값을 구한다.

$$a_0 = f(x_0) = f[x_0] = 2.6439$$

$$a_1 = \frac{f(x_1) - f(x_0)}{x_1 - x_0} = \frac{f[x_1] - f[x_0]}{x_1 - x_0} = f[x_0, x_1]$$

$$= \frac{4.0000 - 2.6439}{0 - (-1)} = 1.3561$$

$$a_2 = \frac{f[x_1, x_2] - f[x_0, x_1]}{x_2 - x_0} = f[x_0, x_1, x_2] = \frac{5.6951 - 1.3561}{1 - (-1)} = 2.1695$$

이렇게 구한 값을 앞의 $p_2(x)$에 대입하면, 다음과 같다.

$$p_2(x) = 2.6439 + 1.3561(x - (-1)) + 2.1695(x - (-1))(x - 0)$$

$$= 4 + 3.5256x + 2.1695x^2$$

이 결과는 앞 절에서 라그랑주 보간법으로 구한 결과와 정확하게 일치한다.

그런데 이와 같은 연산 과정을 어떻게 함수로 바꿀 수 있는가? 앞 절에서 말한 대로 Stata는 상징 연산을 하지 못한다. 그러므로 Python을 사용해야 한다. 완성 형태의 파이썬 함수를 먼저 제시하고 세부 내용은 조금 뒤에 논의하기로 하자.

```
from sympy import *
```

```
def newinterp(x0, y0):
  n=len(x0)
  D=zeros(n, n)
  for i in range(1, n+1):
      D[i-1,0]=y0[i-1]
  for i in range(2, n+1):
      for j in range(1, n-i+2):
          D[j-1,i-1]=(D[j, i-2]-D[j-1, i-2])/(x0[i+j-2]-x0[j-1])

  x=symbols('x')
  C=zeros(n, n)
  C[0, n-1]=D[0,0]
  c=1
  p=D[0, 0]
  for j in range(1, n):
      c=c*(x-x0[j-1])
      p=p+c*D[0, j]
  S=simplify(p)
  print(S)
```

파이썬 프로그램의 특징을 보이기 위해, 다시 R 프로그램도 제시해 보자. 독자는 두 프로그램의 차이를 비교해 보라.

```
newtinterp=function(x0, y0) {
  # Newton interpolating polynomial
  # using divided difference method
  # x0 is a vector of x points
  # y0 is a vector of y points
  n=length(x0)
  D=matrix(0, nrow=n, ncol=n)
```

```
  for (i in 1:n) {
    D[i,1]=y0[i]
  }
  for (i in 2:n) {
    for (j in 1:(n-i+1)) {
      D[j, i]=(D[j+1, i-1]-D[j, i-1])/(x0[i+j-1]-x0[j])
    }
  }

  library(Ryacas)
  x=ysym("x")
  C=matrix(0, nrow=n, ncol=n)
  C[1,n]=D[1,1]
  c=1; p=D[1,1]
  for (j in 1:(n-1)) {
    c=c*(x-x0[j])
    p=p+c*D[1, j+1]
  }
  S=simplify(p)
  return(S)
}
```

언뜻 보면, 앞의 Python 함수(newinterp.py)의 내용은 매우 복잡해 보인다. 그러나 앞의 논리를 따라가면 이 프로그램의 내용을 이해하는 일은 그렇게 어렵지 않다. 조금만 해설해 보자. 구하려는 다항식이 n차 다항식일 때, 분할차분표 D는 n×n 행렬이다. 그러므로 3차 다항식일 때 분할 차분표는 3×3 행렬이다.

```
D=zeros(3, 3)
```

이 D 행렬에 〈표 11-1〉과 같은 형식으로 $f[x_i]$, $f[x_i, x_{i+1}]$, $f[x_i, x_{i+1}, x_{i+2}]$를 차례로 입력할 것이다. 이를 위해 D 행렬의 1열에 $f[x_i]$를 차례로 입력한다.

```
for i in range(1, n+1):
    D[i-1,0]=y0[i-1]
```

다음 과제는 D 행렬의 2, 3, ..., n열을 채우는 것이다. 이 열은 앞에서 본 바와 같이 1열의 차분으로 채운다.

```
for i in range(2, n+1):
    for j in range(1, n-i+2):
        D[j-1,i-1]=(D[j, i-2]-D[j-1, i-2])/(x0[i+j-2]-x0[j-1])
```

이 반복문에서 i=2이고 j=1일 때 D는 다음과 같다.

```
D[0,1]=(D[0, 1]-D[0, 0])/(x0[1]-x0[0])
      = (4.0000-2.6439)/(0-(-1))=1.3561
```

i=2, j=2일 때,

```
D[1,1]=(D[2, 0]-D[1, 0])/(x0[2]-x0[1])
      = (9.6941-4.0000)/(1-0)=5.6951
```

마지막으로 i=3, j=1일 때, D 행렬은 다음과 같다.

```
D[0,2]=(D[1, 1]-D[0, 1])/(x0[2]-x0[0])
      = (5.6951-1.3561)/(1-(-1))=2.1695
```

이로써 D 행렬은 〈표 11.1〉과 같이 된다. 나머지 부분은 이 계수를 대입하여 다항식을 재구성하는 과정이다. 즉

$$p_2(x) = f[x_0] + f[x_0, x_1](x - x_0) + f[x_0, x_1, x_2](x - x_0)(x - x_1)$$

를

$$p_2(x) = 2.6439 + 1.3561(x+1) + 2.1695(x+1)(x-0)$$

로 바꾸는 과정이다. S는 이 식을 보기 좋게 단순화("simplify")한 것이다. 어쨌든 이와 같은 newtinterp.py의 작동 여부를 다시 확인해 보자. 앞에서 들었던 함수를 다시 불러내 보자.

```
>>> def f(x):
        S=3*exp(x)+x**2+cos(x)
        return S

>>> f1=f(-1).evalf()
>>> f2=f(0).evalf()
>>> f3=f(1).evalf()

>>> x=[-1,0,1]
>>> y=[f1, f2, f3]
>>> newinterp(x, y)
    2.16954421031387*x**2 + 3.5256035809314*x + 4.0
```

뉴튼의 보간법으로 구한 이 결과는 라그랑주의 보간법으로 구한 결과와 정확하게 일치한다.

11.5 스플라인 보간법

일반적으로 (n+1) 개의 데이터 점이 있으면, 이들 각 점 사이를 하나의 구간으로 보고 이 구간을 n차 다항식으로 보간한다. 즉 〈그림 11-4〉의 (1)에서 보듯 점이 네 개이면 3차 다항식으로, (2)에서 보듯 점이 여섯 개이면 5차 다항식으로, (3)에서 보듯 점이 여덟 개이면 7차 다항식으로 적합하여 결측값을 보간한다. 그러나 이 그림의 (1), (2), (3)에서 보듯 고차 다항식은 차수가 높아질수록 진동이 심하여 보간 값의 오차도 커지는 경향이 있다.

이 문제를 해결하는 한 방법은 인접하는 두 점 사이의 작은 구간을 저차 다항식으로 보간하고, 이를 차례로 이어나가는 것이다. 예컨대 〈그림 11-4〉의 (4)에서 보듯 전체 구간을 일곱 개의 작은 구간으로 나눈 다음, 이 작은 구간을 각각 저차 다항식(여기서는 선형 다항식)으로 보간하고 이를 부드럽게 잇는다. 이런 방식을 구간별 (다항식) 보간이라고 하며, 대표적인 것으로 스플라인(spline) 보간을 들 수 있다.

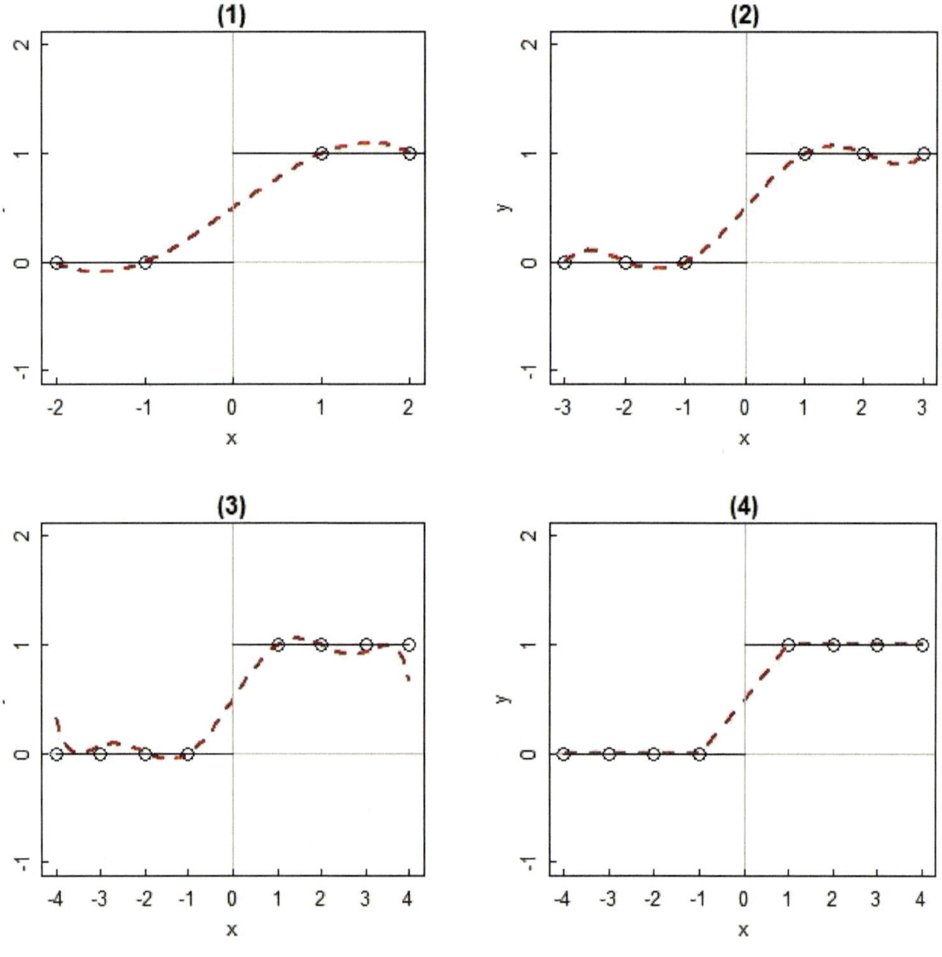

<그림 11-4> 고차 다항보간식 보간과 스플라인 함수 보간

스플라인 보간법에서 사용하는 함수를 스플라인 함수라고 하는데, 이 함수로는 1, 2, 3차 등등의 함수를 생각할 수 있다. 그러나 실제로는 3차 함수를 사용한 3차 스플라인 보간(cubic spline interpolation)이 가장 널리 사용된다. 그러므로 여기서는 주로 3차 스플라인 함수를 살펴보기로 한다.

3차 스플라인 함수는 다음과 같은 가정을 충족하는 함수다. 첫째, $a=x_0<x_1<\cdots<x_n=b$를 만족

하는 (n+1) 개의 점 (x_i, y_i), i=0, 1, 2,..., n이 있다. 둘째, 전체 구간 [a, b]를 인접한 두 점으로 구성된 n 개의 소구간으로 나누고, 각각의 소구간([x_i, x_{i+1}], i=0, 1, 2,..., n-1)을 다음과 같은 3차 다항식으로 보간한다.

$$S(x) = S_i(x),\ \ i = 0, 1, \ldots, n-1$$

이 $S_i(x)$는 3차 다항식이므로 다음과 같이 표시할 수 있다.

$$S_i(x) = a_i + b_i(x - x_i) + c_i(x - x_i)^2 + d_i(x - x_i)^3 \qquad (11.13)$$

우리의 목표는 점 (x_i, y_i), i=0, 1, 2,..., n이라는 (n+1) 쌍의 정보를 바탕으로 a, b, c, d를 알아내는 것이다. 식 (11.13)과 같은 3차 함수를 n개의 소구간에서 구해야 하고, 각 함수의 미지수가 넷이므로, 미지수의 총합은 4n개다. 이 미지수의 값을 결정하려면 다음과 같은 조건을 설정해야 한다.

1) 3차 스플라인 함수 값은 양끝 두 점을 제외한 내부 결절점(結節點, knots), 즉 x_1, x_2,⋯, x_{n-1}에서 같아야 한다. 즉, 원함수를 f(x)라고 하고 보간 함수를 $S_i(x)$ 라고 하면, 다음과 같은 2(n-1)개의 조건이 충족되어야 한다.

$$S_i(x_{x+1}) = f(x_{x+1}) = S_{i+1}(x_{i+1}),\ i = 0, 1,\ \cdots, n-2$$

2) 첫 번째와 마지막 함수는 시작점 x_0과 끝점 x_n을 지나는 두 개의 조건을 충족해야 한다.

$$S_0(x_0) = f(x_0),$$
$$S_n(x_n) = f(x_n)$$

3) 내부의 절점 x_1, x_2,⋯, x_{n-1}에서 (n-1)개의 1차 도함수 값은 서로 같아야 한다. 즉

$$S_i^{(1)}(x_{i+1}) = S_{i+1}^{(1)}(x_{i+1}),\ i = 0, 1,\ \cdots, n-2$$

4) 내부의 결절점 x_1, x_2,⋯, x_{n-1}에서 (n-1)개의 2차 도함수 값도 서로 같아야 한다.

$$S_i^{(2)}(x_{i+1}) = S_{i+1}^{(2)}(x_{i+1}),\ i=0,1,\ \cdots, n-2$$

5) 시작점과 끝점, 즉 x_0와 x_n에서 2차 도함수는 0으로 가정한다. 즉 다음 두 개의 조건을 설정한다.

$$S_0^{(2)}(x_0) = S_n^{(2)}(x_n) = 0$$

위 조건식의 개수를 모두 합하면 4n개다. 조건식이 4n개이므로 그 만큼의 미지수를 결정할 수 있다. 하나하나 구해 보자.

식 (11.13)으로 나타낸 3차 스플라인 함수는 소구간 [x_i, x_{i+1}]의 끝점 (x_i, f(x_i))을 지나므로 계수 a_i를 구할 수 있다.

$$S_i(x_i) = a_i = f(x_i) \tag{11.14}$$

그리고 또 다른 끝점, (x_{i+1}, f(x_{i+1}))을 지나므로 인접한 두 구간 [x_i, x_{i+1}], [x_{i+1}, x_{i+2}]의 스플라인 함수는 다음과 같은 관계를 갖는다.

$$\begin{aligned} S_i(x) &= a_i + b_i(x_{i+1}-x_i) + c_i(x_{i+1}-x_i)^2 + d_i(x_{i+1}-x_i)^3 \\ &= a_i + b_ih_i + c_ih_i^2 + d_ih_i^3 \\ &= a_{i+1} \end{aligned} \tag{11.15}$$

여기서 h_i=x_{i+1}-x_i다. 이 두 식, 즉 (11.14)와 (11.15)로 식 (11.13)의 a계수를 구할 수 있다.

한편 식 (11.15)를 미분하면 다음과 같다.

$$S'(x) = b_i + 2c_i(x-x_i) + 3d_i(x-x_i)^2 \tag{11.16}$$

$$S''(x) = 2c_i + 6d_i(x-x_i) \tag{11.17}$$

앞에서 논의한 바와 같이, 인접한 두 구간 $[x_{i-1}, x_i]$, $[x_i, x_{i+1}]$에서 1차 도함수 값은 다음과 같은 관계를 만족한다.

$$S'(x_i) = S'_{i-1}(x_i)$$

이를 식 (11.15)에 적용하면, 다음과 같다.

$$\begin{aligned} b_i &= b_{i-1} + 2c_{i-1}(x_i - x_{i-1}) + 3d_{i-1}(x_i - x_{i-1})^2 \qquad (11.18) \\ &= b_{i-1} + 2c_{i-1}h_{i-1} + 3d_{i-1}h_{i-1}^2, \quad i = 2, 3, \cdots, n \end{aligned}$$

마찬가지로 인접한 두 구간 $[x_{i-1}, x_i]$, $[x_i, x_{i+1}]$에서 2차 도함수 값은 다음과 같은 관계를 만족한다.

$$S''(x_i) = S''_{i-1}(x_i)$$

이를 식 (11.17)에 적용하면,

$$2c_i = 2c_{i-1} + 6d_{i-1}(x_i - x_{i-1})$$

이므로, 다음과 같이 표기할 수 있고,

$$c_i = c_{i-1} + 3d_{i-1}h_{i-1}, \quad i = 2, 3, \cdots, n$$

또 아래와 같이 표기할 수도 있다.

$$c_{i+1} = c_i + 3d_ih_i, \quad i = 1, 2, \cdots, n-1$$

이로부터 다음과 같은 수식을 얻을 수 있다.

$$d_i = \frac{c_{i+1} - c_i}{3h_i}, \; i = 1, 2, \cdots, n-1 \tag{11.19}$$

식 (11.19)를 식 (11.18)에 대입하면

$$b_i = \frac{1}{h_i}(a_{i+1} - a_i) - \frac{h_i}{3}(c_{i+1} + 2c_i), \; i = 1, 2, \; \cdots, n-1 \tag{11.20}$$

라고 표기하거나 또는

$$b_{i-1} = \frac{1}{h_{i-1}}(a_i - a_{i-1}) - \frac{h_{i-1}}{3}(c_i + 2c_{i-1}), \quad i = 2, 3, \; \cdots, n \tag{11.21}$$

이라고 쓸 수 있다. 식 (11.19), (11.20), (11,21)을 식 (11.18)에 대입하여 항을 정리하면 다음과 같다.

$$h_{i-1}c_{i-1} + 2(h_i + h_{i-1})c_i + h_i c_{i+1} \tag{11.22}$$

$$= \frac{3}{h_i}(a_{i+1} - a_i) - \frac{3}{h_{i-1}}(a_i - a_{i-1}), \; i = 2, 3, \; \cdots, n-1$$

한편, 앞에서 기술한 조건 (5)에서

$$S_0^{(2)}(x_0) = S_n^{(2)}(x_n) = 0$$

이었는데, 이는

$$c_1 = c_n = 0 \tag{11.23}$$

임을 의미한다. 식 (11.22)와 (11.23)를 행렬로 나타내면 다음과 같다.

Ac=b (11.24)

여기서 A, c, b는 각각 다음과 같다.

$$A=\begin{bmatrix} 1 & 0 & 0 & \cdots & \cdots & 0 \\ h_1 & 2(h_1+h_2) & h_2 & 0 & \cdots & 0 \\ 0 & h_2 & 2(h_2+h_3) & h_3 & \cdots & 0 \\ \vdots & \vdots & \vdots & \vdots & \vdots & \vdots \\ 0 & 0 & 0 & h_{n-2} & 2(h_{n-2}-h_{n-1}) & h_{n-1} \\ 0 & 0 & \cdots & 0 & 0 & 1 \end{bmatrix}$$

$$c=\begin{bmatrix} c_1 \\ c_2 \\ \vdots \\ \vdots \\ c_{n-1} \\ c_n \end{bmatrix}$$

$$b=\begin{bmatrix} 0 \\ \dfrac{3(a_3-a_2)}{h_2}-\dfrac{3(a_2-a_1)}{h_1} \\ \vdots \\ \dfrac{3(a_n-a_{n-1})}{h_{n-1}}-\dfrac{3(a_{n-1}-a_{n-2})}{h_{n-2}} \\ 0 \end{bmatrix}$$

식 (11.24)에서 구하는 것은 c_i다. a_i, b_i, d_i는 각각 식 (11.14), (11.20), (11.19)로 구한다. 이를 프로그램으로 구현해 보자. 먼저 함수의 전달인자의 길이, n을 측정하고 계수 벡터 d, b, a에 (n-1)개의 0을 채워 넣는다. c 벡터(vec)와 x 벡터의 차분과 y 벡터의 차분에도 0을 (n-1)개 채워 넣는다.

```
n=length(x)
dvec=bvec=avec=J(1, n-1, 0)
vec=J(1, n, 0)
```

```
dx=dy=J(1, n-1, 0)
```

이제 a의 계수 벡터(avec)에 y벡터의 값을 넣고, x와 y 벡터의 차분(dx, dy)을 만든다. 그런 다음, 식 (11.24)의 A행렬을 만드는데, 우선 대각선 벡터(Ad)와 대각선 위의 벡터와 대각선 아래 벡터(Au, Al)를 만든다.

```
for (i=1;i<=(n-1);i++) {
    avec[i]=y[i]
    dx[i]=x[i+1]-x[i]
    dy[i]=y[i+1]-y[i]
  }

  Au=(0, dx[2..(n-1)])
  Ad=(1, 2*(dx[1..(n-2)]+dx[2..(n-1)]), 1)
  Al=(dx[1..(n-2)], 0)
```

이렇게 구한 Au, Ad, Al을 A 행렬의 각 자리에 놓는다.

```
A=J(n, n, 0)
  for (i=1; i<=n; i++) {
    A[i, i]=Ad[i]
  }

  for (i=1; i<=(n-1); i++) {
    A[i,i+1]=Au[i]
    A[i+1,i]=Al[i]
  }
```

이제 a(또는 y)와 x의 차분으로 구성된 식 (11.24)의 b 벡터(vec)를 만든다.

```
vec[1]=vec[n]=0
  for (i=2; i<=(n-1); i++) {
```

```
    vec[i]=3*(dy[i]/dx[i]-dy[i-1]/dx[i-1])
  }
```

마지막으로 c 계수 벡터(cvec)를 구하고, 이어서 수식 (11.20)과 (11.19)를 이용하여 b와 d 계수 벡터(bvec, dvec)를 구한다. 그리고 그 결과를 출력한다.

```
cvec=lusolve(A, vec')
for (i=1; i<=(n-1); i++) {
  bvec[i]=(dy[i]/dx[i])-(dx[i]/3)*(2*cvec[i]+cvec[i+1])
  dvec[i]=(cvec[i+1]-cvec[i])/(3*dx[i])
}

S=avec\bvec\cvec[1..(n-1)]'\dvec
return(S)
```

이를 종합하면 다음과 같은 함수가 된다.

```
clear all
version 15.1
set matastrict on

mata:
real matrix cubicspline(real rowvector x,
                        real rowvector y)
{
  real scalar n, i
  real rowvector vec, avec, bvec, cvec, dvec, dx, dy, Au, Ad, Al
  real matrix A, S

  n=length(x)
  dvec=bvec=avec=J(1, n-1, 0)
```

```
vec=J(1, n, 0)
dx=dy=J(1, n-1, 0)

for (i=1;i<=(n-1);i++) {
  avec[i]=y[i]
  dx[i]=x[i+1]-x[i]
  dy[i]=y[i+1]-y[i]
}

Au=(0, dx[2..(n-1)])
Ad=(1, 2*(dx[1..(n-2)]+dx[2..(n-1)]), 1)
Al=(dx[1..(n-2)], 0)

A=J(n, n, 0)
for (i=1; i<=n; i++) {
  A[i, i]=Ad[i]
}

for (i=1; i<=(n-1); i++) {
  A[i,i+1]=Au[i]
  A[i+1,i]=Al[i]
}

vec[1]=vec[n]=0
for (i=2; i<=(n-1); i++) {
  vec[i]=3*(dy[i]/dx[i]-dy[i-1]/dx[i-1])
}

cvec=lusolve(A, vec')
for (i=1; i<=(n-1); i++) {
  bvec[i]=(dy[i]/dx[i])-(dx[i]/3)*(2*cvec[i]+cvec[i+1])
```

```
    dvec[i]=(cvec[i+1]-cvec[i])/(3*dx[i])
  }

  S=avec\bvec\cvec[1..(n-1)]'\dvec
  return(S)
}
end
```

이 함수가 제대로 작동하는지를 확인해 보자. 원함수가 네 개의 점, 즉 (-2, -1), (-1, -2), (0, -1), (1, 2)를 지난다고 가정해 보자. 그렇다면 x값의 벡터(x0)과 y값의 벡터(y0)는 다음과 같이 쓸 수 있다.

```
: x0=(-2,-1,0,1); y0=(-1,-2,-1,2)
```

그리고 이 함수를 3차 스플라인 보간법으로 대체한다고 가정해 보자. 아래와 같은 명령으로 3차 보간식의 계수를 구할 수 있다.

```
: cubicspline(x0, y0)
```

	1	2	3
1	-1	-2	-1
2	-1.4	-.2	2.2
3	0	1.2	1.2
4	.4	0	-.4

여기서 1, 2, 3, 4행은 각각 a_i, b_i, c_i, d_i계수의 벡터(avec, bvec, cvec, dvec)다. 계수를 구했다고 해서 3차 스플라인 함수를 쉽게 구할 수 있는 것은 아니다. 식 (11.13)에서 보는 것처럼 스플라인 함수는 다음과 같은 형태를 띠고 있기 때문이다.

$$S_i(x) = a_i + b_i(x - x_i) + c_i(x - x_i)^2 + d_i(x - x_i)^3$$

즉 첫 번째 구간 [-2, -1]에서 $S_i(x)$는 다음과 같은 함수가 된다.

$$S_1(x) = a_1 + b_1(x - x0_1) + c_i(x - x0_1)^2 + d_i(x - x0_1)^3$$

$$= -1 - 1.4(x+2) + .0(x+2)^2 + .4(x+2)^3$$

이는 다항식으로 풀어헤쳐야 우리 눈에 익다. Mata에서는 상징 수식을 다룰 수 없으니, 상징 연산을 하려면 다시 Python을 구동해야 한다.

```
>>> from sympy import *
>>> x=symbols('x')
>>> S=-1-1.4*(x+2)+.0*(x+2)**2+.4*(x+2)**3
>>> simplify(S)
    -1.4*x + 0.4*(x + 2)**3 - 3.8
>>> expand(S)
    0.4 * x**3 + 2.4 * x**2 + 3.4 * x - 0.6
```

그러므로 첫째 구간에서 3차 스플라인 함수는

$$S_1(x) = .4x^3 + 2.4x^2 + 3.4x - .6$$

이다. 같은 방식으로 둘째 구간과 셋째 구간의 스프라인 함수를 구하면 다음과 같다.

$$S_2(x) = 1.2x^2 + 2.2x - 1$$

$$S_3(x) = -.4x^3 + 1.2x^2 + 2.2x - 1$$

이들 스플라인 함수를 그림으로 나타내면 〈그림 11-5〉와 같다. 이 그림에서 점선은 스플라인 함수고, 실선은 4절의 뉴튼 보간법으로 구한 2차 함수의 곡선이다. 스플라인 함수는 뉴튼 보간법으로 구한 2차 함수와 약간 다르지만 그다지 큰 차이를 보이지 않는다.

〈그림 11-5〉에서는 다항식과 스플라인 함수는 큰 차이를 보이지 않지만, 눈에 띄는 차이를 보일 수도 있다. 이런 차이를 보이는 예를 들어 보자. 앞의 2절에서 다항식 보간법을 논의할 때 들었던 예(〈그림 11-2〉 참조)로 3차 다항식과 스플라인 함수의 차이를 알아보자.

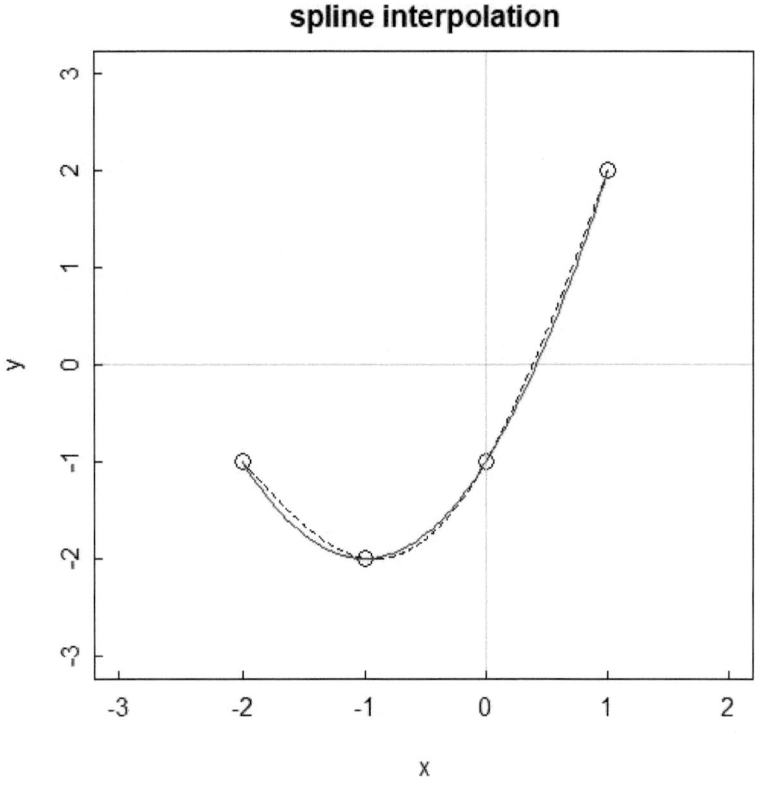

<그림 11-5> 3차 스플라인 보간식 그림

먼저 스플라인 함수를 구해야 한다.

```
: x0=(-2, -1, 1, 2); y0=(-1,-2,1,0)
: cubicspline(x0, y0)
```

	1	2	3
1	-1	-2	1
2	-1.625	.25	.25
3	0	1.875	-1.875
4	.625	-.625	.625

```
>>> from sympy import *
>>> x=symbols('x')
>>> S1=-1-1.625*(x+2)+0*(x+2)**2+.625*(x+2)**3
```

```
>>> simplify(S1)
    -1.625*x + 0.625*(x + 2)**3 - 4.25
>>> expand(S1)
    0.625*x**3 + 3.75*x**2 + 5.875*x + 0.75
```

동일 방식으로 둘째 구간([-1, 1])과 셋째 구간([1, 2])의 수식을 구하면 다음과 같다.

```
>>> S2=-2+.25*(x+1)+1.875*(x+1)**2-.625*(x+1)**3
>>> expand(S2)
    -0.625*x**3 + 2.125*x - 0.5
>>> S3=1+.25*(x-1)-1.875*(x-1)**2+.625*(x-1)**3
>>> expand(S3)
     0.625*x**3 - 3.75*x**2 + 5.875*x - 1.75
```

이를 정리하면, [-2, -1], [-1, 1], [1, 2] 구간에서 스플라인 함수는 각각 다음과 같이 표시할 수 있다.

$$S_1(x) = .625x^3 + 3.75x^2 + 5.875x + .75$$

$$S_2(x) = -.625x^3 + 2.125x - .5$$

$$S_3(x) = .625x^3 - 3.75x^2 + 5.875x - 1.75$$

다른 한편, 뉴튼 보간법으로 3차 다항식을 구하면 다음과 같다.

$$f(x) = -.417x^3 + 1.917x - .5$$

이제 이 3차 다항식과 스플라인 함수를 그림으로 비교할 수 있다. 〈그림 11-6〉에서 점선은 스플라인 함수, 실선은 3차 다항식을 나타낸다. 이 두 개의 선은 중간 구간([-1, 1])에서는 흡사하게 겹치지만, 양끝 구간, 즉 [-2, -1], [1, 2]구간에서 꽤나 큰 차이를 보인다. 스프라인 보간법은 적어도 양끝 구간에서는 뉴턴 보간법보다 더 우월해 보인다.

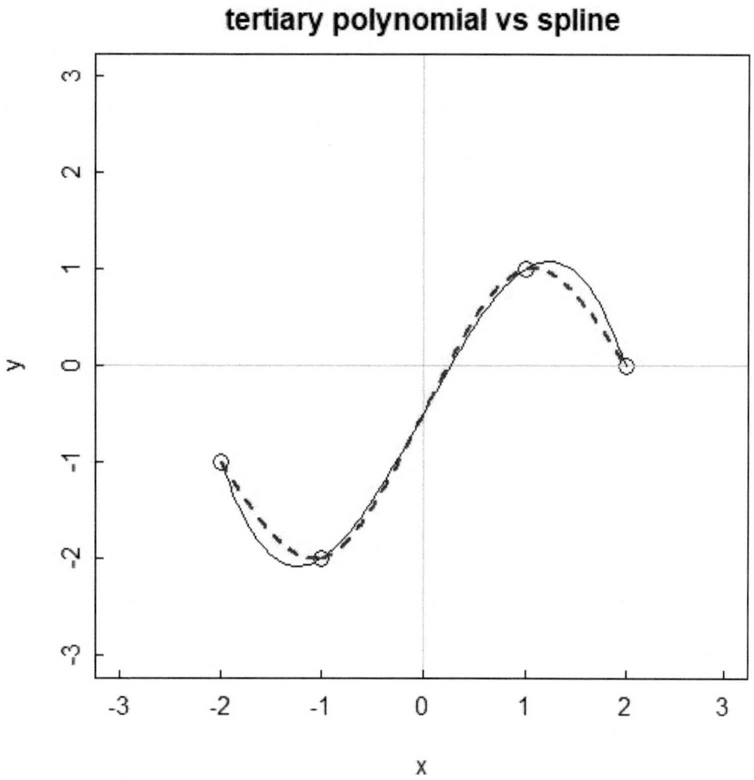

<그림 11-6> 3차 다항식과 스플라인 함수의 차이점

제 12 장 근 찾기

12.1 고정점 방법

이 장에서는 방정식의 근을 찾는 알고리듬을 살펴보기로 한다. 방정식의 근을 찾는 수치적 방법은 여러 가지다. 고정점 방법, 뉴튼-랩슨 방법, 할선법 등이 있다. 이들을 차례로 살펴볼 것인데, 우선 고정점 방법(fixed point method)으로 시작해 보자.

일반적으로, f(x)=0 이라는 방정식의 근은 f(a)=0이라는 조건을 만족하는 a이다. 우리가 y=f(x)라는 함수의 그림을 그리면, f(x)=0의 해는 x축과 만나는 점, 즉 x절편이 된다. 이와 같은 작업, 즉 함수의 근을 찾는 일은 수치분석의 고전이고 다른 수치 분석의 기초를 이룬다.

그러나 근을 찾는 문제를 조금 다른 방식으로 생각해 볼 수도 있다. g를 연속함수라고 가정해 보자. g(a)=a인 a를 g의 고정점(fixed point)이라 한다. 그림으로 나타내면, 고정점이란 y=g(x)라는 곡선과 y=x라는 직선이 만나는 점, 즉 교차점이다. 그런데 이렇게 함수의 고정점을 찾는 문제는 근을 구하는 문제로 치환할 수 있다. 즉, f=c(g(x)-x) 라는 함수로 치환할 수 있는데, 이때 g(a)=a일 때에만 f(a)=0이 된다. 그러므로 g 함수의 고정점을 찾는다는 것은 f 함수의 근을 찾는다는 것과 같다. 거꾸로 말하면, f(x)=0의 근을 찾는다는 것은 g(x)=cf(x)+x 함수의 고정점을 찾는다는 것과 같다. 고정점 방법이란 g(x)=x라는 방정식을 푸는 반복법(iterative method)이다. 즉 g(a)=a인 a로 수렴하는 일련의 점인 x_0, x_1, x_2,...를 차례로 발생하는 방법이다. 첫 번째 점 x_0에서 시작하여, $x_1=g(x_0)$인 두 번째 점 x_1을 짐작하고, 두 번째 점 x_1에서 다시 세 번째 점 x_2를 찾는 방법이다. 이는 다음과 같은 일차 되풀이 관계(first-order recurrence relation)나 차분 방정식으로 나타낼 수 있다.

$$x_{n+1} = g(x_n)$$

예를 들어보자. 고정점 반복법을 이용하여 f(x)=e^{-x}-x의 근을 구해 보자. 즉 f(x)=0의 해를 구해 보자. 이 함수를 그림으로 그리면 〈그림 12-1〉과 같은데, f(x)=0의 근은 f(x) 그래프가 x축과 교차하는 점, 즉 x절편이다.

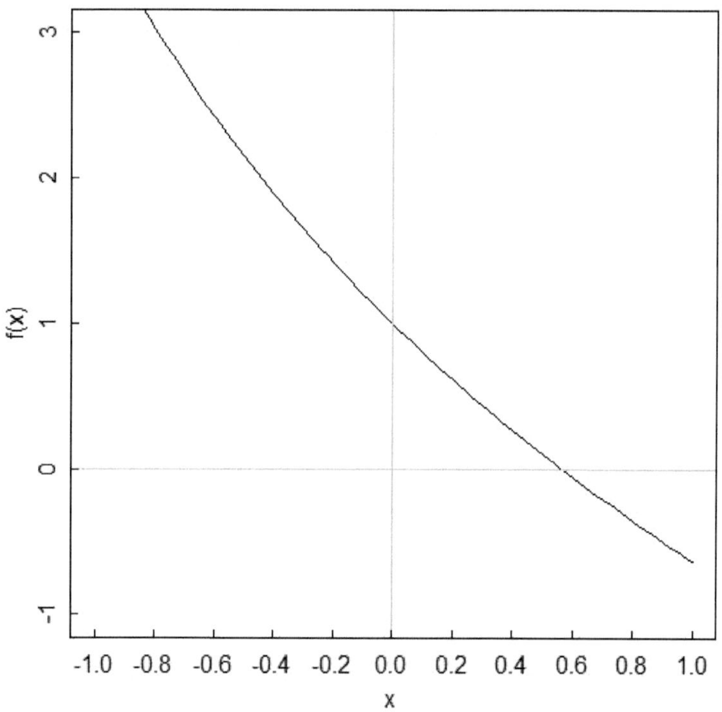

<그림 12-1> y = e^{-x}-x

그러나 f(x) 함수는 다음과 같은 형태로 바꿀 수 있다.

$$x = e^{-x}$$

이 함수는 y_1=x 와 y_2=e^{-x} 라는 두 개의 함수로 나누어서 표현할 수 있다. 이 두 함수를 그림으로 나타내면 〈그림 12-2〉와 같다.

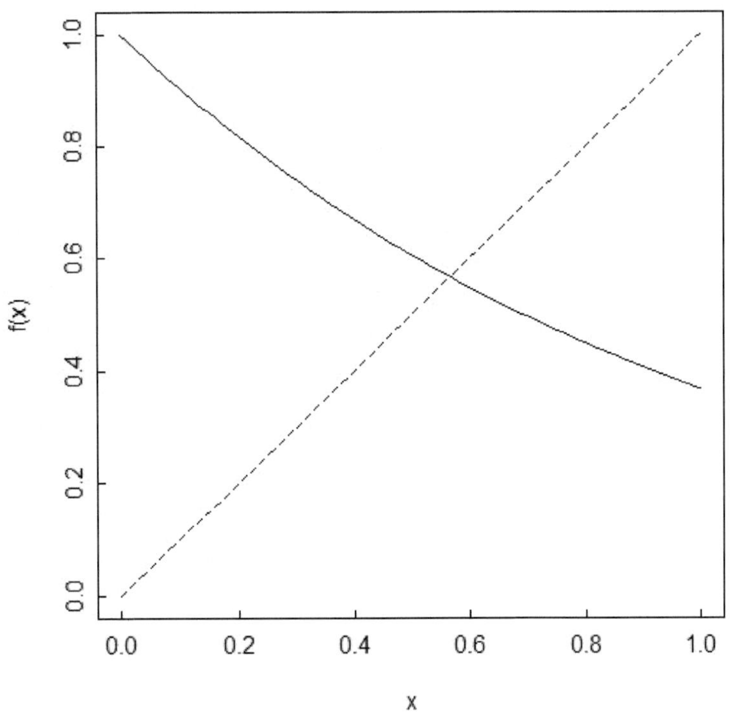

<그림 12-2> y_1=e^{-x} 와 y_2=x의 교점, 방정식 $e^{-x} - x = 0$의 해

결국 $x = e^{-x}$ 라는 방정식의 해는 y_1=x 와 y_2=e^{-x} 라는 두 함수의 교차점을 구하는 문제로 바뀐다. 그러면 이 교차점은 어떻게 구할 것인가? 일차 되풀이 관계 함수로 구할 수 있다.

$$x_{n+1} = e^{-x_n} \tag{12.1}$$

으로 구할 수 있다. 더 구체적으로 말해 보자. 임의의 첫 번째 값(x_1)을 y_2 함수, 즉 e^{-x}에 대입하여 y_2 값을 구한다. x_1으로 1을 입력했다고 가정해 보자. y_2=e^{-1}=.368이다. 이 값은 x_2가 되고, 이 x_2를 다시 y_2 함수에 대입하면, y_2는 $e^{-.368}$=.692가 된다. 이는 x_3이 된다. 이런 방식의 반복을 n번 지속하여 y_1=y_2인 지점에서 반복을 멈춘다. 이 x_n이 해당 방정식의 근이다. 이 반복 과정은 〈그림 12-3〉으로 나타낼 수 있다.

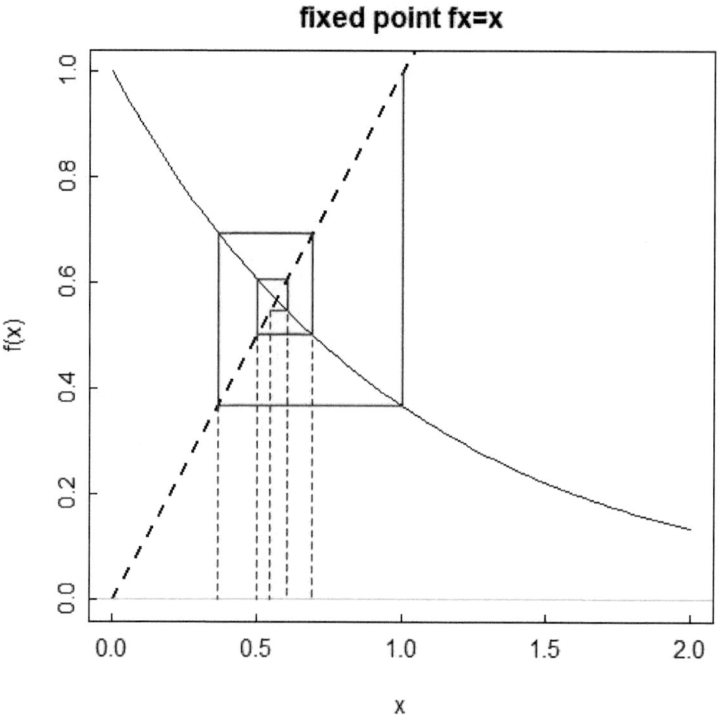

<그림 12-3> $y_1=e^{-x}$와 $y_2=x$의 반복 관계

물론 고정점 반복법으로 모든 방정식의 해를 구할 수 있는 것은 아니다. 식 (12.1)이 수렴하지 않고 발산하면 해를 구할 수 없다. 예컨대 $x=x^{1.5}$ 라는 방정식은 식 (12.1)을 반복할수록 발산한다(〈그림 12-4〉 참조).

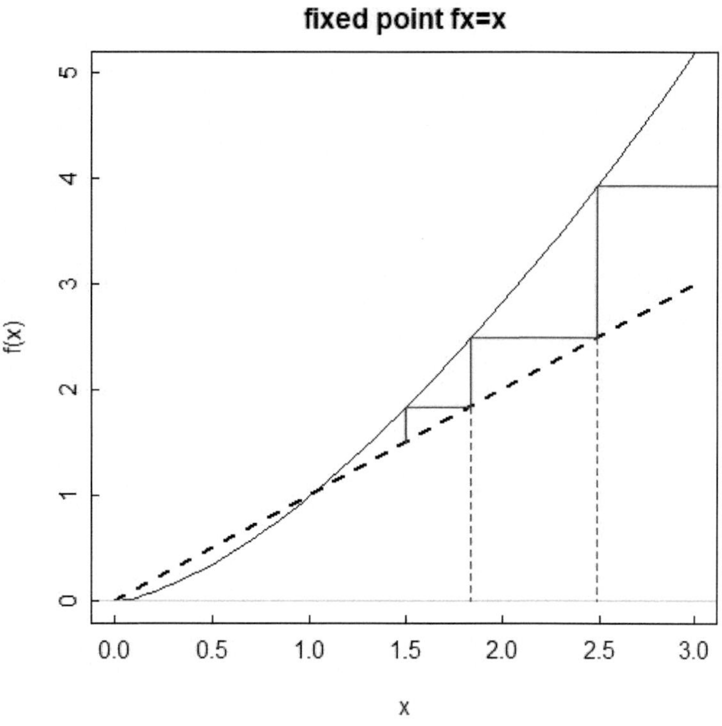

<그림 12-4> $y_1=x^{1.5}$와 $y_2=x$의 반복 관계

어쨌든 고정점 반복법으로 풀 수 있는 방정식은 식 (12.1)에 근거하여 아래의 fixedpoint() 함수로 그 해를 구할 수 있다.

```
clear all
version 15.1
set matastrict on

mata:
real scalar fixedpoint(real scalar x0,
                       real scalar tol,
                       real scalar maxiter)
{
  // ftn is the name of a function
  // x0 is the initial guess at the fixed point
```

```
  real scalar iter, xold, xnew

  //do the first iteration
  xold=x0
  xnew=ftn(xold)
  iter=1
  printf("At iteration 1 value of x is: %f\n", xnew)

  //continue iteration until stopping criteria are met.
  while((abs(xnew-xold)>tol) & (iter<maxiter)) {
    xold=xnew
    xnew=ftn(xold)
    iter=iter+1
    printf("At iteration %f, value of x is %f\n", iter, xnew)
  }

  //output depends on success of algorithm
  if (abs(xnew-xold)>tol) {
    printf("Algorithm failed to converge\n")
  }
  else {
    printf("Algorithm converged")
    return(xnew)
  }
}
end
```

이 함수가 우리가 바라는 근을 제대로 출력하는지를 알아보자.

```
mata:
```

```
real scalar ftn(real scalar x)
{
  return(exp(-x))                // function 1
}
end

: fixedpoint(1, 1e-6, 100)
At iteration 1 value of x is: .367879441
At iteration 2, value of x is .692200628

.........................................................................

.........................................................................

At iteration 24, value of x is .567143748
At iteration 25, value of x is .567143031
Algorithm converged  .5671430308
```

스물다섯 번의 반복 끝에 .567라는 해에 수렴하였다. 비록 반복 회수는 많지만 바라는 값을 얻었다.

앞에서도 잠시 보았듯, 고정점 반복법에 문제가 없는 것은 아니다. 이 방법의 문제점을 선명하게 보이기 위해 또 하나의 예를 들어 보자. $\log(x) - e^{-x} = 0$이라는 방정식을 풀어 보자. 고정점 반복법으로 풀려면 이 방정식을 다른 모습으로 바꿔야 하는데, 세 가지 방식의 변형을 생각해 볼 수 있다. 첫째,

$$x = e^{e^{-x}} = g_1(x)$$

로 바꿀 수 있다. 둘째, x에서 원래의 방정식 양변을 빼면

$$x = x - \log(x) + e^{-x} = g_2(x)$$

라는 형태로 바꿀 수 있다. 셋째, 원래의 방정식 양변에 x를 각각 더하면

$$x = x + \log(x) - e^{-x} = g_3(x)$$

라는 형태로도 바꿀 수 있다. 이 함수들은 모두 같은 것들이다. 이들을 순서대로 고정점 반복법으로 풀어 보자.

```
mata:
real scalar ftn(real scalar x)
{
  return(exp(exp(-x)))
}
end

: fixedpoint(1, 1e-6, 100)
At iteration 1 value of x is: 1.44466786
At iteration 2, value of x is 1.26595198
.....................................................................
At iteration 14, value of x is 1.30979942
Algorithm converged  1.309799415


mata:
real scalar ftn(real scalar x)
{
  return(x-log(x)+exp(-x))
}
end

: fixedpoint(1, 1e-6, 100)
At iteration 1 value of x is: 1.36787944
At iteration 2, value of x is 1.30926413
At iteration 3, value of x is 1.30981757
At iteration 4, value of x is 1.30979899
At iteration 5, value of x is 1.30979961
Algorithm converged  1.309799606

mata:
real scalar ftn(real scalar x)
{
  return(x+log(x)-exp(-x))
```

```
}
end
```

: fixedpoint(1, 1e-6, 100)

```
At iteration 1 value of x is: .632120559
At iteration 2, value of x is -.358018192

..............................................................................

At iteration 99, value of x is .
At iteration 100, value of x is .
Algorithm failed to converge
```

g_1(x)와 g_2(x)는 특정 값으로 수렴하지만, g_3(x)는 수렴하지 않는다. 내용이 같은 방정식인데도 그 표현 형태를 달리 하면 수렴 여부가 달라진다. 또 다른 차이도 있다. 첫 번째 함수는 14번의 반복 끝에 근에 수렴하지만 두 번째 함수는 겨우 6번의 반복 끝에 근에 수렴한다. 방정식의 형태가 달라지면 수렴 속도도 달라진다.

정리하면 고정점 반복법의 약점은 다음과 같다. 첫째, 고정점 반복법은 항상 수렴하지는 않는다. 특정 짐작 지점(guess point)에서 기울기의 절대값이 1보다 작을 때, 즉 $|g'|<1$ 때에만 수렴한다. 그렇지 않으면 해를 찾지 못하고 발산한다. 둘째, 우리는 함수를 고정점 형태로 변환해야 하는 데, 앞에서 보았듯 변환 방법은 여러 가지다. 그런데 이중 어떤 것은 늦게 수렴하고 어떤 것은 빨리 수렴한다. 또 어떤 것은 아예 수렴하지 않는다. 셋째, 고정점 반복법은 수렴 속도가 다른 방법보다 상대적으로 더 느리다. 뉴튼-랩슨 방법이나 할선법은 근의 위치를 더 잘 짐작하여 수렴 속도를 개선한다.

12.2 뉴튼-랩슨 방법

고정점 반복법 말고 방정식의 근을 구하는 다른 방법을 살펴보자. 함수 f는 미분가능하고, 이 함수에 a라는 근 하나가 있다고 가정해 보자. 즉 f(a)=0이라고 가정해 보자. 그리고 x_0는 a에 대한 '첫 짐작(initial guess)'이라고 해 보자. 점 (x_0, f(x_0))를 통과하고 기울기가 $f'(x)$인 직선은 함수 f(x)에 가장 근접하는 직선, 즉 함수 f(x)에 접하는 직선이다. 이 접선의 방정식은 다음과 같다.

$$f'(x_0) = \frac{f(x_0)-y}{x_0-x}$$

이 직선은 x_1에서 x축과 교차하는 데, 〈그림 12-5〉에서 보다시피 x_1은 x_0보다 a에 더 근접한다. x_1에서의 접선, 즉 $f'(x_1)$은 x_2에서 x축과 교차한다. x_2는 x_1보다 a에 더 근접한다. 이 과정을 보면, 접선을 그어 나갈수록 빠르게 근에 접근하는 것을 볼 수 있다(이 그림에서 그린 함수는 $f(x) = \log(x) - e^{-x}$다).

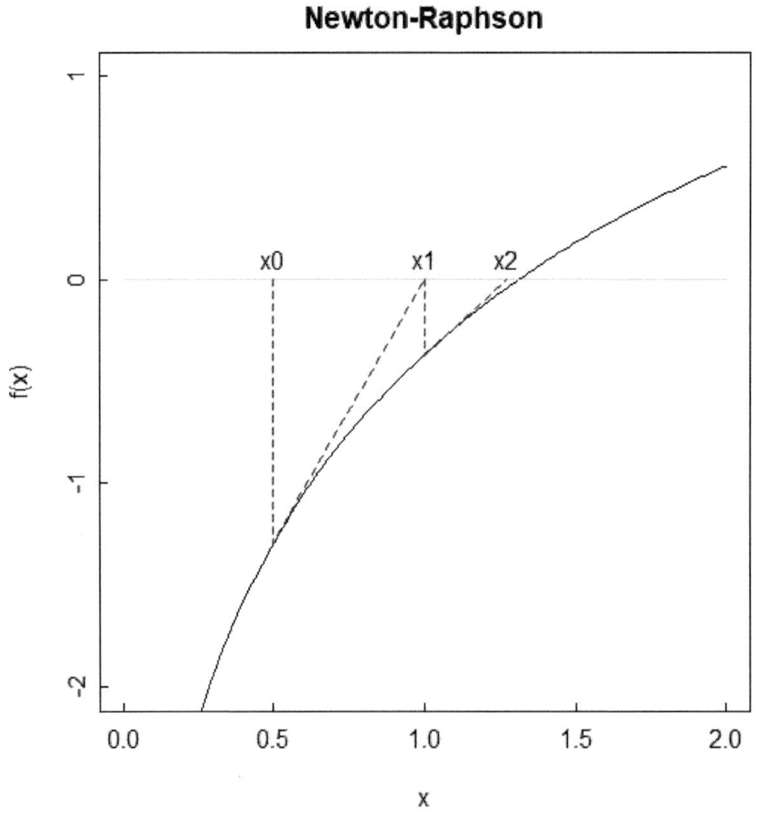

<그림 12-5> Newton-Raphson 방법, $f(x) = \log(x) - e^{-x}$의 해

첫 짐작 지점에서 접선은 다음과 같은 수식으로 표현할 수 있다.

$$f'(x_0) = \frac{f(x_0)-0}{x_0-x_1}$$

그러므로 x_1은 다음과 같이 구할 수 있다.

$$x_1 = x_0 - \frac{f(x_0)}{f'(x_0)}$$

다시 말해 두 번째 측정치(x_1)는 첫 짐작(x_0)에서 $f(x_0)/f'(x_0)$만큼을 빼서 얻는다. 세 번째 측정치(x_2)는 두 번째 측정치(x_1)에서 $f(x_1)/f'(x_1)$만큼을 빼서 얻는다. 이를 일반화하면 다음과 같은 일차 되풀이 관계를 얻는다.

$$x_{n+1} = x_n - \frac{f(x_n)}{f'(x_n)} \qquad (12.2)$$

식 (12.2)가 작동하려면 당연히 $f'(x_n) \neq 0$이어야 한다. 이런 조건에서 x_0가 a에 충분히 근접하면 x_n은 빠르게 a에 도달한다. 즉 근에 수렴한다. 그러나 뉴튼-랩슨의 알고리듬은 근으로 수렴하는 것을 보장하지 않는다. 그러므로 이 알고리듬으로 방정식의 해를 구하려면, 충분한 이론적 논의를 근거로 하거나 그림으로 정밀하게 판단하여 초기값을 근에 충분히 근접하도록 설정해야 한다.

뉴튼-랩슨 알고리듬을 구현한 함수는 다음과 같다.

```
clear all
version 15.1
set matastrict on

mata:
real scalar newton(real scalar x0, | ///
                   real scalar tol,  ///
                   real scalar max)
{
  real scalar iter, oldx, x
```

```
  //arguments
  if (args()==1) {
    tol=1e-6
    max=50
  }

  //initial values
  iter=0
  oldx=x0
  x=oldx+10*tol

  //convergence
  // f() is a function and fp() is its first derivative.
  while (abs(x-oldx)>tol) {
    iter=iter+1
    oldx=x
    x=x-f(x)/fp(x)
    printf("At iteration %f, the root is %f\n", iter, x)
  }

  //printing the result
  if (iter>max) {
    printf("Convergence failed\n")
  }
  else {
    printf("Converged\n")
    printf("The solution is ")
    return(x)
  }
}
end
```

이 함수의 첫째 부분은 전달인자를 조절한다. 전달인자가 하나일 때, 오차의 허용한계는 1e-6으로 하고 최대반복회수는 50으로 한다. 만일 오차의 허용한계나 최대반복회수를 조절하려면 전달인자를 더 입력해야 한다. 둘째 부분은 초기값을 설정한다. 셋째 부분은 식 (12.2)를 풀어 놓은 것이다.

x=x-f(x)/fp(x)

여기서 f는 원래의 함수이고 fp는 이 방정식의 도함수다. 그러므로 f(x), fp(x)는 함수 값과 도함수 값을 나타낸다. 이 함수(x=x-f(x)/fp(x))는 원래의 함수 값과 직전의 함수 값의 차가 허용한계값(기본값은 1e-6)보다 같거나 작으면 작동을 멈춘다. 또는 반복 회수가 max(기본값은 100)를 넘으면 반복을 멈춘다. 마지막으로 넷째 부분에서는 최종값을 출력한다.

newton() 함수를 실행해 보자. 먼저 근을 구하려는 함수(f)가 다음과 같다고 하자.

$f=x^2-3$

그러면 도함수는

$fp=2x$

이다. 이 함수의 근은 미리 짐작할 수 있듯 ($\sqrt{3}$, $-\sqrt{3}$)이다. newton() 함수의 초기값으로 $\sqrt{3}$에 근접하는 값을 부여하면 근은 $\sqrt{3}$이 될 것이고, $-\sqrt{3}$에 근접하는 값을 부여하면 근은 $-\sqrt{3}$이 될 것이다.

```
mata:
real scalar f(real scalar x)
{
  return(x^2-3)
}

real scalar fp(real scalar x)
{
```

```
    return(2*x)
}
end
```

```
: newton(10)
At iteration 1, the root is 5.15000485
At iteration 2, the root is 2.86626429
At iteration 3, the root is 1.95646141
At iteration 4, the root is 1.74492101
At iteration 5, the root is 1.73209827
At iteration 6, the root is 1.73205081
At iteration 7, the root is 1.73205081
Converged
The solution is   1.732050808
```

```
: newton(-10)
At iteration 1, the root is -5.14999515
At iteration 2, the root is -2.86625999
At iteration 3, the root is -1.95646005
At iteration 4, the root is -1.74492087
At iteration 5, the root is -1.73209827
At iteration 6, the root is -1.73205081
At iteration 7, the root is -1.73205081
Converged
The solution is   -1.732050808
```

말할 필요도 없지만, 뉴튼-랩슨 알고리듬을 구현하는 함수가 하나에 그치는 것은 아니다. 위와 같은 방식 말고도 다른 방식으로 이 알고리듬을 실현할 수도 있다. 다른 방식의 알고리듬을 newtonraphson() 함수라고 이름 붙여 보자.

```
clear all
version 15.1
set matastrict on

mata:
real scalar newtonraphson(real scalar x0, | ///
                          real scalar tol,  ///
                          real scalar max)
{
```

```
    real scalar iter, oldx, x, fx

    //arguments
    if (args()==1) {
      tol=1e-6
      max=100
    }

    //initial values
    iter=0
    x=x0
    fx=ftn(x)

    //convergence
    while ((abs(fx[1])>tol) & (iter<max)) {
      x=x-fx[1]/fx[2]
      fx=ftn(x)
      iter=iter+1
      printf("At iteration %f, the root is %f\n", iter, x)
    }

    //printing the result
    if ((abs(fx[1])>tol)) {
      printf("Algorithm failed to converge\n")
    }
    else {
      printf("Algorithm Converged\n")
      printf("The solution is ")
      return(x)
    }
}
```

```
end

mata:
real colvector ftn(real scalar x)
{
  real scalar     fx, dfx
  real colvector S

  fx=log(x)-exp(-x)
  dfx=1/x+exp(-x)
  S=(fx\dfx)
  return(S)
}
end
```

newtonraphson() 함수는 앞에서 언급한 newton() 함수와 달리, 원래의 방정식과 도함수를 하나의 함수 안에 모아 놓는다. 그리하여 원래의 방정식 값은 fx[1]에, 도함수 값은 fx[2]에 저장한다.

newtonraphson() 함수의 도입부에서는 초기값을 설정한다. 그 다음 부분은 식 (12.2)를 풀어 놓은 것이다.

```
x=x-fx[1]/fx[2]
```

여기서 fx[1]과 fx[2]는 원래의 함수 값과 도함수 값을 나타낸다. 원래의 함수 값이 허용한계값(기본값은 1e-6)보다 같거나 작으면 작동을 멈춘다. 또는 반복 회수가 max(기본값은 100)를 넘으면 반복을 멈춘다. 마지막 출력 부분에서는 최종값을 출력한다. 이 함수를 실행해 보자.

```
: newtonraphson(1)
At iteration 1, the root is 1.26894142
At iteration 2, the root is 1.3091084
At iteration 3, the root is 1.30979939
Algorithm Converged
The solution is   1.309799389
```

어떤 방식으로 코딩을 하든지 뉴튼-랩슨 방법은 앞의 고정점 반복법보다 훨씬 빨리 수렴한다.

12.3 할선법

뉴튼-랩슨 알고리듬은 매우 빠르게 수렴하지만, 도함수 f'(x)를 도입하는 단점을 지닌다. 도함수가 존재하지 않거나 도함수를 구하기 어렵다면 뉴튼-랩슨 방법은 사용할 수 없다. 이럴 때, 즉 도함수를 구하기 어려울 때, 동원할 수 있는 한 방법이 할선법(the secant method)이다. 이 방법은 함수 f(x)가 연속적이어야 한다는 조건 말고는 어떤 조건도 필요로 하지 않는다.

할선법은 뉴튼-랩슨 방법처럼 함수 f(x)의 선형 근사를 활용한다. f(x)의 근이 a라고 가정해 보자. 할선법은 잠정적으로 a에 대한 두 개의 첫 '짐작', 즉 x_0와 x_1를 상정한다. 이 방법은 이 첫 짐작을 개선하여 x_1과 x_2라는 새 짐작으로 바꾸려 한다. 이런 개선에 활용하는 것은 선형 근사인데, 새 x_2를 찾는 방법은 〈그림 12-6〉과 같다. 이 그림에서 근은 a와 b다. a라는 근을 찾으려면 점 $(x_0, f(x_0))$에서 점 $(x_1, f(x_1))$을 직선(할선, 굵은 점선)으로 연결하여 이 직선이 x축과 만나는 점을 x_2로 한다. 점 $(x_2, f(x_2))$와 점 $(x_1, f(x_1))$을 잇는 할선(중간 점선)을 그어 이 선이 x축과 만나는 지점을 x_3라고 한다. 이런 식으로 계속 반복하면 근은 x_2, x_3, x_4... 순으로 차츰 실제 근 a에 가까워진다.

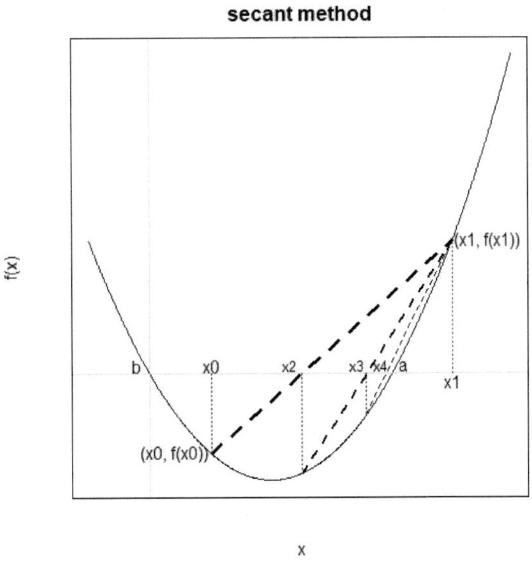

<그림 12-6> 할선법

할선의 방정식은 다음과 같다.

$$\frac{y-f(x_1)}{x-x_1}=\frac{f(x_0)-f(x_1)}{x_0-x_1}$$

여기에서 x_2는 다음과 같이 구할 수 있다.

$$\frac{0-f(x_1)}{x_2-x_1}=\frac{f(x_0)-f(x_1)}{x_0-x_1}$$

이는 다음처럼 표기할 수 있고,

$$x_2=x_1-f(x_1)\frac{x_0-x_1}{f(x_0)-f(x_1)}$$

이런 표기법은 다음과 같이 일반화할 수 있다.

$$x_{n+1}=x_n-f(x_n)\frac{x_n-x_{n-1}}{f(x_n)-f(x_{n-1})} \tag{12.3}$$

만일 x_n과 x_{n-1}이 충분히 가깝다면

$$\frac{x_n-x_{n-1}}{f(x_n)-f(x_{n-1})}=f'(x_n)$$

이 되고, 식 (12.3)은 식 (12.2)의 뉴튼-랩슨의 알고리듬과 같게 된다.

$$x_{n+1}=x_n-\frac{f(x_n)}{f'(x_n)}$$

그러므로 우리는 할선법을 뉴튼-랩슨 방법의 근사(approximation)라고 말할 수 있다. 이 방법에서는 $f'(x_n)$ 대신 $(f(x_n)-f(x_{n-1}))/(x_n-x_{n-1})$을 사용한다. 그러므로 할선법의 장단점은 뉴튼-랩슨 방법과 비슷하다.

할선법을 사용하는 함수는 다음과 같이 쓸 수 있다.

```
clear all
version 15.1
set matastrict on

mata:
real scalar secant(real scalar x0, | ///
                   real scalar tol,   ///
                   real scalar max)
{
  real scalar i, oldx, oldfx, x, fx, newx

  //arguments
  if (args()==1) {
    tol=1e-6
    max=100
  }

  //x is an initial guess fot the root.
  i=0
  oldx=x0
  oldfx=ftn(x0)
  x=oldx+10*tol

  //convergence
  while (abs(x-oldx)>tol) {
    i=i+1
    fx=ftn(x)
```

```
    newx=x-fx*((x-oldx)/(fx-oldfx))
    oldx=x
    oldfx=fx
    x=newx
    if (i>max) printf("Algorithm failed to converge\n")
    else {
      printf("At iteration %f, the root is %f\n", i, x)
    }
  }
  printf("The root is ")
  return(x)
}
end
```

이 secant() 함수를 이용하여 앞에서 본 $f(x) = e^{-x} - x = 0$이라는 방정식의 근을 구해 보자. 알고리듬이 근에 빠르게 수렴하는 것을 볼 수 있다. 오차의 허용한계를 1e-9로 설정하면, 이 함수는 7회 반복 끝에 근에 도달한다.

```
mata:
real scalar ftn(real scalar x)
{
  real scalar f
  f=exp(-x)-x
  return(f)
}
end

: secant(3, 1e-9, 100)
At iteration 1, the root is .18970348
At iteration 2, the root is .689065092
At iteration 3, the root is .575798635
At iteration 4, the root is .566956157
At iteration 5, the root is .567143583
At iteration 6, the root is .56714329
At iteration 7, the root is .56714329
The root is   .5671432904
```

12.4 이분법

조건이 좋으면, 뉴튼-랩슨법이나 할선법은 빠르게 근을 찾는다. 그러나 앞에서 보았듯, 이런 방법이 근을 찾으리라는 보장은 없다. 다시 말해 이런 방법은 특정 값으로 수렴하지 않고 발산할 수도 있다. 그러므로 해를 찾는 속도는 느리더라도 좀 더 믿을만한 접근이 필요하다. 이런 접근 방법의 하나가 근의 구간을 정하는(root-bracketing) 방법이다. 이 방법은 처음에 근이 있을법한 구간을 추출한 다음, 그 구간을 차츰 줄여서 근을 찾는다. 구간을 정하는 구간법 가운데에서 가장 고전적인 방법은 이분법(the bisection method)이다.

f(x)가 연속함수이고 구간 [xl, xr]에서 근 a를 갖는다고 가정해 보자. 그러면 〈그림 12-7〉에서 보는 바와 같이 f(xl)과 f(xr)의 곱은 0보다 작다. 이분법은 이와 같이 근(a)을 포함하는 구간을 설정하고, 이 구간을 (xr-xl)이 허용한계(ϵ)에 근접할 때까지 점차 좁힘으로써 근을 찾는다.

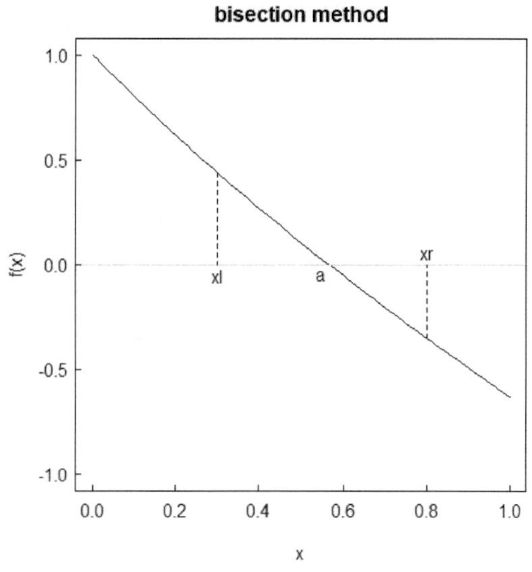

<그림 12-7> 이분법에서 해가 속한 구간

구체적 알고리듬은 다음과 같다. xl〈xr이고, f(xl)f(xr)〈0인 구간값 xl과 xr로 시작한다. 그리고 (xr-xl)≤ϵ일 때까지 반복을 계속한다. xm=(xl+xr)/2인 객체 xm을 만들고 혹시라도 f(xm)=0이라면 반복을 중지하고 xm을 해로 제시한다. 만일 f(xl)f(xm)〈0이라면 xr을 xm으로 대신한다. 반대로 f(xm)f(xr)〈0이라면 xm을 xl로 삼는다. 이런 과정을 반복한다. 이런 알고리듬을 Mata 함수로 표현하면 다음과 같다.

```
clear all
version 15.1
set matastrict on

mata:
real scalar bisect(real scalar a,        ///
                   real scalar b, |   ///
                   real scalar tol,   ///
                   real scalar max)
{
  real scalar iter, fa, fb, xmid, ymid, root

  //arguments
  if (args()==2) {
    tol=1e-6
    max=100
  }

  //a is lower bound of an interval
  //b is upper bound of an interval
  iter=0
  fa=ftn(a)
  fb=ftn(b)

  while (abs(b-a)>tol) {
    iter=iter+1
    if (iter>max) {
      printf("iterations maximum exceeded")
      break
    }
    xmid=(a+b)/2
```

```
    ymid=ftn(xmid)
    if (fa*ymid>0) {
      a=xmid
      fa=ymid
    }
    else {
      b=xmid
      fb=ymid
    }
    root=(a+b)/2
    printf("iteration %f, the root is approximated at %f\n", iter, root)
  }
  printf("The root is ")
  return(root)
}
end
```

이 함수로 $f(x) = \log(x) - e^{-x} = 0$이라는 방정식의 해를 구해 보자. 모든 방정식의 해를 구할 때에 그러하지만, 이 방정식의 해를 구할 때에도 구간 설정에 특별히 주의해야 한다. 이 방정식을 함수 형태로 나타내면 〈그림 12-8〉과 같은데, 이 그림을 보면 쉬이 알 수 있듯, x=0일 때 f(x)=-∞ 다. 무한대 값은 이분법의 연산을 방해한다. 그러므로 구간을 설정할 때 x=0이 되지 않도록 조정해야 한다.

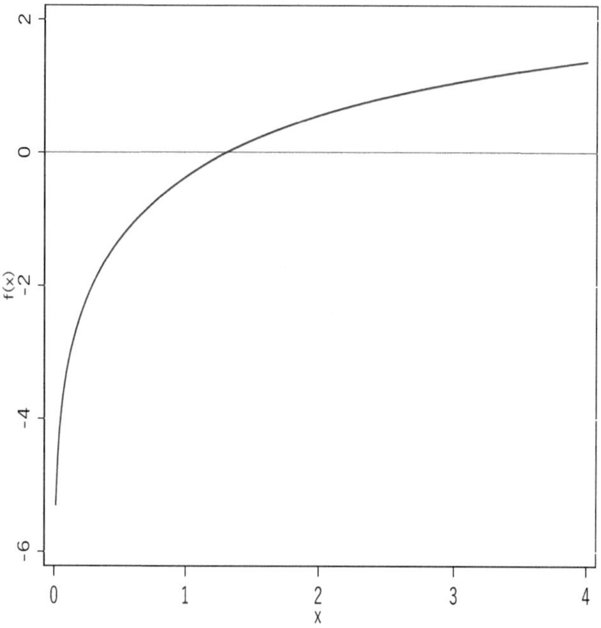

<그림 12-8> $\log(x) - e^{-x}$ 의 그림

```
mata:
real scalar ftn(real scalar x)
{
  return(log(x)-exp(-x))
}
end

: bisect(1, 3)
iteration 1, the root is approximated at .825
iteration 2, the root is approximated at 1.1875

..............................................................................

iteration 20, the root is approximated at 1.30979867
iteration 21, the root is approximated at 1.30979936
iteration 22, the root is approximated at 1.30979971
The root is   1.309799707
```

이분법은 뉴튼-랩슨이나 할선법보다 강력하지만 더디다. 더디다는 것은 반복이 많다는 것을 의미한다. 우리 예에서 이분법은 스물두번이나 반복한 뒤에 해를 구하였다.

제 13 장

최적화

이 장에서는 최적화(optimization) 문제를 다룬다. 최적화는 함수의 최댓값이나 최솟값을 찾는 일이다. 최적값을 찾는 일은 현대 수학의 주요 과제다. 우리는 최적값에서 최댓값에 관심을 집중할 것이다. 최댓값을 구하면 함수에 -1을 곱함으로써 쉽게 최솟값을 구할 수 있기 때문이다. 단일 변수의 최적값을 구하는 방법으로 우리는 뉴튼 방법과 황금분할법을 살펴볼 것이다.

일차 도함수와 이차 도함수를 도출할 수 있는 일차원 함수 f(x)를 생각해 보자. 어떤 값 x*의 함수값 f(x*)가 다른 어떤 f(x)보다 크다면, 즉 f(x)≤f(x*)라면, 함수 f(x)는 x*에서 최댓값을 보인다고 말할 수 있다. 그리고 이 f(x*)를 전역 최댓값(global maximum)이라고 한다. 만일 x*값 부근에서만 f(x)≤f(x*)라면 f(x*)를 지역 최댓값(local maximum)이라고 부른다.

지역 최댓값을 찾는 알고리듬은 지역 탐색 기법(local search techniques)이다. x(0), x(1), x(2),... 라는 일련의 점이 있는데 이중 하나, 즉 x(n)이 f(x)의 지역 최댓값에 수렴하는 가장 유력한 후보라고 가정해 보자. 이런 가정에서 x(n) 근처에 있는 x(n+1)이 x(n)보다 더 큰 값이 아닌지 검토하는 것이 이 알고리듬의 핵심이다.

x*가 함수 f(x)의 최댓값을 낳는 x값이라고 하자. 그리고 n→∞일 때, x(n)→x*라고 가정하자. 그러면 탐색 중지 지점을 결정하는 종료 기준(stopping criterion)이 필요하다. 우리는 |x(n)-x*|가 미리 정해진 허용값인 ϵ보다 작을 때, 즉 |x(n)-x*|〈ϵ일 때까지 반복을 계속하고, |x(n)-x*|≥ϵ일 때 반복을 종료할 수 있지만, 이는 이론적 상상일 뿐 현실적으로 가능하지 않다. 그러므로 우리는 다음 기준을 조합하여 종료 기준으로 삼아야 한다.

$$|x(n)-x(n-1)| < \epsilon$$
$$|f(x(n))-f(x(n-1))| < \epsilon$$
$$|f'(x(n))| < \epsilon$$

만일 $[x(n)]_{n=1}^{\infty}$이라는 연속값이 지역 최댓값에 수렴한다면 위의 모든 기준은 만족될 것이지만, 그 역은 아니다. 즉 이 모든 기준이 만족된다고 지역 최댓값으로 수렴하는 것은 아니다. 그러므로 지역 탐색 기법으로 지역 최댓값을 찾는 일에 성공하였다고 해도 최종 해가 과연 지역 최댓값인지를 확인해야 할 필요가 있다.

지역 탐색 기법의 또 다른 문제는 이 기법이 수렴하지 않을 수도 있다는 것이다. 예컨대 f(x)가 제약되어 있지 않으면 x(n)→∞이 된다. 이런 이유 때문에 반복의 최대회수(nmax)를 제한하는 것이 필요하다. 즉 n=nmax일 때 반복을 종료한다.

13.1 황금분할법

황금분할법(the golden section method)은 근을 찾는 기법인 이분법과 흡사하다. 앞 장에서 보았듯 이분법에는 a<b인 두 점이 있을 때 f(a)f(b)<0 이면 [a, b] 사이에 근이 존재한다고 판단하였다. 그러나 지역 최댓값이 존재하는지를 알려면 세 점(a, b, c)이 필요하다. 이 세 점의 관계가 a<c<b이고, f(a)<f(c)이자 f(b)<f(c)이라고 가정하면, [a, b] 사이에 지역 최댓값이 있다고 판단할 수 있다.

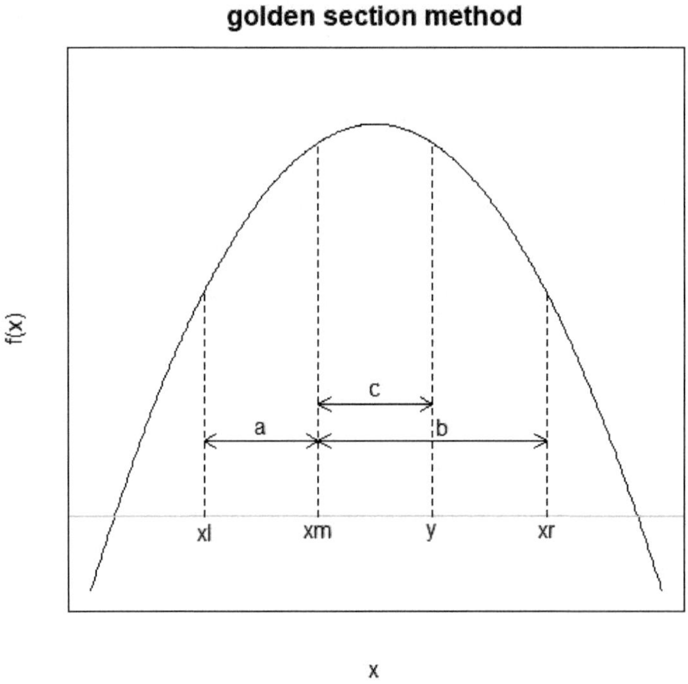

<그림 13-1> 황금분할법으로 최댓값 위치에 접근하는 방법

위와 같은 논리는 다음과 같은 알고리듬으로 귀결된다(〈그림 13-1〉 참조).

1. (xr-xl)≤ϵ일 때까지 반복을 계속하고, (xr-xl)≥ϵ이면 작업을 종료한다.
2. 만일 (xr-xm)〉(xm-xl)이면 (1)번 작업을, 그렇지 않으면 (2)번 작업을 실행한다.
   (1) [xm, xr] 구간에 속하는 한 점, y를 선택한다. 만일 f(y)≥f(xm)이면 xl에 xm을, xm에 y를 입력한다. 즉 xl=xm, xm=y로 한다. 그렇지 않으면 즉, f(y)≤f(xm)이면 xr에 y를 입력한다. 즉 xr=y로 한다.
   (2) [xl, xm] 구간에 속하는 점 y를 선택한다. 만일 f(y)≥f(xm)이면 xr=xm, xm=y다. 그렇지 않으면 xl=y다.
3. 첫 단계로 되돌아간다.

지금까지 y가 [xl, xm], [xm, xr] 구간 중에 큰 구간에 위치해야 한다고 말했을 뿐 이 y값을 어떻게 선택할 것인지를 정하지 않았다. 〈그림 13-1〉에서 보는 것처럼 [xm, xr]이 [xl, xm]구간보다 더 크다고 가정해 보자. 각 구간의 거리를 b와 a라고 하면, a=xm-xl, b=xr-xm이다. 다른 한편 [xm, y] 구간의 거리는 c=y-xm이다. 황금분할법은 구간을 반복해서 설정해도 큰 구간과 작은 구간의 길이 비율이 일정하도록 y값을 설정하는 방법이다. 즉 새 구간이 [xl, y]이라면 y값은

$$\frac{a}{c}=\frac{b}{a}$$

이 되도록 설정한다. 만일 새 구간이 [xm, xr]이라면

$$\frac{b-c}{c}=\frac{b}{a}$$

이 되도록 설정한다. 위 두 식을 c에 대해 풀면 다음과 같다.

$$\frac{b-c}{c}=\frac{a}{c}$$

이로부터

$$b-c=a$$

를 도출할 수 있는데, 양변을 a로 나누면

$$\frac{b}{a}-\frac{c}{a}=1$$

과 같다. 여기서 b/a를 ρ라고 하면, c/a=1/ρ이므로

$$\rho^2-\rho-1=0$$

이 된다. 그러므로 $\rho=(1+\sqrt{5})/2$이다. 이것이 그 유명한 황금비(the golden ratio)다. 여기서 a=b-c이고, c=b/(1+ρ)이므로

y = xm+c = xm+(xr-xm)/(1+ρ)

이다. 만일 y 값이 이와 같다면 앞의 알고리듬은 다음과 같이 다시 쓸 수 있다.

1. (xr-xl)≤ϵ일 때까지 반복을 계속한다. (xr-xl)≥ϵ이면 작업을 종료한다.
2. 만일 (xr-xm)>(xm-xl)이면 (1)번 작업을, 그렇지 않으면 (2)번 작업을 실행
   (1) y=xm+(xr-xm)/(1+ρ)로 하고, 만일 f(y)≥f(xm)이면 xl=xm, xm=y로 한다. 그렇지 않으면 xr=y로 한다.
   (2) y=xm-(xm-xl)/(1+ρ)로 하고, 만일 f(y)≥f(xm)이면 xr=xm, xm=y다. 그렇지 않으면 xl=y다.
3. 첫 단계로 되돌아간다.

위와 같은 알고리듬을 Mata 프로그램으로 만든 것이 아래의 gsection() 함수다.

```
clear all
version 15.1
set matastrict on

mata:
real colvector gsection(real scalar xl,    ///
                        real scalar xr,    ///
                        real scalar xm, | ///
                        real scalar tol)
{
  real scalar gr1, fl, fr, fm, y, fy
  real colvector C

  //arguments
  if (args()==3) tol=1e-6

  //xl and xr is the lower and upper bound
  //xm is an arbitrary intermediate value
  gr1=1+(1+sqrt(5))/2
  fl=ftn(xl)
  fr=ftn(xr)
  fm=ftn(xm)
  while ((xr-xl)>tol) {
    if ((xr-xm)>(xm-xl)) {
      y=xm+(xr-xm)/gr1
      fy=ftn(y)
      if (fy>=fm) {
        xl=xm
        fl=fm
        xm=y
        fm=fy
```

```
            }
            else {
                xr=y
                fr=fy
            }
        }
        else {
            y=xm-(xm-xl)/gr1
            fy=ftn(y)
            if (fy>=fm) {
                xr=xm
                fr=fm
                xm=y
                fm=fy
            }
            else {
                xl=y
                fl=fy
            }
        }
    }
    C=xm\ftn(xm)
    return(C)
}
end
```

이 함수, 즉 gsection() 함수는 최댓값과 최댓값을 산출하는 x값을 반환한다. 예를 들어 알아보자. 구간 [0, 4]에서 다음 함수의 최댓값을 구해 보자.

$$f(x) = -3x^3 + 7x^2 - 3x + 6$$

gsection() 함수의 전달인자는 순서대로 하한 범위(xl), 상한 범위(xu), 임의의 중간값(xm)이다. 임의의 중간값(xm)은 말 그대로 xl과 xm 사이에 놓인 임의의 값이다. 여기서 xl, xu, xm은 순서대로 각각 0, 4, 3으로 하였다.

```
mata:
real scalar ftn(real scalar x)
{
  real scalar F

  F=-3*x^3+7*x^2-3*x+6
  return(F)
}
end
```

최댓값이 존재하는 x값과 최댓값을 구하여 A 벡터에 담고, st_matrix() 함수로 이를 Stata로 이전해 보자.

```
: A=gsection(0, 4, 3)
: st_matrix("A", A)
```

이제 Stata로 이전한 열 벡터를 출력해 보자.

```
. mat rownames A=point maximum
. mat colnames A=value
. matlist A
```

	value
point	1.298935
maximum	7.339005

이 결과를 보면, x=1.299에서 지역 최댓값은 7.339이다. 과연 그런가? 우리는 최댓값을 제대로 구했는가? 그림으로 확인해 보자. 〈그림 13-2〉의 패널 (1)은 [-2, 5] 구간의 함수 모습이다.

이 패널에서 최댓값은 육안으로 판별하기 쉽지 않다. 그러므로 최댓값이 존재하는 [0, 3] 구간에서 이 함수가 보이는 모습을 알아보자. 패널 (2)는 [0, 3] 구간의 f(x) 함수 모습인데, 이 모습에서는 최댓값을 쉽게 찾을 수 있다. 그리하여 우리가 구한 최댓값이 제대로 된 최댓값이라고 판단할 수 있다. 패널 (1)과 (2)에서 최댓값은 점선으로 표시하였다.

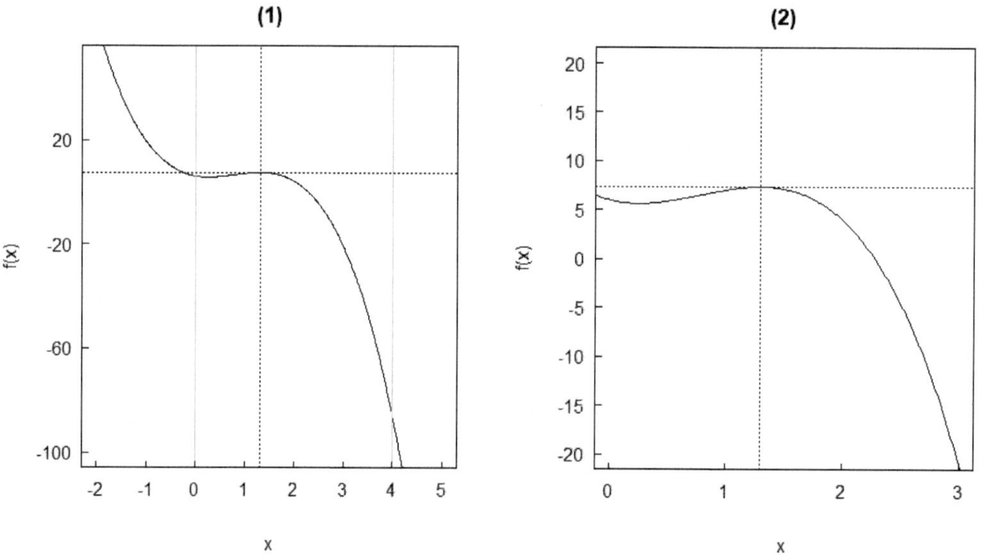

<그림 13-2> $f(x) = -3x^3 + 7x^2 - 3x + 6$의 최댓값

최댓값은 이런 방식으로 구한다고 하자. 그렇다면 최솟값은 어떻게 구할 것인가? 구간 [0, 4]에서 함수 $f(x) = x^2/10 - 2\sin(x)$의 지역 최솟값을 구해 보자. 그 구간에서 이 함수는 〈그림 13-3〉과 같은 모습을 보인다.

```
. twoway function x^2/10-2*sin(x), range(-6 6) xline(0 4) yline(0)
```

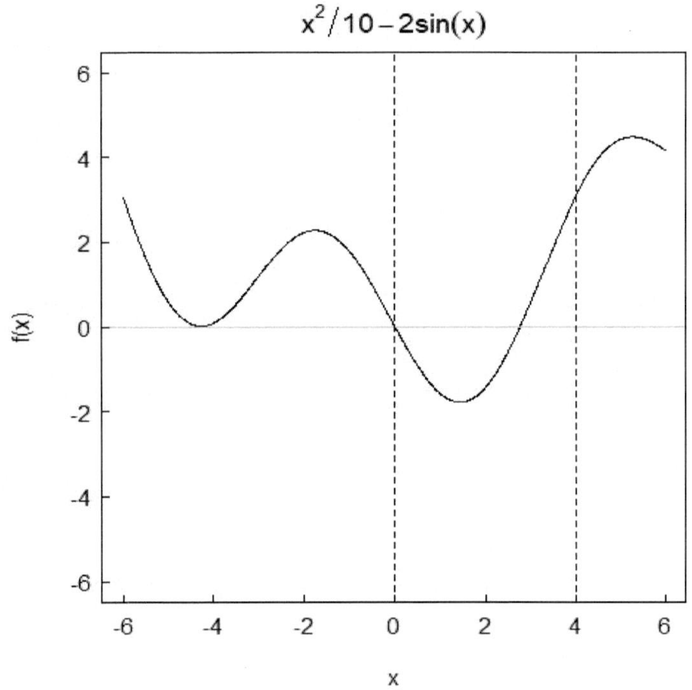

<그림 13-3> 함수 $f(x) = \frac{x^2}{10} - 2\sin(x)$의 최솟값

gsection() 함수를 이용하여 구간 안의 지역 최댓값을 얻을 수 있다.

```
mata:
mata drop ftn()                      // note: drop the function in memory
real scalar ftn(real scalar x)       // defining a new function
{
  real scalar F

  F=x^2/10-2*sin(x)
  return(F)
}
end
: A=gsection(0, 4, 2)
: st_matrix("A", A)
```

```
. mat rownames A=point maximum
. mat colnames A=value
. matlist A
```

	value
point	4
maximum	3.113604

〈그림 13-3〉으로 보듯, 그리고 gsection() 함수의 실행 결과로 보듯, 지역 최댓값은 x=4에서 3.114다. 이처럼 gsection()은 지역 최댓값을 구하는 함수다. 그러나 이 함수로 지역 최솟값도 구할 수 있다. 다만 최솟값을 구하려면 대상 함수에 약간의 변형을 가해야 한다. 〈그림 13-4〉처럼 대상 함수를 x축을 기준으로 대칭 이동하면 최솟값은 최댓값이 된다. 그러므로 최솟값은 원래의 함수를 x축을 중심으로 대칭 이동하여 구한다. 대칭 함수에서 최댓값을 구한 다음, 이의 음수를 최솟값으로 간주하면 된다. x축을 중심으로 한 대칭 함수는 잘 알려져 있다시피 -f(x)다.

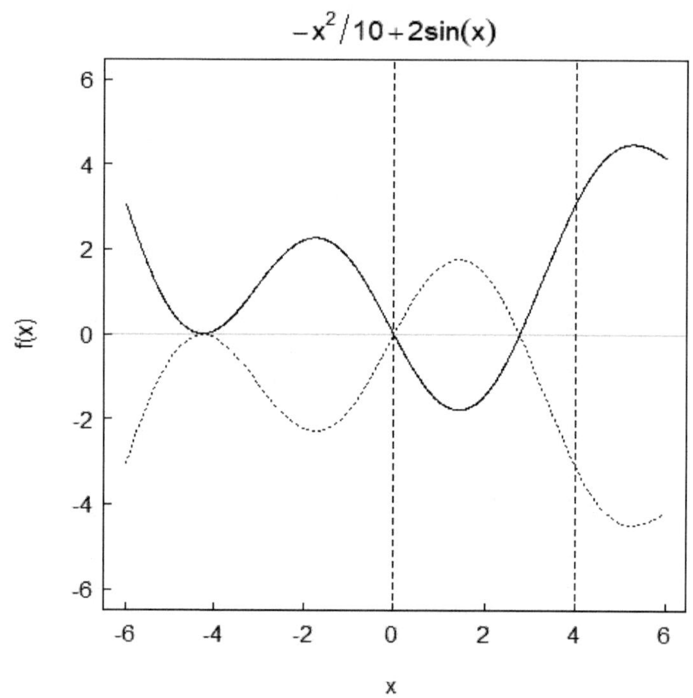

<그림 13-4> $f(x)=\frac{x^2}{10}-2\sin(x)$와 $-f(x)$

```
mata:
mata drop ftn()                    // note: drop the function in memory
real scalar ftn(real scalar x)     // defining a new function
{
  real scalar G

  G=-x^2/10+2*sin(x)
  return(G)
}
end

: A=gsection(0, 4, 2)
: st_matrix("A", A)
. mat rownames A=point maximum
. mat colnames A=value
. matlist A
```

	value
point	1.427552
maximum	1.775726

〈그림 13-4〉에서 보듯 원래의 함수, $f(x)=x^2/10-2\sin(x)$는 구간 [-6, 4]에서 실선의 모습을 보인다. 이의 대칭함수, $g(x)=-f(x)=-x^2/10+2\sin(x)$는 점선 모양을 보인다. 대칭함수의 구간 [0, 4]에서 지역 최댓값은 x=1.428 부근에서 1.776이다. 그러므로 이 구간에서 원래함수의 지역 최솟값은 최댓값의 음수인 -1.776이다.

13.2 경사하강법

경사하강법(gradient descent)은 롤의 정리(Rolle's theorem)로 시작한다(〈그림 13-5〉 참조).

x축에 서로 같지 않은 두 점, a와 b의 함수 값, f(a)와 f(b)가 서로 같다면 a, b 사이의 한 점, c의 도함수 값이 0인 점이 존재한다. 즉 f'(c)=0인 점이 존재한다.

이 정리를 풀어 말해 보자. 연속적이고 미분가능한 함수가 올라갔다 내려가거나, 내려갔다 올라가면 함수가 방향을 바꾸는 점이 존재한다. 즉 고점이나 저점이 존재하는데, 이 점의 일차 도함수 값은 0이다.

경사하강법은 앞에서 본 뉴튼-랩슨 방법과 같은 반복법이다. 이 방법은 초기값 x0와 반복을 조정할 때 사용하는 걸음 크기(step size, h)를 필요로 한다. 다른 반복법과 같이, 경사하강법도 최대반복회수와 허용 오차를 규정하는 수치를 포함해야 한다.

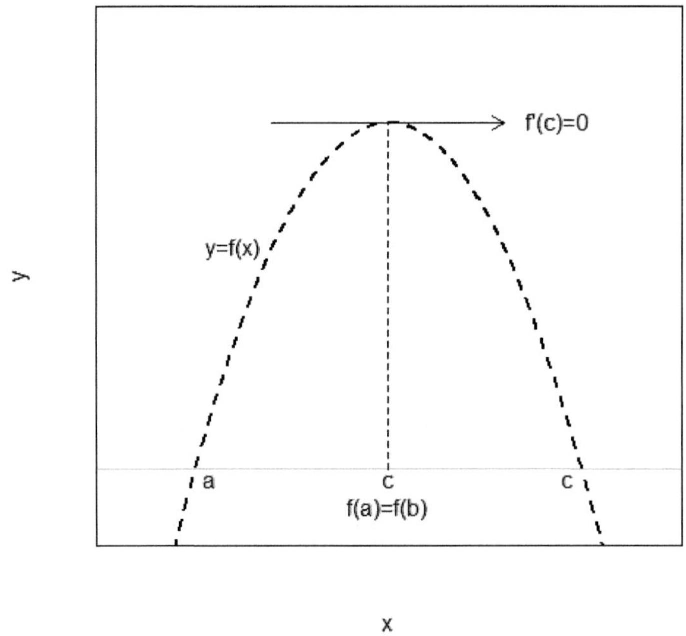

<그림 13-5> 롤(Rolle)의 정리

경사하강법은 지역 영역(local region)이 평평하지 않다고 가정하고 x에서 도함수 값을 구한다. 이 함수에서 아래 방향으로 크기가 h인 걸음 또는 단계(step)를 이동하여 그 점에서 다시 도함수 값을 구한다. 이런 과정을 반복하면 새 점은 자꾸 함수의 아래쪽으로 이동하는데, 새 점이 함수의 바닥에 가까워지면 도함수 값의 차이는 작아지고 그로 말미암아 x는 조금만 바뀌게 된다. x의 변화가 허용 오차 아래로 줄어들면 우리는 지역 최솟값에 도착했다고 판단할 수 있다. 지역

최댓값을 구하려면 위의 과정은 거꾸로 진행된다. 그러면 이 과정은 경사상승(gradient ascent)이라고 말할 수 있다.

먼저 경사하강법을 실행하는 프로그램부터 살펴보자. 이 프로그램의 이름은 gdescent() 이라고 하자.

```
clear all
version 15.1
set matastrict on

mata:
real scalar gdescent(real scalar x, |  ///
                     real scalar h,    ///
                     real scalar tol,  ///
                     real scalar max)
{
  real scalar iter, oldx, m

  //arguments
  if (args()==1) {
    h=1e-2
    tol=1e-6
    max=300
  }

  iter=0
  oldx=x
  x=x-h*fprime(x)

  while (abs(x-oldx)>tol) {
    iter=iter+1
    if (iter > max) _error("Maximum iteration reached")
```

```
    oldx=x
    x=x-h*fprime(x)
    printf("At iteration %f, x is %f\n", iter, x)
  }
  printf("The result is ")
  return(x)
}
end
```

경사상승법 프로그램, gascent()는 gdescent()와 거의 같지만 이동 방향을 나타내는 부분만 약간 다르다. 하강법에서는 x값이 작은 쪽으로 움직이지만, 즉 x=x-h*fprime(x)이지만, 아래에서 보는 것처럼 상승법에서는 x값이 위쪽으로 상승한다. 즉 x=x+h*fprime(x)다.

```
clear all
version 15.1
set matastrict on

mata:
real scalar gascent(real scalar x, |  ///
                    real scalar h,    ///
                    real scalar tol,  ///
                    real scalar max)
{
  real scalar iter, oldx, m

  //arguments
  if (args()==1) {
    h=1e-2
    tol=1e-6
    max=400
  }
```

```
  iter=0
  oldx=x
  x=x+h*fprime(x)

  while (abs(x-oldx)>tol) {
    iter=iter+1
    if (iter > max) _error("Maximum iteration reached")
    oldx=x
    x=x+h*fprime(x)
    printf("At iteration %f, x is %f\n", iter, x)
  }
  printf("The result is ")
  return(x)
}
end
```

이 두 함수로 최솟값과 최댓값을 구해 보자. 아래에 있는 4차 함수의 지역 최솟값과 지역 최댓값은?

$$f(x) = .25x^4 + x^3 - x - 1$$

일단 이 함수의 모양은 〈그림 13-6〉과 같다.

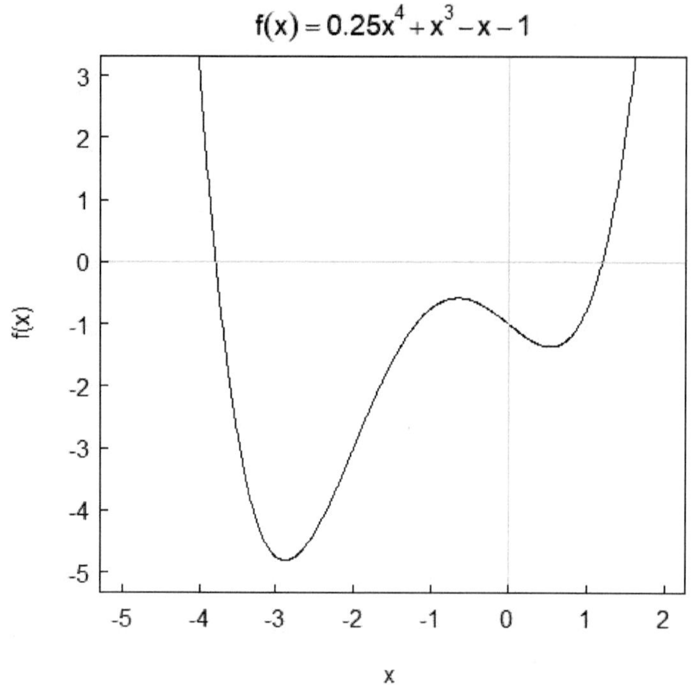

<그림 13-6> $f(x)=\frac{1}{4}x^4+x^3-x-1$

이 4차 함수의 일차 도함수(fprime)는 다음과 같은데,

$$fprime(x)=x^3+3x^2-1$$

경사하강법과 경사상승법은 원시함수가 아니라 도함수를 이용하여 지역 최솟값을 찾는다. 그러므로 일차 도함수를 함수로 표현할 필요가 있다.

```
mata:
real scalar fprime(real scalar x)
{
  real scalar fp

  fp=x^3+3*x^2-1
  return(fp)
```

```
}
end
```

```
: gdescent(-2)
At iteration 1, x is -2.05997273
At iteration 2, x is -2.08986267
At iteration 3, x is -2.11961316

........................................................

At iteration 151, x is -2.87937132
At iteration 152, x is -2.87937238
At iteration 153, x is -2.87937336
The result is   -2.879373356
```

```
: gdescent(0)

...........................................................

At iteration 261, x is .532063574
At iteration 262, x is .532064597
At iteration 263, x is .532065579
The result is   .5320655791
```

```
: gdescent(2)

...........................................................

At iteration 238, x is .532114587
At iteration 239, x is .532113548
At iteration 240, x is .532112551
The result is   .5321125509
```

이 값들(-2.879, .532)은 최솟값이 존재하는 x축의 점을 나타낸다. 최솟값은 원래의 함수로 되돌아가야 한다.

```
mata:
real scalar ftn(real scalar x)
{
  real scalar ftn

  ftn=.25*x^4+x^3-x-1
```

```
  return(ftn)
}
end

: ftn(gdescent(-2))
-4.808605

: ftn(gdescent(0))
-1.361406
```

최솟값은 각 점에서 -4.809와 -1.361이다. 반면에 아래에서 보다시피, 최댓값은 -.653에서 -.580이다.

```
: gascent(-1)
..........................................................
At iteration 336, x is -.652741601
At iteration 337, x is -.652740599
At iteration 338, x is -.652739625
The result is   -.6527396245

: ftn(gascent(-1))
-0.5799888
```

경사하강법이나 경사상승법의 단점은 반복회수가 많다는 점이다. 만일 걸음 크기(step size)를 조금 더 작게 하면 얼마 지나지 않아 곧바로 최대반복회수에 도달하여 에러 메시지를 낸다. 그러므로 적절한 걸음 크기를 제시하는 것이 필요하다.

```
: gasecnt(-1, 1e-3, 1e-6, 400)
..........................................................
At iteration 398, x is -.765832667
At iteration 399, x is -.765522328
At iteration 400, x is -.76521287
               gascent():  3498  Maximum iteration reached
                 <istmt>:     -  function returned error
(0 lines skipped)
```

지금까지 단일 변수로 이루어진 함수에 경사하강법을 적용하여 최솟값을 구하는 방법을 보았다. 지금부터는 둘 이상의 여러 변수로 이루어진 함수에 경사하강법이나 경사상승법을 적용해 보자. 그러려면 앞의 gdescent() 함수와 gascent() 함수에 몇 가지 수정을 가해야 한다. 이 두 함수는 비슷한 구조를 보이므로 여기서는 경사하강법 함수, 즉 gdescent() 함수만 논의하기로 하자. 먼저, 둘 이상의 변수를 도입하는 일을 명시해야 하고, 당연한 일이지만 개별 변수에 각각 초기값을 부여하는 절차를 밟아야 한다. 요컨대 둘 이상의 변수를 초기화하는 절차를 거쳐야 한다. 이런 절차는 도함수에 변수 값을 부여함으로써 쉽게 해결할 수 있다. 둘째, 오차 추정치를 허용한계와 비교해야 한다. 단일 변수를 다루는 gdescent() 함수에서는 단지 오차 추정치인 $|x_i - x_{i-1}|$를 오차허용한계(ϵ)와 비교하면 충분하였다. 이 값이 허용 한계에 도달할 때까지 반복을 계속하였다. 그러나 논의를 이차원 이상의 차원으로 확장하면 벡터 놈(vector norm)을 사용해야 한다. 다시 말해 벡터 놈의 크기를 허용한계와 비교하여 전자가 후자보다 작으면 반복을 멈추어야 한다.

다음 grad_descent() 함수는 gdescent() 함수를 이런 논의에 맞추어 약간 변형한 것이다. 주요 차이는 첫째, 벡터 놈의 도입이다. 벡터 놈은 벡터 길이고, 이 길이는 벡터 요소의 제곱합의 제곱근이다. while 루프에서 이 벡터 놈을 허용한계와 비교한다. 둘째, 앞의 gdescent()에서는 반복회수가 최대반복회수를 초과하면 오류 신호를 내보내고 작업을 종료했지만, grad_descent() 함수에서는 연산 결과를 제시할 때까지 반복을 계속한다. 어떤 선택을 하든, 즉 어떤 방식으로 프로그램을 짜든, 무방한 결과를 얻을 것이다.

```
clear all
version 15.1
set matastrict on

mata:
real colvector grad_descent(real colvector x, |  ///
                            real scalar h,       ///
                            real scalar tol,     ///
                            real scalar max)
{
  real scalar iter, oldx, b, vecnorm

  //arguments
```

```
    if (args()==1) {
      h=1e-2
      tol=1e-6
      max=400
    }

    iter=0
    oldx=x
    x=x-h*fp(x)

    b=x-oldx
    vecnorm=sqrt(sum(b.^2))

    while (vecnorm>tol) {
      iter=iter+1
      if (iter > max) return(x)
      oldx=x
      x=x-h*fp(x)
    }
    return(x)
  }
  end
```

이 함수를 사용하여, 특정 함수의 최솟값을 구해 보자. 다음 함수는 어느 지점에서 최솟값을 보일까?

$$f(x_1, x_2) = (x_1 - 1)^2 + (2x_2 - 1)^2$$

이 함수는 〈그림 13-7〉에서 보듯 늘어진 해먹 모양의 곡면이다. x1축에서 보면, 1을 중심으로 한 포물선을 형성하고, x2축에서 보면 1/2을 중심으로 포물선을 형성한다. 이 함수의 최솟값이 발생하는 지점은 수리적으로 판단할 때, 점 (1, 1/2)이다. 그 점에서 최솟값은 0이다.

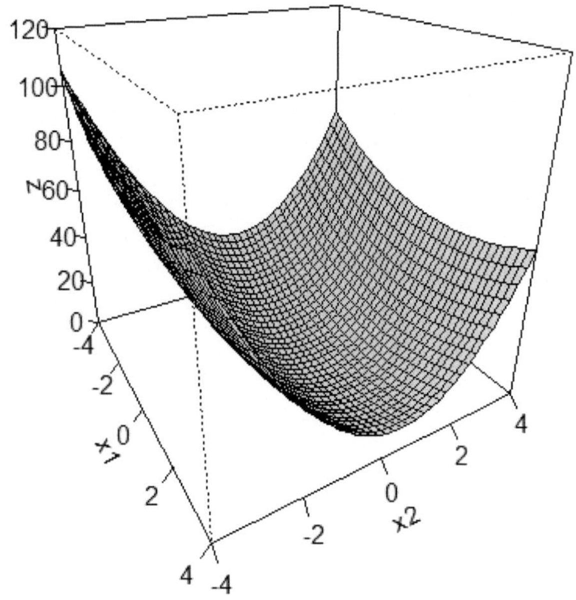

<그림 13-7> $f(x_1, x_2) = (x_1 - 1)^2 + (2x_2 - 1)^2$

원시함수의 최솟값을 구하려면 편미분으로 일차 도함수를 도출해야 한다.

$$\frac{\partial f}{\partial x_1} = 2x_1 - 2$$

$$\frac{\partial f}{\partial x_2} = 8x_2 - 4$$

그런 다음, 원시함수와 일차 도함수를 동시에 표기한다.

```
mata:
real scalar ftn(real colvector x)
{
  real scalar x1, x2, f
```

```
  f=(x[1]-1)^2+(2*x[2]-1)^2
  return(f)
}

real colvector fp(real colvector x)
{
  real scalar x1, x2, c

  x1=2*x[1]-2
  x2=8*x[2]-4
  c=(x1\x2)
  return(c)
}
end
```

이제 최솟값이 있는 위치를 확인해 보자.

```
: grad_descent((0\0), 1e-2, 1e-6, 400)
                  1
    +--------------+
  1 |  .9996968509 |
  2 |           .5 |
    +--------------+

: grad_descent((0\0), 1e-2, 1e-6, 800)
                  1
    +--------------+
  1 |  .9999999062 |
  2 |           .5 |
    +--------------+

: grad_descent((0\0), 1e-2, 1e-6, 1200)
         1
    +------+
  1 |    1 |
  2 |   .5 |
    +------+
```

반복회수가 1200은 되어야 비로소 수리적 답에 근접한다. 이제 이 함수의 최솟값을 구해 보자.

다음 결과로 보듯, 최솟값은 0에 근사한다.

```
: ftn(grad_descent((0\0), 1e-2, 1e-6, 1200))
  8.41478e-22
```

앞에서 보았듯, 걸음 크기(step size)는 .01로 두고, 반복회수를 자꾸 늘리면 이론적 값에 근접한다. 그러나 다른 한편으로, 최대반복회수를 그대로 두고, 걸음 크기를 차츰 크게 해도 이론적 값에 빠르게 근접한다. 그러나 걸음 크기를 너무 크게 하면 우스꽝스러운 결과를 낳을 수 있으므로 이런 방법은 주의를 필요로 한다.

```
: grad_descent((0\0), 1e-3, 1e-6, 400)
                  1
    +--------------+
  1 |  .5519287733 |
  2 |  .4800404595 |
    +--------------+
```

```
: grad_descent((0\0), 1e-2, 1e-6, 400)
                  1
    +--------------+
  1 |  .9996968509 |
  2 |           .5 |
    +--------------+
```

```
: grad_descent((0\0), 1e-1, 1e-6, 400)
         1
    +------+
  1 |    1 |
  2 |   .5 |
    +------+
```

```
: grad_descent((0\0), 1e-0, 1e-6, 400)
        1
    +-----+
  1 |   2 |
  2 |   . |
    +-----+
```

지금까지 경사하강법을 이차원 함수에 응용하는 방법을 살펴보았다. 이 방법은 반복회수가 크다는 단점을 보이지만 최솟값이 놓여 있는 지점을 적절하게 포착한다. 이 방법을 응용하는 가장 유명한 예는 아마도 다중 선형회귀의 계수 구하기일 것이다. 다중회귀계수를 구하는 방법은 이른바 최소제곱법이다. 이 방법은 잔차의 제곱을 최소화하는 선형 회귀계수(b)의 조합을 구한다. 경사하강법으로 선형 회귀계수를 구해 보자. 다중회귀식은 다음과 같으므로

y = Xb+e

잔차는 다음과 같고,

e = y-Xb

잔차의 제곱은 다음과 같다.

```
e'e = (y-Xb)'(y-Xb)
    = y'y-b'X'y-y'Xb+bX'Xb        // b'X'y = y'Xb
    = y'y-2b'X'y+b'X'Xb
```

이를 최소화하는 b값을 찾으려면, b에 관한 도함수를 구하여 이 도함수를 0으로 하는 b를 구해야 한다.

```
∂e'e/∂b = -2X'y+2X'Xb              // ∂b'X'Xb/∂b = 2X'Xb
        = 2X'(Xb-y)    = 0
```

위 논리를 기계학습(machine learning)의 용어로 바꾸어 보자. 기계학습 분야에서는 잔차의 제곱을 편의상 관찰사례 수(m)와 임의의 수 2로 나누는데, 이런 방식으로 구성한 변량을 비용함수(cost function), 또는 목표함수(object function)라고 한다. 이 비용함수 J()가 앞의 잔차제곱합 함수(e'e)와 다른 점은 회귀계수 추정치를 b가 아니라 θ로 표기한다는, '사소한' 사실이다.

$$J(\theta_1, \theta_2, \ldots) = \frac{1}{2m}\sum_{i=1}^{m}(\hat{y_i} - y_i)^2$$

여기서 y_i는 i번째 사례의 실제 값이고, $\hat{y}_i$는 최소제곱선의 i번째 추정치다. 위 식에서

$$\sum_{i=1}^{m}(\hat{y}_i - y_i)^2$$

는 잔차의 제곱합이고, 비용함수 J()는 이를 2m으로 나누어 놓은 값이다. 그러므로 비용함수의 도함수는 앞에서 잔차 제곱합의 도함수를 구하는 것과 같은 방식으로 구할 수 있다.

$$J'(\theta) = \frac{1}{m}X'(X\theta - y)$$

이 수식은 우리가 쓸 수 있는 일련의 경사 벡터를 산출할 것인데, 우리는 이 벡터와 적절한 걸음 크기(step size), 그리고 초기 추정치를 사용하여 최솟값이 놓여 있는 지점을 구할 수 있다(기계 학습에서는 걸음 크기를 학습률(learning rate)라고 부르고 흔히 alpha라고 표기한다).

grad_ls() 함수는 비용함수를 최소화하는 값을 구하는 프로그램이다. 아래에서 보듯, grad_ls() 함수의 전달인자는 X, y, 학습률(alpha), 오차의 허용한계(tol), 최대 걸음 수(m)이다. 여기서 X는 독립변수의 행렬이고, y는 종속변수 벡터다. 앞에서도 잠시 이야기했지만, 학습률은 걸음 크기다. 오차의 허용한계는 사용자가 정하는 임의의 오차 수준이고, 최대 걸음 수는 사용자가 설정하는 최대 걸음 수다.

```
clear all
version 15.1
set matastrict on

mata:
real colvector grad_ls(real matrix      X,      ///
                       real colvector y, |     ///
                       real scalar    alpha,   ///
                       real scalar    tol,     ///
                       real scalar    max)
{
```

```
real scalar iter, n, vecnorm, e
real matrix theta, oldtheta, diff, d

//arguments
if (args()==2) {
  alpha=.05
  tol=1e-6
  max=1e5
}

iter=0
n=cols(X)
theta=J(n, 1, 0)
oldtheta=theta:+10*tol

diff=oldtheta:-theta
vecnorm=sqrt(sum(diff:^2))

while (vecnorm>tol) {
  iter=iter+1
  if (iter>max) {
    printf("iterations maximum exceeded\n")
    return(theta)
  }

  e=X*theta-y                    // X*b-y
  d=X'e/length(y)                // X'(Xb-y)
  oldtheta=theta
  theta=theta-alpha*d
}
return(theta)
```

```
}
end
```

그런데 이와 같은 경사하강법을 적용한 결과는 어떠한가? 즉 이런 방법으로 얻은 θ값은 Stata의 regress 명령으로 얻은 계수와 같은가? 자동차 자료로 비교해 보자. 자동차의 연비(mpg)가 자동차의 무게(weight), 외제차(foreign), 가격(price)의 영향을 받는다고 가정해 보자. 상식적으로 연비는 자동차가 무거울수록 낮고, 외제차가 높고, 가격이 높을수록 낮다고 예상할 수 있다.

```
. sysuse auto, clear
. gen cons=1
. replace weight=weight/10000
. replace price=price/10000
. reg mpg weight foreign price
```

```
      Source |       SS           df       MS      Number of obs   =        74
-------------+----------------------------------   F(3, 70)        =     45.93
       Model |  1620.30717         3  540.102391   Prob > F        =    0.0000
    Residual |  823.152288        70  11.7593184   R-squared       =    0.6631
-------------+----------------------------------   Adj R-squared   =    0.6487
       Total |  2443.45946        73  33.4720474   Root MSE        =    3.4292

------------------------------------------------------------------------------
         mpg |      Coef.   Std. Err.      t    P>|t|     [95% Conf. Interval]
-------------+----------------------------------------------------------------
      weight |  -67.75847   9.048295    -7.49   0.000    -85.80472   -49.71221
     foreign |  -1.855891   1.289063    -1.44   0.154    -4.426846    .7150641
       price |   .5660201   1.922369     0.29   0.769    -3.268024    4.400064
       _cons |   41.95948   2.377726    17.65   0.000     37.21725     46.7017
------------------------------------------------------------------------------
```

이제 우리가 작성한 프로그램으로 계수를 구해 보자. 학습률은 그대로 두고, 최대걸음 수를 늘리면서 계수의 변화를 살펴보자.

```
. putmata *, replace
. mata:
: y=mpg
: X=weight, foreign, price, cons
: grad_ls(X, y, alpha=.05, tol=1e-6, max=1000)
```

```
iterations maximum exceeded
                  1

  1    -2.280010789
  2     5.137478263
  3    -8.394538656
  4     25.57074608
```

: grad_ls(X, y, alpha=.05, tol=1e-6, max=10000)

```
iterations maximum exceeded
                  1

  1    -38.33354851
  2     1.272602037
  3    -3.84859987
  4     34.85374352
```

: grad_ls(X, y, alpha=.05, tol=1e-6, max=1e5)

```
iterations maximum exceeded
                  1

  1    -67.74860377
  2    -1.854841976
  3     .5645400496
  4     41.95709539
```

위의 결과로 확인하건대, 경사하강법으로 구한 계수는 최대 걸음 수가 크면 클수록 Stata의 regress 명령으로 구한 계수와 근접한다. 최대 걸음 수가 작으면 계수는 불안정하다.[17)]

13.3 뉴튼 방법

앞 절에서 다차원 함수의 최적값을 구하는 방법을 보았다. 다차원 함수의 최적값을 구하는 문제는 매우 방대하여 이 책에서는 자세히 다룰 수 없다. 그러므로 이 책은 주로 단일 변수로 이루어진 함수의 최적값을 구하는 문제에 치중할 것인 바, 이제 다시 일차원 함수의 최적값을 구하는 문제로 돌아가 보자. 구간 [a, b]에서 함수 f(x)에서 연속 함수 형태의 도함수 f'(x)를 도출할 수

17) 여기서 특별한 사실을 한 가지 더 언급해 보자. 경사하강법으로 계수의 최적값을 구할 때, 독립변수 weight와 price의 값을 10,000으로 나누었는데, 이렇게 숫자 단위를 조정하지 않으면 최적값은 수렴하지 않는다. 필자는 그 이유를 찾지 못했다. 독자 여러분이 그 이유를 밝혀 보기 바란다.

있다면 함수 f(x)의 최댓값은, x_1, x_2,..., x_n이 도함수 f'(x)의 근이라고 할 때, f(a), f(b), $f(x_1)$, $f(x_2)$, ..., $f(x_n)$ 중의 하나다. 앞에서 우리는 함수 f(x)의 근을 찾는 뉴튼-랩슨 방법을 다음과 같은 수식으로 정리하였다.

$$x_{n+1} = x_n - \frac{f(x_n)}{f'(x_n)}$$

그런데 우리의 관심은 지금 f(x)의 도함수 f'(x)의 근을 찾는 것이다. 이 근은 다음과 같은 수식으로 얻을 수 있다.

$$x_{n+1} = x_n - \frac{f'(x_n)}{f''(x_n)}$$

여기에서는 뉴튼 방법을 실행할 때, 어떤 함수 f(x)가 전달 인자(x)를 받아 그 함수 자체와 일차 도함수, 그리고 이차 도함수의 벡터를 반환한다고 가정하자. 다시 말해, 어떤 함수가 f(x), f'(x), f''(x)를 포함하고 이를 반환하는 함수라고 가정하자. 이렇게 가정하고 위 수식을 프로그램으로 전환하면 다음과 같다. 이는 앞의 근 찾기에서 보았던 뉴튼 방법과 흡사하다.

```
clear all
version 15.1
set matastrict on

mata:
real colvector newtonOpt(real scalar    x0,
                         real scalar    tol,
                         real scalar    max)
{
  real scalar x, iter
  real colvector fx
  real rowvector S
```

```
    x=x0
    fx=ftn(x)
    iter=0
    while ((abs(fx[2])>tol) & (iter<max)) {
      x=x-fx[2]/fx[3]
      fx=ftn(x)
      iter=iter+1
      printf("At iteration %f, the optimum is %f\n", iter, x)
    }
    if (iter==max) {
      printf("Failed to converge\n")
    }
    else {
      S=x\ftn(x)[1]\ftn(x)[2]\ftn(x)[3]
      return(S)
    }
  }
  end
```

이제 이 newtonOpt() 함수로 앞에서 예로 든 함수,

$$f(x) = x^2/10 - 2\sin(x)$$

의 최적값을 구해 보자. 이 함수의 1차, 2차 도함수는 각각

$$f'(x) = 2x/10 - 2\cos(x)$$
$$f''(x) = 2/10 + 2\sin(x)$$

이므로 newtonOpt()에 전달할 함수는 다음과 같이 쓸 수 있다.

```
mata:
real colvector ftn(real scalar x)
{
  real scalar fx, dfx, d2fx, f
  fx=x^2/10-2*sin(x)
  dfx=2*x/10-2*cos(x)
  d2fx=2/10+2*sin(x)
  f=fx\dfx\d2fx
  return(f)
}
end
```

```
: newtonOpt(1, 1e-6, 100)
At iteration 1, the optimum is 1.46767485
At iteration 2, the optimum is 1.42763724
At iteration 3, the optimum is 1.42755178
                  1

  1     1.427551779
  2    -1.775725653
  3     1.04224e-09
  4     2.179516061
```

위 행렬 값에서 보듯(1행은 x값, 2,3,4행은 f(x), f'(x), f''(x)값이다), x=1.428에서 최적값은 -1.776이다. 이 값이 최솟값인지 최댓값인지 어떻게 판별할 수 있는가? 이 값이 최솟값이려면 f'(x)=0이고, f''(x)>0이어야 한다. 반대로 최댓값이려면 f'(x)=0이고, f''(x)<0이어야 한다. 위의 결과에서 f''(1)=2.180>0이므로 -1.776은 최솟값이라고 말할 수 있다.

```
: newtonOpt(-2, 1e-6, 100)
At iteration 1, the optimum is -1.7329204
At iteration 2, the optimum is -1.74631247
At iteration 3, the optimum is -1.74632928
                  1

  1    -1.746329282
  2     2.274233811
  3    -4.93359e-11
  4    -1.769267214
```

위 결과에서는 x=-1.746에서 최적값은 2.274다. 이 최적값은 최솟값인가 최댓값인가? f'(x)=0이고, f''(x)<0이다. 그러므로 2.274는 최댓값이라고 말할 수 있다.

뉴튼 방법의 효율성은 다시 말할 필요가 없지만, 한 가지 단점이 있다. 앞에서 제시한 수식에서 f''(x)가 분모인데, 만일 이것이 0이라면 뉴튼 방법은 작동하지 않는다. 예를 들어보자.

$$f(x) = \frac{1}{4}x^4 + x^3 - x - 1$$

의 1, 2차 도함수는 각각

$$f'(x) = x^3 + 3x^2 - 1$$
$$f''(x) = 3x^2 + 6x$$

다. 2차 도함수가 0이 되는 x값은 -2와 0이다. 그러므로 이 값에서는 뉴튼 방법을 사용할 수 없다.

```
mata:
real colvector ftn(real scalar x)
{
  real scalar fx, dfx, d2fx, f
  fx=.25*x^4+x^3-x-1
  dfx=x^3+3*x^2-1
  d2fx=3*x^2+6*x
  f=fx\dfx\d2fx
  return(f)
}
end

: newtonOpt(-2)
Failed to converge
             newtonOpt():  3203  <tmp>[0,0] found where colvector required
                 <istmt>:     -  function returned error
(0 lines skipped)
```

제 14 장 수치 미분과 수치 적분

미분과 적분은 서로 연결된 개념이다. 원시함수를 미분하여 도함수를 구하고, 도함수를 적분하여 원시함수에 도달한다. 그러므로 수치해석에서도 이 양자는 서로 연결되어 있을 것 같다. 그러나 적분은 수치해석의 잘 발달된 하위 영역이지만 미분은 별다른 관심을 받지 못하는 영역이다. 그러므로 이 장에서도 관심의 초점은 대부분 수치 적분에 둘 것이다. 수치 미분은 간략하게 논의하기로 한다.

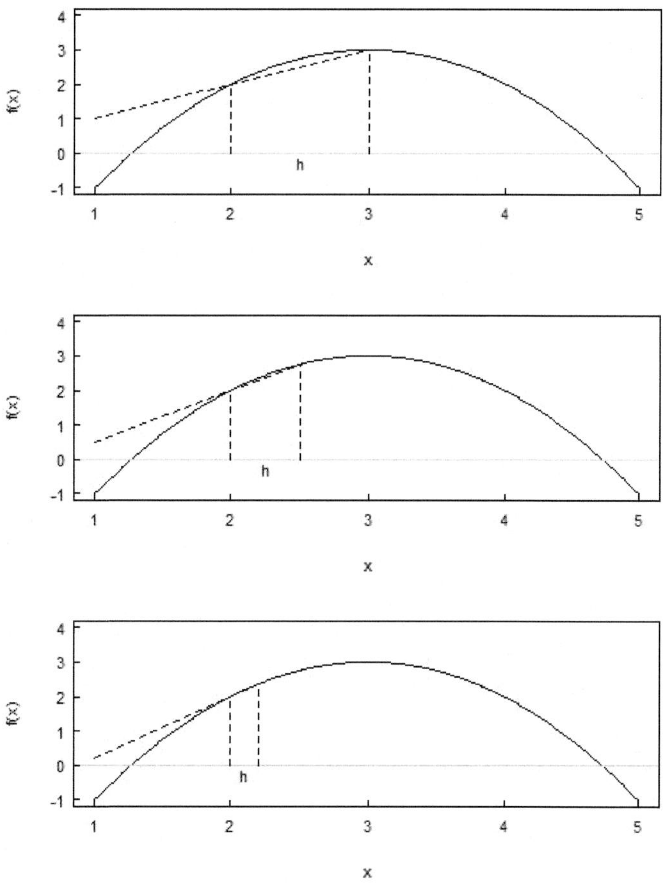

<그림 14-1> 접선의 기울기, $f(x)=-x^2+6x-6$

14.1 수치 미분

수치 미분은 다른 수치해석이 그러한 것처럼 분석적 정의에서 시작한다. 미분은 특정 함수의 한 점에서 그 함수와 만나는 직선(접선)의 기울기를 구하는 것이다. 이 기울기는 다음과 같은 방식으로 구한다.

$$f'(x) = \lim_{h \to 0} \frac{f(x+h) - f(x)}{h}$$

즉, 〈그림 14-1〉에서 보는 것처럼 먼저 유한 차분(finite differences)을 구한 다음, 차분의 구간이나 단계의 크기(step size)를 아주 작게 함으로써, 즉 h를 0에 근접하게 함으로써 구할 수 있다. 그러므로 수치 미분값을 구하는 프로그램은 유한 차분에서 시작한다.

```
clear all
version 15.1
set matastrict on

mata:
real scalar findiff(real scalar x, |   ///
                    real scalar h)
{
  //arguments
  if (args()==1) {
    h=x*sqrt(st_numscalar("c(epsdouble)"))
  }

  return((f(x+h)-f(x))/h)
}
end

mata:
```

```
real scalar f(real scalar x)
{
  return(-x^2+6*x-6)
}
end
```

유한 차분의 간격이 좁아지면서, 즉 h가 작아지면서 유한 차분이 어떤 값을 산출하는지를 살펴보자. 함수 $f(x)=-x^2+6x-6$의 x=2에서 접선의 기울기는 얼마인가?

```
: findiff(2, 1)
  1

: findiff(2, .01)
  1.99

: findiff(2, 1e-6)
  1.999999
```

우리가 알다시피, $f(x)=-x^2+6x-6$이라는 함수를 미분하면 $f'(x)=-2x+6$이다. 그러므로 x=2에서 미분값은 2다. 위에서 보듯, h가 작을수록 유한 차분은 이 정확값에 더 근접한다. 그런데 h 값이 작으면 작을수록 정확값에 계속 근접하는 것일까? 그렇지 않다.

```
: findiff(2, 1e-10)
  2.000000165

: findiff(2, 1e-12)
  2.000177801

: findiff(2, 1e-16)
  0
```

구간의 크기 h가 일정 수준보다 더 작아지면(여기서는 h=1e-12보다 작아지면), 정확값과 괴리를 보이기 시작한다. h가 그 수준보다 더 작아지면 전혀 얼토당토하지 않은 값을 산출한다. 이는 컴퓨터가 x와 x+h값 차이를 인지하지 못해서 생기는 결과다. 말하자면 부동소수점 절단 오차 때문에 발생하는 결과다. 그러면 h로 어떤 값이 가장 적절한가? 그 값을 h*라고 하면,

$$h^* = x\sqrt{\epsilon}$$

인 것으로 알려져 있다. 여기서 x는 도함수를 구하는 지점이고, ϵ는 컴퓨터가 허용하는 가장 작은 양의 부동소수점, 즉 배정밀도의 정확도 값(2.220446e-16)이다. 위의 findiff() 함수에서는 h의 기본값을 $\sqrt{\epsilon}$로 설정하였다.[18] ϵ는 Stata의 c(epsdouble)로 구하였는데, 이를 Mata로 옮기려고 st_numscalar() 함수를 사용하였다.

지금까지 전진 차분법을 살펴보았다. 아래의 후진 차분법의 원리는 기본적으로 전진 차분법과 같다.

$$f'(x) = \lim_{h \to 0} \frac{f(x) - f(x-h)}{h}$$

그러나 아래와 같은 중앙 차분법은 이들과 약간 다르다.

$$f'(x) = \lim_{h \to 0} \frac{f(x+h) - f(x-h)}{2h}$$

이런 중앙 차분법은 전진 차분법과 후진 차분법의 평균을 구한 것과 같아서 이들보다 더 정확한 결과를 산출할 수 있다. 중앙 차분법으로 수치 미분값을 구하는 프로그램은 다음과 같다.

```
clear all
version 15.1
set matastrict on

mata:
```

18) h의 기본값을 $x\sqrt{\epsilon}$로 설정하면, x=0일 때 h도 0이 된다. 이는 수치 미분값 산정을 불가능하게 한다. x가 0일 때 가장 적절한 h를 설정하는 방법은 아직 없다(Howard, 2017: 136).

```
real scalar symdiff(real scalar x, |  ///
                    real scalar h)
{
   //arguments
   if (args()==1) {
     h=x*(st_numscalar("c(epsdouble)"))^(1/3)
   }

   return((f(x+h)-f(x-h))/(2*h))
}
end

mata:
real scalar f(real scalar x)
{
   return(sin(x))
}
end
```

여기서 h의 기본값은 $x\sqrt{\epsilon}$ 대신에 $x\sqrt[3]{\epsilon}$ 을 사용하였다. 이는 전진 차분이나 후진 차분의 오차는 2차 도함수와 관련되어 있지만, 중앙 차분은 3차 도함수와 관련되어 있기 때문이다. 어쨌든 중앙차분법도 잘 통용된다.

```
: symdiff(pi()/4)
.7071067812

: symdiff(pi()/6)
.8660254038
```

지금까지 전진 차분이나 중앙 차분을 이용하여 1차 도함수 값을 구하였다. 이차 도함수는 어떻게 구할 것인가? 이차 도함수는 다음과 같은 방식으로 표시할 수 있는데,

$$f''(x) = \lim_{h\to 0}\frac{f'(x)-f'(x-h)}{h}$$

$$= \lim_{h\to 0}\frac{\frac{f(x+h)-f(x)}{h}-\frac{f(x)-f(x-h)}{h}}{h}$$

$$= \lim_{h\to 0}\frac{f(x+h)-2f(x)+f(x-h)}{h^2}$$

이 수식은 다음과 같은 프로그램으로 표현할 수 있다. 여기서 h의 기본값은 $x\sqrt{\epsilon}$ 대신에 $x\sqrt[4]{\epsilon}$ 로 설정되어 있음에 유의하라.

```
clear all
version 15.1
set matastrict on

mata:
real scalar findiff2(real scalar x, |  ///
                     real scalar h)
{
  //arguments
  if (args()==1) {
    h=x*(st_numscalar("c(epsdouble)"))^(1/4)
  }

  return((f(x+h)-2*f(x)+f(x-h))/h^2)
}
end

mata:
real scalar f(real scalar x)
{
```

```
    return(log(x)-sin(x))
  }
  end
```

이를 실행해 보자. x=2에서 $\log(x)-\sin(x)$의 일차 도함수와 이차 도함수 값을 구해 보자.

```
: findiff(2); 1.2-cos(2)
 0.9161469
 0.9161468

: findiff2(2); sin(2)-1/2^2
 0.6592974
 0.6592974
```

수치 미분값이 정확값과 소수점 여섯 자리까지 일치한다.

14.2 수치 적분

때때로 한 함수 f(x)의 정적분 값, 즉

$$\int_a^b f(x)dx$$

를 계산해야 할 때가 있다. f(x)의 역도함수(원시함수) 또는 부정적분인 F(x)를 구할 수 있다면, 즉

$$F'(x) = \frac{d}{dx}F(x) = f(x)$$

인 F(x)를 구할 수 있다면,

$$\int_a^b f(x)dx = F(b) - F(a)$$

이다. 예컨대

$$f(x) = -x^2 + 4$$

의 역도함수는

$$F(x) = -\frac{1}{3}x^3 + 4x + C$$

이다. 그러므로 구간 [-2, 2] 사이의 면적은

$$\int_{-2}^2 f(x)dx = F(2) - F(-2) = 10.66667$$

이다. 그러나 모든 함수에서 역도함수를 구할 수 있는 것은 아니다. 역도함수를 구할 수 없는 경우에 우리는 수치 적분으로 정적분 값에 근사한다. 예컨대 통계학에서 우리는 흔히 표준정상분포 누적밀도함수의 정적분 값($\Phi(z)$)을 자주 활용한다.

$$\Phi(z) = \int_{-\infty}^z \frac{1}{\sqrt{2\pi}} e^{-x^2/2} dx$$

우리는 $\Phi(0)=1/2$이고, $\Phi(\infty)=1$이라는 것을 안다. 그리고 z가 -1.96이나 1.96일 때의 정적분 값도 안다. $\Phi(-1.96)=0.025$이고, $\Phi(1.96)=0.975$다. 그러나 이렇게 잘 알려진 z가 아닌 나머지 z값에 상응하는 정적분 값을 알려면 수치 적분을 이용해야 한다.

이 장에서는 수치 적분 기법 네 가지를 알아본다. 중간점 방법과 사다리꼴 규칙, 심슨 방법과 적응구적법 등이 바로 그것들이다. 이 기법들은 모두 f(x)가 적분가능하고 구간 [a, b]에서 정적분 값에 근사할 수 있다고 가정한다. 이 기법들은 모두 구간 [a, b]를 n개의 하위 간격으로 나눈다.

이때 이 하위 간격의 길이 또는 크기는 모두 같으므로 (b-a)/n 이라고 표시할 수 있다. 이 하위 간격의 끝점을 각각 다음과 같이 이름 붙인다.

$a=x_0,\ x_1,\ x_2,\ \dots\dots\dots\dots,\ x_{n-1},\ x_n=b$

우리는 이 조그만 하위 간격을 밑변으로 하고 적분하려는 함수 값을 높이로 하는 사각형의 면적을 각자 구한 다음, 이를 모두 합하여 정적분에 근사한 값을 얻을 것이다.

(1) 중간점 방법

중간점 방법(midpoint method)은 흔히 사각형 방법(rectangle method)이라고 부르기도 하는데, 이는 아래의 사다리꼴 규칙과 함께 이른바 뉴튼-코츠(Newton-Cotes) 방식의 가장 기본적 예로 알려져 있다. 중간점 방법은 n개의 하위 간격의 중간점을 적분 함수의 높이를 결정하는 평가 지점으로 삼고 사각형의 면적을 구하는 방법이다. 예를 들어,

$$f(x)=x^2$$

이라는 함수에서 [0, 1] 구간의 면적을 구한다고 해 보자. 이 함수의 역도함수는

$$F(x)=(1/3)x^3+C$$

이므로 $F(1)-F(0)=1/3$이다. 다시 말해 구간 [0, 1]의 면적은 1/3이다.

〈그림 14-2〉에서 보는 것처럼 [0, 1] 구간을 둘로 나누어 두 개의 사각형 면적을 구하고, 이를 적분값으로 어림짐작한다고 가정해 보자.

구간 하나의 간격은 0.5이고 각 구간의 중간값은 각각 .25, .75다. 이 중간값의 높이는 각각 f(.25)=.0625, f(.75)=.5625 이다. 그러므로 두 사각형의 면적 합(S_2)은

$$S_2 = (.0625+.5625)\frac{1-0}{2} = .3125$$

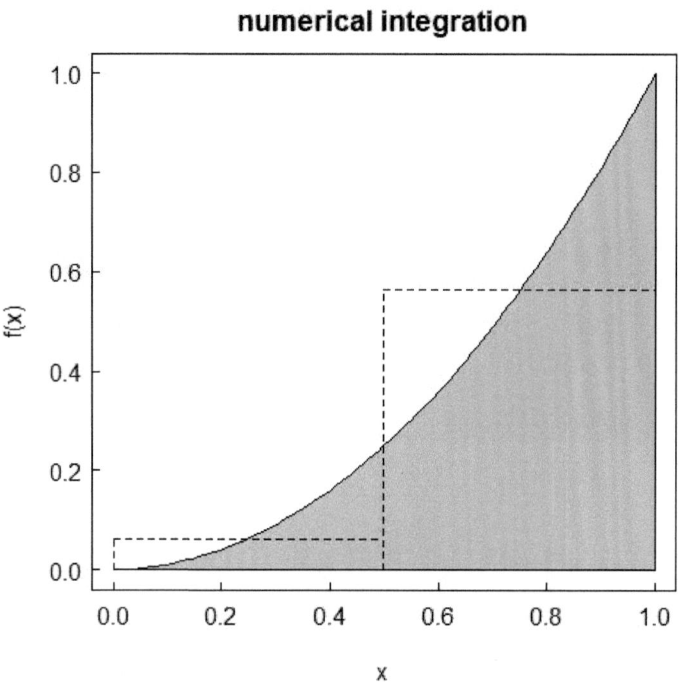

<그림 14-2> 구간이 둘일 때의 사각형 면적 합

이다. 이 값은 제법 1/3에 근사한다. 그러나 구간 간격을 더 늘리면 수치적분 값은 정확값에 더 근사하게 접근할 수 있다. 〈그림 14-3〉처럼 구간을 다섯으로 늘린다면 개별 구간의 중간값은 각각 .1, .3, .5, .7, .9가 된다. 이제 높이는 각각 f(.1), f(.3), f(.5), f(.7), f(.9)이고, 밑변의 길이는 각각 1/5이므로 다섯 사각형 면적의 총합(S_5)은

$$S_5 = \{f(.1)+f(.3).+f(.5)+f(.7)+f(.9)\}\frac{1-0}{5} = (.01+.09+.25+.49+.81)\frac{1}{5} = .33$$

이 된다. 이는 참값(=1/3)과 상당히 근접한다.

어쨌든 이런 과정을 n개의 하위구간으로 일반화하고, 이 일반화에 근거하여 프로그램을 작성할 수 있다.

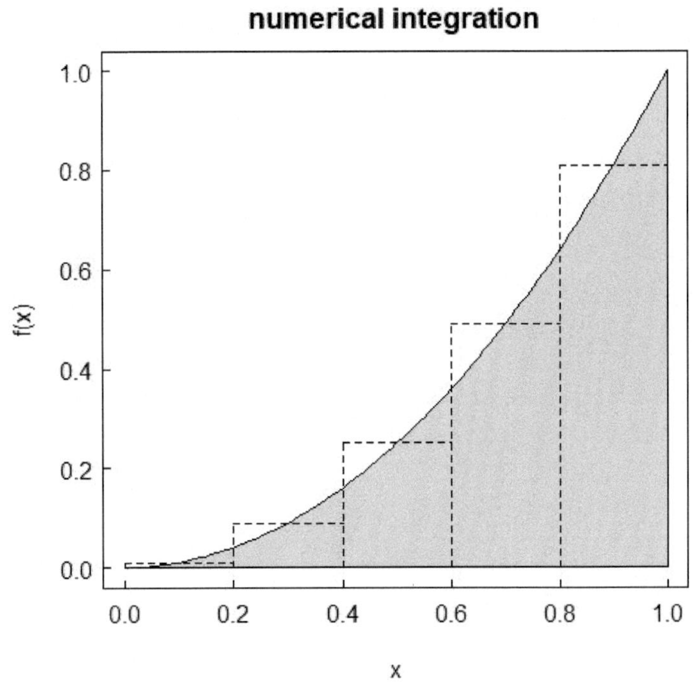

<그림 14-3> 구간이 다섯일 때의 사각형 면접 합

```
clear all
version 15.1
set matastrict on

mata:
real scalar midpt(real scalar a,    ///
                  real scalar b, | ///
                  real scalar n)
{
  real scalar h, S
  real colvector x, y

  //arguments
  if(args()==2) {
    n=100
```

```
    }

    //a and b are respectively the lower and upper bound
    h=(b-a)/n
    x=rangen(a, b-h, n):+(h/2)
    y=ftn(x)
    S=sum(y)*abs(b-a)/n
    return(S)
}
end
```

이 프로그램에서 언급할 만한 것은 range() 함수와 rangen() 함수다. range(a, b, n) 함수는 a와 b의 구간을 n의 간격으로 나누는 함수고, rangen(a, b, n)은 a와 b의 구간을 n개의 구간으로 나누는 함수다.

```
: mata
: range(0, 1, .2)
         1

  1      0
  2     .2
  3     .4
  4     .6
  5     .8
  6      1


: rangen(0, 1, 6)
         1

  1      0
  2     .2
  3     .4
  4     .6
  5     .8
  6      1
```

다시 중간점 방법으로 돌아가 보자. 중간점 방법으로 수치 적분하는 이 프로그램에서 각 구간의 중간값인 x값을 산출하는 방식에 주목하라. n개의 하위 구간 시작점에 구간 간격(h)의 절반을 더하면 해당 구간의 중간값이 된다. 이 각 중간값에 상응하는 함수값을 모두 합한 다음, 이 합에 구간 간격을 곱하면 수치 적분 값을 얻을 수 있다. 어쨌든 앞에서 하위 구간의 수를 늘려 구간 간격(h)을 좁히면, 수치 적분 값이 참값에 근접한다고 말하였다. 과연 그런 것인지 확인해 보자.

```
mata:
real colvector ftn(real colvector x)
{
  return(x:^2)
}
end

: midpt(0, 1, 5)
 .33

: midpt(0, 1, 10)
 .3325

: midpt(0, 1, 100)
 .333325

: midpt(0, 1, 1000)
 .33333325
```

이로써 알 수 있듯, 구간 간격 수를 늘리면, 그리하여 구간의 간격을 좁히면 중간점 방법으로 적분한 값은 수리적 적분에 점점 더 근사해간다.

(2) 사다리꼴 규칙

사다리꼴 근사는 중간점 방법을 보강한 것이다. 중간점 방법은 적분 구간을 여러 개의 하위 구간으로 나눈 뒤, 각 하위 구간을 밑변으로 하고 하위 구간의 중간값에 대응하는 함수 값을 높이로 하는 직사각형 면적을 구한다. 이 직사각형 면적을 합한 것이 수치 적분 값이다. 사다리꼴 방법

(the echelon method)은 중간점 방법보다 조금 더 정밀하다. 하위 구간을 한 변으로 삼고, 하위 구간의 양끝 값에 대응하는 함수값을 사다리꼴의 양변으로 삼는다. 그리고 양끝의 함수 값을 직선으로 이어, f(x)를 직선으로 근사한다. 이런 방식을 따르면 <그림 14-4>에서 보듯 개별 하위 구간마다 직사각형이 생기는 것이 아니라 사다리꼴이 생긴다. 하위 구간 [x_i, x_{i+1}]에서 함수 f(x) 아래에 있는 사다리꼴 면적을 모두 합하여 적분값을 구하는 것이 사다리꼴 방법이다.

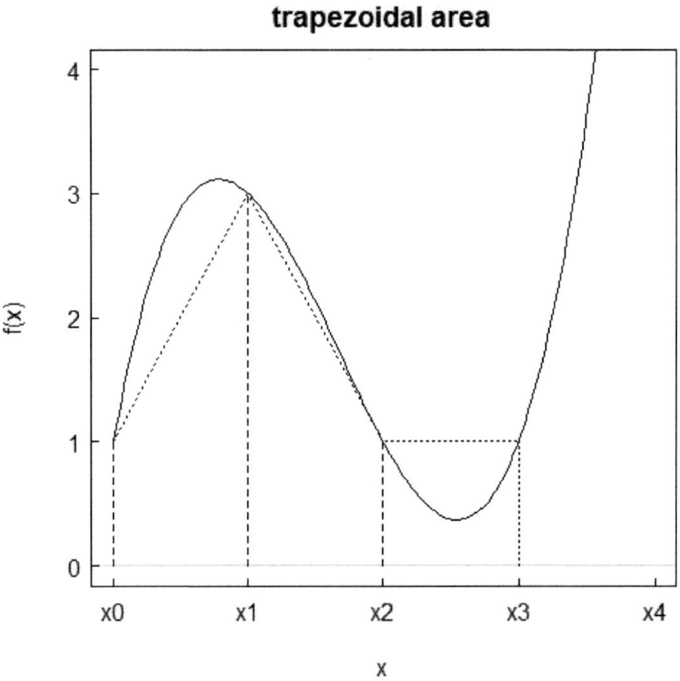

<그림 14-4> 사다리꼴 면적

함수 f(x)에 근사하는 직선과 구간으로 이루어진 사다리꼴 면적은 다음과 같이 계산할 수 있다. [x_0, x_1]의 구간을 h로 나타내면, h=(b-a)/n이고, 이 구간의 사다리꼴 면적은 $(h/2)(f(x_0)+f(x_1))$이다. 두 번째 구간 [x_1, x_2]의 면적은 $(h/2)(f(x_1)+f(x_2))$이고, 세 번째 구간 [x_2, x_3]의 면적은 $(h/2)(f(x_2)+f(x_3))$이다. 이 세 사다리꼴 넓이를 모두 합하면 다음과 같다.

$$T=\frac{h}{2}(f(x_0)+2f(x_1)+2f(x_2)+f(x_3))$$

이를 3개 구간이 아니라 n개 구간으로 일반화하면 다음과 같다.

$$T=\frac{h}{2}(f(x_0)+2f(x_1)+2f(x_2)+\ldots+2f(x_{n-1})+f(x_n)) \quad (14.1)$$

식 (14.1)로 사다리꼴 면적을 구할 때 i=1, 2, ..., n-1인 경우 $f(x_i)$는 두 번씩 사용되고, $f(x_0)$과 $f(x_n)$은 한 번 사용된다. 이에 유의하여 사다리꼴 적분 함수를 작성하면 다음과 같다.

```
clear all
version 15.1
set matastrict on

mata:
real scalar trapezoid(real scalar a,    ///
                      real scalar b, | ///
                      real scalar n)
{
  real scalar h, T
  real colvector xvec, yvec

  //arguments
  if(args()==2) {
    n=1e6
  }

  //a and b are respectively the lower and upper bound
  h=(b-a)/n
  xvec=rangen(a, b, n+1)
  yvec=ftn(xvec)
  T=h*(yvec[1]/2+sum(yvec[2::n])+yvec[n+1]/2)
  return(T)
}
```

```
end
```

위 함수에서 전달 인자 a, b, n은 순서대로 구간의 하한, 구간의 상한, 구간의 개수다. 같은 내용의 프로그램도 다른 방식으로 표현할 수 있다. 예를 들어 보자.

```
clear all
version 15.1
set matastrict on

mata:
real scalar trapezoid2(real scalar a,    ///
                       real scalar b, | ///
                       real scalar n)
{
  real scalar h, area
  real colvector xvec, yvec

  //arguments
  if(args()==2) {
    n=1e6
  }

  //a and b are respectively the lower and upper bound
  h=(b-a)/n
  xvec=rangen(a, b, n+1)
  yvec=ftn(xvec)
  area=sum(yvec[2::(n+1)]+yvec[1::n])
  area=area*abs(b-a)/(2*n)
  return(area)
}
end
```

trapezoid2() 함수에서 높이(height)를 구하는 방식에 주목하라. 적분 구간이 [0, 1]이고, 이 구간을 10으로 나누었다고 가정하자. 그러면 구간을 나타내는 눈금을 모두 11개다. 사다리꼴의 양변 노릇을 하는 높이가 모두 11개라는 말이다. 그러므로

```
xvec=rangen(0, 1, 11)
```

로 11개의 값을 설정하고, 그에 상응하는 y 값을 구해야 한다. 이 프로그램에서

```
yvec[2::11]+yvec[1::10]
```

은 양끝의 높이는 한번 더하고, 가운데 높이는 두 번씩 더한 값이 된다. 이를 모두 합하고, 이것에 구간의 넓이를 곱한 값이 수치 적분값이다. 적분 구간을 n개로 나누면 x, y, 사다리꼴 넓이 등은 trapezoid() 함수에서 표기한 것처럼 나타낼 수 있다.

어쨌든 trapezoid() 함수나 trapezoid2() 함수를 메모리에 실은 다음,

$$y = x^3 - 5x^2 + 6x + 1$$

함수에서 구간 [0, 3]의 면적을 구해 보자. 이 면적의 수치 적분 값을 구하기 전에 비교의 편의상 수리 해를 미리 살펴볼 필요가 있다. 원시함수는

$$F(x)=(1/4)x^4 - (5/3)x^3 + 3x^2 + x + C$$

이므로 구간 [0, 3]의 면적은 F(3)-F(0)=5.25다. 우리가 만든 함수도 같은 결과를 산출할 것인가? 알아보자.

```
mata:
real colvector ftn(real colvector x)
{
  return(x:^3-5*x:^2+6*x:+1)
}
end
```

```
: trapezoid(0, 3, 10)
 5.2275

: trapezoid(0, 3, 1000)
 5.24999775

: trapezoid(0, 3, 10000)
 5.25
```

구간을 10개로만 나누어도 trapezoid()의 계산 결과는 약 5.228로 수리 해인 5.25에 근접한다. 구간 간격 수를 늘리면, 즉 구간의 간격을 좁히면 수치 적분값은 더 정밀해진다. 구간 간격 수를 1000으로 하면 적분값은 5.24999775가 되고, 구간 간격 수를 10000으로 하면 적분값은 5.25가 된다.

(3) 심슨 방법

중간점 방법과 사다리꼴 방법은 적분 함수, $f(x)$를 직선으로 근사한다. 직선 근사도 대체로 합리적 근사값을 제시하므로 충분한 방법이라고 말할 수 있다. 그러나 적분 함수의 곡선을 고차의 다항식으로 근사하면 직선 근사보다 더 정교한 근사값을 산출할 수 있다. 심슨 방법(Simpson's method)은 적분 함수를 고차의 다항식 곡선으로 보간(intrapolating)하는 방법이다. 여기서는 2차식으로 보간하는 방법을 살피기로 한다.

함수 $f(x) = -x^3 + 9$가 있는데, 이 함수의 구간 [0, 2]의 적분값을 구하려고 한다고 가정해 보자. 원시함수는 $F(x) = -(1/4)x^4 + 9x + C$ 이므로 정확값은 $F(2) - F(0) = 14$다. 중간점 방법이나 사다리꼴 방법으로 수치 적분값을 구하면 얼마일까?

```
mata:
real colvector ftn(real colvector x)
{
   return(-x:^3:+9)
}
end
```

```
: midpt(0, 2, 100)
 14.0002

: trapezoid(0, 2, 100)
 13.9996
```

두 방법으로 근사한 적분 값이 정확값에 충분히 근접하지만 완벽하진 않다는 사실을 알 수 있다. 아마도 원래의 곡선 함수를 직선으로 근사했기 때문일 것이다. 원래의 함수 $f(x)$를 직선이 아니라 이차 다항식으로 근사하면 오차가 줄지 않을까? 아마도 그럴 것이다. 〈그림 14-5〉는 사다리꼴 방법으로 근사한 면적과 이차 다항식으로 근사한 면적을 비교한 것이다. 가는 점선은 직선 근사를 나타내고, 굵은 점선은 곡선 근사를 나타낸다. 맨눈으로 보아도, 직선으로 근사하는 것보다 이차 다항식으로 근사하는 것이 훨씬 작은 오차를 낳는다는 것을 알 수 있다.

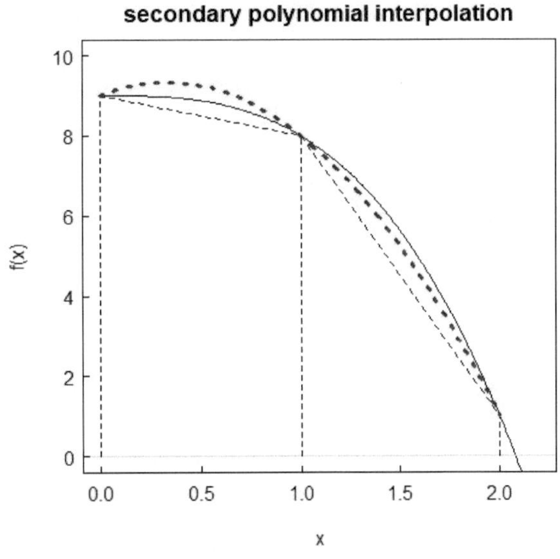

<그림 14-5> 이차 다항식 보간

문제는 이차 다항식을 찾는 방법이다. 다행스럽게도 이를 찾는 일은 그렇게 어렵지 않다. 〈그림 14-5〉에서 보는 것처럼 [0, 2] 구간을 두 개의 하위 구간, 즉 [0, 1], [1, 2]로 나눈다면 각 구간의 경계선에 있는 값들의 좌표는 $(0, f(0))$, $(1, f(1))$, $(2, f(2))$가 된다. 우리가 찾는 포물선이 이 세 점을 지난다면 원래의 함수 f(x)와 가장 근접할 것이라고 짐작할 수 있다. 이 세 점을 지나는 포물선을 어렵지 않게 구할 수 있다. $f(x) = ax^2 + bx + c$에 각 좌표의 수치를 입력하면,

계수 a, b, c를 쉽게 구할 수 있다. 이외에도 앞에서 본 라그랑주(Lagrange)의 보간법을 이용해도 된다. 〈그림 14-5〉에서 각 구간의 경계선을 x_0, x_1, x_2라고 하면 포물선 $p(x)$는 다음과 같이 구할 수 있다.19)

$$p(x) = f(x_0)\frac{(x-x_1)(x-x_2)}{(x_0-x_1)(x_0-x_2)} + f(x_1)\frac{(x-x_0)(x-x_2)}{(x_1-x_2)(x_1-x_0)} +$$

$$f(x_2)\frac{(x-x_0)(x-x_1)}{(x_2-x_0)(x_2-x_1)}$$

우리가 들었던 예에서 세 점의 좌표는 (0, 9), (1, 8), (2, 1)인데, 이를 위 식에 대입하면 원래의 함수 $f(x)$에 근사하는 포물선을 구할 수 있다.

$$p(x) = -3x^2 + 2x + 9$$

이 $p(x)$ 함수는 〈그림 14-5〉에 굵은 점선으로 표시하였다. 원래 함수 $f(x)$를 대신하는 보간 함수 $p(x)$를 적분해서 그 면적을 구해 보자.

$$P(x) = \int p(x)dx = -x^4 + x^2 + 9x$$

이므로 $P(2) - P(0) = 14$이다. 이는 $f(x)$의 적분값과 정확하게 일치한다. 이렇게 두 수치가 일치한다는 것은 적어도 구간 [0, 2]에서는 $p(x)$가 $f(x)$를 제대로 근사한다는 이야기다.

이처럼 포물선 근사는 직선 근사보다 더 효율적이다. 그런데 포물선 근사를 하려면 세 점이 필요하다. 원래 함수 $f(x)$의 구간 [a, b]에 존재하는 임의의 점 m에서 하나의 하위구간만큼 낮은 m-h가 있고, 하나의 하위 구간만큼 높은 m+h가 있다고 가정해 보자. 이제 세 점 (m-h, f(m-h)), (m, f(m)), (m+h, f(m+h))을 지나는 포물선을 $g(x) = ax^2 + bx + c$라고 하자. 이 함수 $g(x)$의 원시 함수 $G(x)$는 다음과 같이 쓸 수 있다.

$$G(x) = \int g(x)dx = \frac{a}{3}x^3 + \frac{b}{2}x^2 + cx + C$$

19) 라그랑주의 보간법은 이 책의 11장과 Chapra(2012), 권순학(2016) 등을 참고하라.

우리가 알고자 하는 것은 원래 함수 $f(x)$를 대신하는 포물선 $g(x) = ax^2 + bx + c$의 적분값이다.

$$\int_{m-h}^{m+h} g(x)dx = G(m+h) - G(m-h)$$

$$= \frac{a}{3}[(m+h)^3 - (m-h)^3] + \frac{b}{2}[(m+h)^2 - (m-h)^2] + c[(m+h) - (m-h)]$$

$$= \frac{h}{3}(6am^2 + 2ah^2 + 6bm + 6c)$$

$$= \frac{h}{3}[g(m-h) + 4g(m) + g(m+h)]$$

$$= \frac{h}{3}[f(m-h) + 4f(m) + f(m+h)] \qquad (14.2)$$

위 식에서 우리는 설명의 편의상 두 개의 하위구간을 대상으로 m-h, m, m+h라는 x 좌표를 설정하였다. 그러나 포물선을 구하기 위해 굳이 두 개의 하위구간을 설정할 이유는 없다. 한 하위구간에서 중간값을 m이라 하면, 그 구간의 하한은 m-h/2가 되고, 상한은 m+h/2가 된다. 그리하여 (m-h/2, f(m-h/2)), (m, f(m)), (m+h/2, f(m+h/2))이라는 세 점을 지나는 $g(x)$를 구할 수 있다. 이를 반영하면, 수식 (14.2)는 다음과 같이 표현할 수 있다.

$$\frac{h}{6}[f(m_i - \frac{h}{2}) + 4f(m_i) + f(m_i + \frac{h}{2})]$$

$$= \frac{h}{6}[f(x_i) + 4f(\frac{x_i + x_{i+1}}{2}) + f(x_{i+1})] \qquad (14.3)$$

심슨 법이 사용하는 수식은 (14.2)와 (14.3)이다. 이제 이 수식을 이용하여 프로그램을 작성해보자.

```
clear all
version 15.1
set matastrict on
mata:
```

```
real scalar simpson(real scalar a,    ///
                    real scalar b, | ///
                    real scalar n)
{
  real scalar S
  real colvector xends, yends, xmids, ymids

  //arguments
  if(args()==2) {
    n=1e6
  }

  //a and b are respectively the lower and upper bound
  xends=rangen(a, b, n+1)
  yends=ftn(xends)
  xmids=(xends[2::(n+1)]-xends[1::n])/2+xends[1::n]
  ymids=ftn(xmids)

  S=sum(yends[1::n]+4*ymids[1::n]+yends[2::(n+1)])
  S=S*(abs(b-a)/(6*n))
  return(S)
}
end
```

simpson() 함수에서 xends라는 벡터는 [a, b] 구간이 n개의 하위구간을 포함하도록 구획하여 (n+1)개의 끝점을 갖는다. 예컨대 [0, 1] 구간을 10개의 하위구간으로 나누어 끝점이 모두 11개가 되도록 한다. yends는 xends에서 실현되는 y값이다. xmids는 개별 하위구간의 중간점이다. 이 중간점을 만들려고 약간의 조작을 하였다. 하위간격의 길이, 즉 xends[2::(n+1)]-xends[1::n]를 2로 나누어, 이를 하위구간의 하한에 더하였다. ymids는 xmids에 대응하는 함수값이다. 이제 (14.3)에 근거하여 각 하위구간의 양끝단에 대응하는 함수값, yends를 모두 더한다. 여기에 각 하위구간의 중간값에 대응하는 함수값, ymids에 4를 곱하여 모두 더한다. 이 S값에 h/6를 곱하여 수치 적분값을 구한다. 과연 프로그램을 제대로 만들었는가?

```
mata:
real colvector ftn(real colvector x)
{
  return(-x:^3:+9)
}
end

: simpson(0, 2, 100)
  14
```

중간점 방법이나 사다리꼴 방법으로 구한 값보다 심슨 방법으로 구한 값이 더 정밀하다. 어쨌든 지금까지 심슨 방법을 살펴보았다. 이 방법은 적분 구간을 이차 다항식으로 근사하여 중간점 방법이나 사다리꼴 방법보다 더 정교한 값을 구하였다. 그런데 적분 구간을 이차 다항식이 아니라 삼차 다항식으로도 근사할 수 있다. 원래의 함수 $f(x)$를 삼차 다항식으로 근사한 심슨 방법을 3/8 심슨 방법이라고 부른다. 3/8 심슨 방법으로 적분하는 방식은 수식 (14.4)와 같다(Chapra, 2012: 510).

$$A = \frac{3h}{8}[f(x_0)+3f(x_1)+3f(x_2)+f(x_3)] \qquad (14.4)$$

여기서 h=(b-a)/n이고, 하나의 하위구간은 다시 셋으로 나눈다. 즉 (14.4)에 h 대신 h/3을 대입한다. 그러면 수식 (14.4)는 다음과 같이 쓸 수 있다.

$$A = \frac{(b-a)}{8n}[f(x_0)+3f(x_1)+3f(x_2)+f(x_3)] \qquad (14.5)$$

수식 (14.5)를 따라 프로그램을 작성하면 다음과 같다.

```
clear all
version 15.1
```

```
set matastrict on

mata:
real scalar simpson38(real scalar a,    ///
                      real scalar b, | ///
                      real scalar n)
{
  real scalar h, area
  real colvector xvec, yvec

  //arguments
  if(args()==2) {
    n=1e6
  }

  //a and b are respectively the lower and upper bound
  h=(b-a)/n
  xvec=rangen(a, b, n+1)
  yvec=ftn(xvec)
  area=sum(yvec[2::(n+1)]+yvec[1::n])
  area=area*abs(b-a)/(2*n)
  return(area)
}
end
```

이제 이 함수를 실행해 보자.

```
mata:
real colvector ftn(real colvector x)
{
  return(-x:^3:+9)
```

```
}
end

: simpson38(0, 2, 10)
  14
```

지금까지 중간점 방법, 사다리꼴 방법, 심슨법 등을 살펴보았다. 그런데 이들 방법에서 공통적인 것은 하위구간의 수, 즉 n이 클수록 오차가 줄어든다는 사실이다. 직관으로 그렇다고 믿을 수 있지만, 이를 직접 확인해 보자. 심슨 방법에서 n의 크기를 점차 키울 때 오차가 얼마나 줄어드는지를 알아보자.

```
mata:
nvec=range(10, 100, 10)
Svec=J(rows(nvec),1,.)
for (i=1;i<=rows(nvec);i++) {
  Svec[i]=simpson(0.01, 1, nvec[i])
}

st_matrix("nvec", nvec)
st_matrix("Svec", Svec)
end

svmat nvec, name(n)
svmat Svec, name(S)

line S n
exit
```

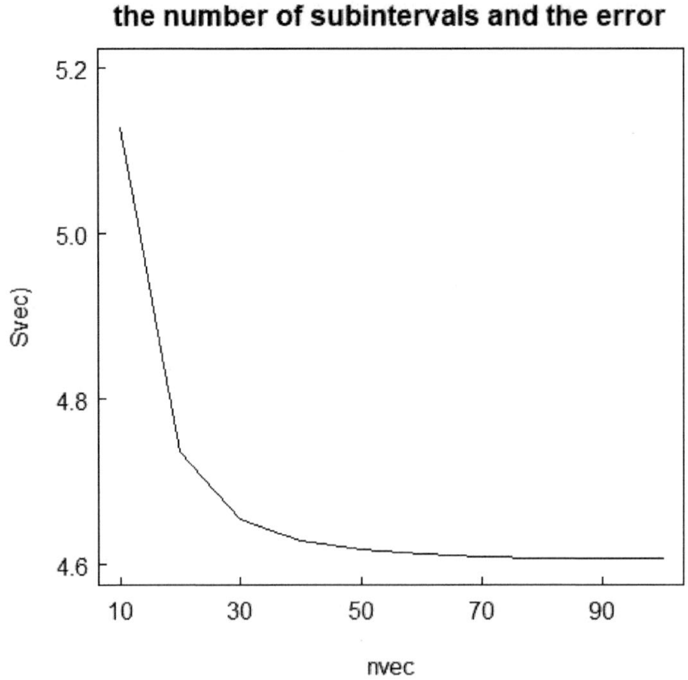

<그림 14-6> 하위 구간의 개수와 오차

〈그림 14-6〉에서 보는 것처럼, 하위 구간의 개수(n)가 늘어나면 오차는 빠르게 줄어든다. 적분 대상 함수마다 다르겠지만 $f(x) = 1/x$ 라는 함수를 적분할 때에는 n이 40이 될 때까지 오차가 빠르게 줄다가 이후에는 아주 천천히 감소한다. 어쨌든 하위 구간의 개수가 늘어나면서 오차가 줄어든다면, 함수를 만들 때 하위 구간의 개수를 미리 정할 것이 아니라 허용 오차에 이를 때까지 n을 늘리고, 그 n에 상응하는 적분값을 구할 수도 있다. 아래의 프로그램을 보라.

```
clear all
version 15.1
set matastrict on

mata:
real scalar  simpsonIter(real scalar    a,    ///
                         real scalar    b, |  ///
                         real scalar    tol)
{
```

```
real scalar     n, h, S, Sdiff, Sold, xmids, ymids
real colvector xends, yends

//arguments
if (args()==2) {
  tol=1e-6
}

//initialize
n=2
h=(b-a)/n
xends=range(a, b, h)
yends=ftn(xends)
S=sum(yends[1]+4*yends[2]+yends[3])
S=S*(abs(b-a)/(6*n))
Sdiff=tol+.01

//iterations
while (Sdiff>tol) {
  printf("n=%f, S=%f \n", n, S)
  Sold=S
  n=2*n
  xends=rangen(a, b, n+1)
  yends=ftn(xends)
  xmids=(xends[2::(n+1)]-xends[1::n])/2+xends[1::n]
  ymids=ftn(xmids)

  S=sum(yends[2::(n+1)]+4*ymids[1::n]+yends[1::n])
  S=S*(abs(b-a)/(6*n))
  Sdiff=abs(S-Sold)
}
```

```
    printf("partition size is %f\n", n)
    printf("The result is ")
    return(S)
  }
  end
```

이 함수는 심슨 방법을 사용한다. 이 함수가 앞의 simpson() 함수와 다른 점은 하위 구간의 개수를 미리 지정하지 않는다는 점이다. 이 함수는 이전 단계의 적분값 합(Sold)과 현 단계의 적분값 합(S)의 차가 1e-6보다 크면 계속 반복하고, 이보다 작으면 반복을 중단한다. 그리고 그 때의 n값과 적분값(S)을 제시한다. 물론 허용 오차는 1e-8등으로 바꿀 수 있다. 이 함수를 실행해 보자.

```
mata:
real colvector ftn(real colvector x)
{
  return(1:/x)
}
end

: simpsonIter(.01, 1)
n=2, S=8.98596535
n=4, S=6.87679886
n=8, S=5.37739339
n=16, S=4.81602697
n=32, S=4.64763109
n=64, S=4.61107771
n=128, S=4.60574309
n=256, S=4.60521318
n=512, S=4.60517304
n=1024, S=4.60517037
n=2048, S=4.6051702
n=4096, S=4.60517019
partition size is 8192
The result is   4.605170186
```

$f(x) = 1/x$ 함수를 [0.01, 1] 구간에서 적분한 값은 4.6052다. 이 값은 1e-6까지의 오차를 허용하는데, 이 오차에 이르기까지 분할 구간의 개수는 8192개다.

(4) 적합 구적법

이 절에서는 적합구적법(adaptive quadrature)을 살펴보자. 이 방법의 특징은 하위 구간 h의 길이를 일정하게 정하지 않는다는 것이다. 앞에서 본 여러 방법은 하위 구간의 길이를 일정하게 하였다. 즉 h=(b-a)/n으로 하였다. 그러나 적합구적법에서는 함수에 적절하게 대응하여 함수의 특정 구간에서는 h를 더 좁히는 방법을 쓴다. 다시 말해 적분 함수 f(x)의 기울기가 완만한 구간에서는 n의 개수를 줄여 적절한 h를 설정하지만, 적분 함수가 매우 급한 경사를 이루는 구간에서는 n을 늘려 h를 좁히는 방법을 쓴다.

하위구간의 간격 h를 줄이는 것이 왜 필요한지를 알아보자. $f(x)=(k+1)x^k$인 함수가 있다고 하자. 구간 [0, 1]에서 이 함수의 적분값은 k와 관계없이 모두 1이다. 즉,

$$\int_0^1 (k+1)x^k dx = 1$$

이다. 그러나 이 함수에서 k가 크면 클수록 1 근처에 이르러 기울기는 더욱 더 가파르다. 예컨대 $f(x)=3x^2$보다 $f(x)=6x^5$이 1 근처에서 기울어지는 정도가 훨씬 더 크다. 이렇게 기울기가 큰 함수의 적분값을 구하려면 더 많은 하위구간이 필요하다.

```
mata:
real colvector ftn(real colvector x)
{
   return(3*x:^2)
}
end

: simpsonIter(0, 1)
n=2, S=.5
n=4, S=1
partition size is 8
The result is   1


mata:
```

```
real colvector ftn(real colvector x)
{
  return(7*x:^6)
}
end

: simpsonIter(0, 1)
n=2, S=.619791667
n=4, S=1.00112661
n=8, S=1.00007101
n=16, S=1.00000445
n=32, S=1.00000028
n=64, S=1.00000002
n=128, S=1
partition size is 256
The result is   1


mata:
real colvector ftn(real colvector x)
{
  return(13*x:^12)
}
end

: simpsonIter(0, 1)
n=2, S=1.08439128
n=4, S=1.02036558
n=8, S=1.0014068
n=16, S=1.00009016
n=32, S=1.00000567
n=64, S=1.00000035
n=128, S=1.00000002
n=256, S=1
partition size is 512
The result is   1
```

위의 예에서 보듯 k가 커질수록, 즉 적분 함수의 기울기가 가파를수록, 주어진 오차 한계를 충족하려고 h는 점점 더 작아진다. 다시 말해, 하위구간의 수(n)은 점점 더 커진다. k가 2일 때 n은 8이지만, k가 6과 12일 때 n은 각각 256과 512로 커진다. 그러나 이런 방식, 즉 전 구간에서 n을 늘리는 것보다, 일부 구간에서만 n을 늘리는 것이 더 낫다. $(k+1)x^k$ 함수는 [0, 0.5] 구간보다 [0.5, 1] 구간에서 훨씬 더 가파르다. 그러므로 [0, 1] 구간을 둘로 나누어, [0.5, 1] 구간에서만 h를 작게 하여 n을 늘리면 더 편리하다.

: S1=simpson(0, .5, 1e-6/2)

```
n=2, S=.000132372
n=4, S=.000124556
n=8, S=.000122242
partition size is 16
The result is
```

: S2=simpson(.5, 1, 1e-9/2)

```
n=2, S=.610431006
n=4, S=1.00128224
n=8, S=.999967917
n=16, S=.999883589
n=32, S=.999878284
partition size is 64
The result is
```

: S1+S2

```
1.000000033
```

위 예에서 적분을 두 구간으로 나눌 때 허용한계를 2로 나누었음에 주목하라. 이래야 각 구간에서 구한 적분 값을 합할 때 오차 허용값이 1e-6이 된다.

어쨌든 적합 구적법은 이렇게 적분 구간을 나누어, 각 구간마다 하위 구간의 수를 조정하는 문제와 관련한다. 〈그림 14-7〉은 $f(x)=5x^4$이라는 함수를 나타낸 그래프다. 이 이 그래프에서 구간의 상한인 b는 1이고, 하한인 a는 0이다. 중간점인 c는 .5다. 어쨌든 이 함수를 적분할 때 구간을 둘로 나눈다. [a, c]와 [c, a]가 바로 그것들이다. 각각의 하위 구간을 둘로 나누어, 이 하위 구간에서 심슨법을 적용한다. 이후에도 개별 하위 구간을 둘로 나누어 심슨법을 적용하고, 이 방법으로 얻은 면적의 합을 모두 합한다. 이렇게 지속적으로 반복하는 과정을 거치므로 아래와 같이 되풀이 함수(recursion function)를 사용한다.

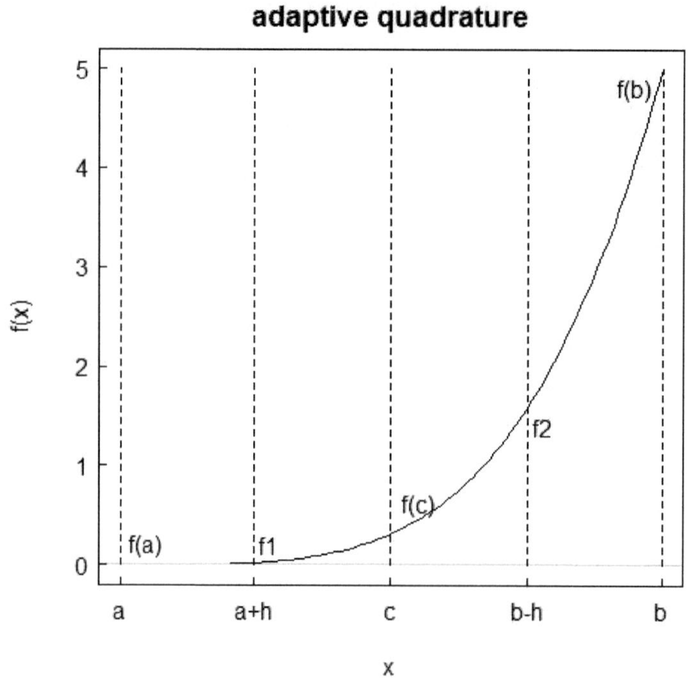

<그림 14-7> $f(x) = 5x^4$, 적합 구적법

```
clear all
version 15.1
set matastrict on

mata:
real colvector quadrature(real scalar a,     ///
                          real scalar b, | ///
                          real scalar tol)
{
  real scalar     c, fa, fb, fc, h, Istart
  real colvector qout

  //arguments
  if (args()==2) {
    tol=1e-8
```

```
    }

    //integral
    c=(a+b)/2
    fa=ftn(a)
    fb=ftn(b)
    fc=ftn(c)
    h=(b-a)/2
    Istart=h*(fa+4*fc+fb)/3
    qout=qrecursion(a, b, c, fa, fb, fc, Istart, tol, 1)
    qout[2]=qout[2]+3
    return(qout)
}

real colvector qrecursion(real scalar a,
                          real scalar b,
                          real scalar c,
                          real scalar fa,
                          real scalar fb,
                          real scalar fc,
                          real scalar Iold,
                          real scalar tol,
                          real scalar level)
{
    real scalar     levelmax, h, f1, f2, Ileft, Iright, Inew, fcount
    real colvector qleft, qright, R

    levelmax=64
    if (level>levelmax) {
        printf("recursion limit reached\n")
        return
```

```
    }
    else {
      h=(b-a)/4
      f1=ftn(a+h)
      f2=ftn(b-h)
      Ileft=h*(fa+4*f1+fc)/3
      Iright=h*(fc+4*f2+fb)/3
      Inew=Ileft+Iright
      fcount=2

      if (abs(Inew-Iold) > tol) {
        qleft=qrecursion(a, c, a+h, fa, fc, f1, Ileft, tol/2, level+1)
        qright=qrecursion(c, b, b-h, fc, fb, f2, Iright, tol/2, level+1)
        Inew=qleft[1]+qright[1]
        fcount=fcount+qleft[2]+qright[2]
      }
      R=(Inew\fcount)
      return(R)
    }
}
end
```

이 프로그램을 실행한 다음에 아래 명령어를 입력해 보자.

```
mata:
real scalar ftn(real scalar x)
{
return(5*x:^4)
}
end
```

: quadrature(0, 1)

```
             1
      1      1
      2    257
```

첫 행의 숫자는 해당 구간의 면적이고, 둘째 행의 수자는 함수 평가 회수(function evaluations)다. 257회 평가를 했다는 것은 하위 구간을 그만큼 설정했다는 뜻이다. 이는 심슨 방법의 구간 수보다 조금 많다. 그러나 다른 함수, 예컨대 f(x)=$13x^{12}$에서 해당 구간의 면적을 구할 때에는 적합구적법의 함수 평가 회수는 심슨 방법의 그것보다 작다.

: simpsonIter(0, 1)

```
n=2, S=.520833333
n=4, S=1.00016276
n=8, S=1.00001017
n=16, S=1.00000064
n=32, S=1.00000004
n=64, S=1
partition size is 128
The result is   1
```

(5) 몬테칼로 방법

몬테칼로 기법(the Monte Carlo method)은 모의실험이나 다른 응용 영역에서 널리 쓰인다. 몬테칼로 기법은 수치 적분에도 사용한다. 기본적 접근 방법은 적분하려는 영역에 일정 수의 점을 무작위로 배치하는 것이다. 이 점들이 적분 함수의 선 아래에 위치하면 적분 영역에 존재하는 것으로 간주하고, 거꾸로 선 위에 위치하면 적분 영역 밖에 존재하는 것으로 간주한다. 몬테칼로 적분은 일정 수의 점에서 적분 함수의 선 아래에 위치한 점이 차지하는 비율을 계산한다.

예를 들어보자. 반지름이 1인 원의 제 1 사분면의 면적을 몬테칼로 방법으로 구해보자. 먼저 반지름이 1인 원의 1 사분면은

$$f(x) = \sqrt{1-x^2}$$

라는 함수로 표시할 수 있다. 이 함수는 〈그림 14-8〉과 같이 표시할 수 있다. 20개의 점을 무작위로 발생하여 이 그래프에 위치시킨다고 가정해 보자. 그러면 함수 선 아래에 몇 개의 점이 놓일까?

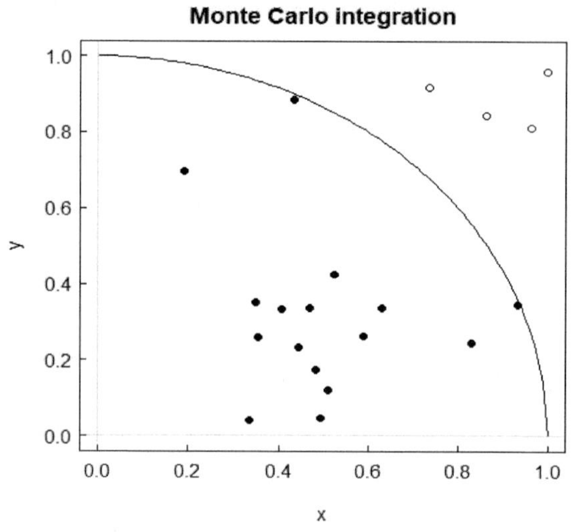

<그림 14-8> 몬테칼로 적분

〈그림 14-8〉에서 원의 1사분면 안에 있는 점(검은 점)은 모두 16개이고, 사분면 밖에 있는 점(하얀 점)은 4개다. 그러므로 사분면의 면적은 16/20=.8이고 사분면 밖의 면적은 .2라고 짐작할 수 있다. 주지하다시피, 원의 1사분면 면적의 정확값은 pi()/4 = 0.7853982다. 그러므로 몬테칼로 적분은 어느 정도의 오차를 보인다고 판단할 수 있다. 그러나 무작위로 발생하는 점을 늘리면 늘릴수록 몬테칼로 적분값은 정확값에 점점 더 근사한다.

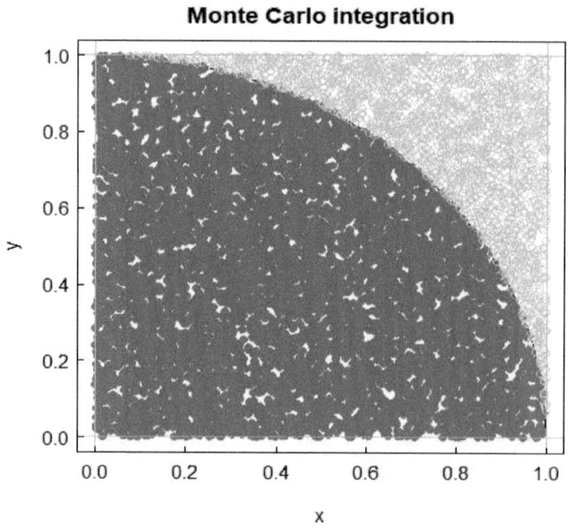

<그림 14-9> 몬테칼로 적분 근사

어쨌든 〈그림 14-9〉에서 짙은 회색 부분의 면적을 구하는 방법을 형식적으로 표현하면 다음과 같다.

$$\int_a^b f(x)dx \approx (b-a)\frac{1}{N}\sum_{i=1}^{N} f(x_i)$$

이 수식을 프로그램화하면 다음과 같다.

```
clear all
version 15.1
set matastrict on

mata:
real scalar mcint(real scalar a,    ///
                  real scalar b, | ///
                  real scalar n)
{
  real colvector x, y
  real scalar S

  //arguments
  if (args()==2) {
    n=1000
  }

  x=runiform(n, 1, a, b)
  y=ftn(x)
  S=(b-a)*sum(y)/n
  return(S)
}
```

```
real colvector ftn(real colvector x)
{
  return(sqrt(1:-(x:^2)))
}
end
```

이 프로그램이 제대로 작동하는지 살펴보자.

```
: mcint(0, 1)
 .7729876548
```

무작위로 발생한 점을 20개에서 (기본값인) 1,000개로 늘린 결과, 몬테칼로 적분은 정확값과 더 가까워졌다. 만일 이 점의 수를 더 늘린다면 어떻게 될 것인가? 〈그림 14-10〉에서 보듯, 점이 많아질수록 몬테칼로 적분값은 정확값에 더 근사한다. 물론 정확값과 일치하기란 매우 어려울 것이다.

```
clear all
set matastrict on
mata:
real scalar mcint(real scalar a,
                  real scalar b,
                  real scalar n)
{
  real colvector x, y
  real scalar S

  x=runiform(n, 1, a, b)
  y=ftn(x)
  S=(b-a)*sum(y)/n
  return(S)
}
real colvector ftn(real colvector x)
{
```

```
  return(sqrt(1:-x:^2))
}

rseed(10201)
nvec=range(1e3, 1e6, 1e4)
n=length(nvec)
Svec=J(n, 1, .)
for (i=1; i<=n; i=i++) {
  Svec[i]=mcint(0, 1, nvec[i])
}

st_matrix("S", Svec)
st_matrix("n", nvec)
end

svmat S, name(S)
svmat n, name(n)
line S1 n1
exit
```

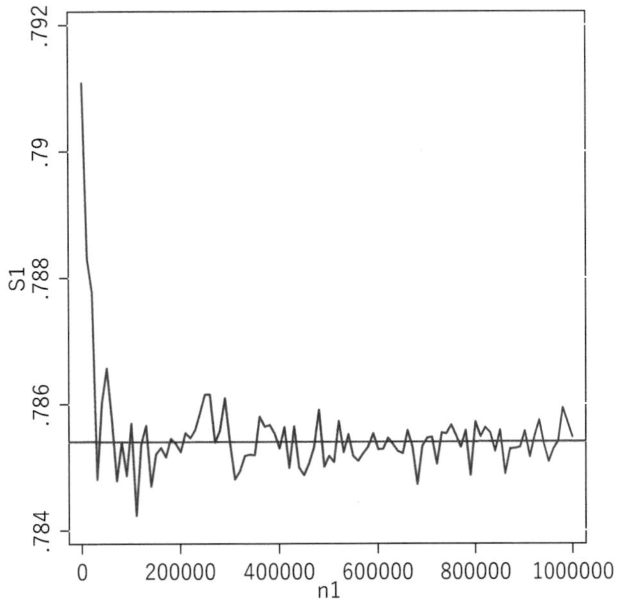

<그림 14-10> 몬테칼로 적분값 경향

Ⅲ. 시뮬레이션

제 15 장

난수 발생

시뮬레이션(simulation)은 '비슷한 것(similar)을 만들어내는 일'이다. 다시 말해, 시뮬레이션은 실제 데이터(real data)를 만드는 일이 아니라 실제와 '비슷한' 데이터를 만들어내는 일이다. 시뮬레이션은 컴퓨터에서 진짜를 빼닮은 수많은 표본을 만들어 이 표본에서 나타나는 유형을 파악하는 통계 기법이다. 결국 시뮬레이션은 진짜를 흉내 내는 일, 즉 '흉내 내기'라고 말할 수 있다. 그러면 과학이나 수학, 통계학에서는 왜 이런 흉내 내기를 하는가? 이유는 여러 가지다. 우리는 통계기법의 근본 원리를 배우거나 이해하기 위해서 흉내 내기를 하고, 새로운 통계기법을 평가하기 위해서도, 여러 통계 기법을 서로 비교하기 위해서도 흉내 내기를 한다. 또 실제 과정을 설명하는 여러 이론을 평가하기 위해서도 흉내 내기를 한다.

컴퓨터로 시뮬레이션하는 기법은 크게 두 가지로 나눌 수 있다. 몬테칼로 시뮬레이션(Monte Carlo simulation)과 재표집법(resampling methods)이 바로 그것들이다. 몬테칼로 시뮬레이션이란 '미리 정해진 자료생성과정(data generating process; DGP)으로 모집단을 구성한 다음, 이 모집단에서 여러 표본을 무작위로 만들어내는 컴퓨터 알고리듬'을 말한다(여기서 자료생성과정(DGP)이란 모집단의 특징을 규정하는 메커니즘이다). 연구자는 시뮬레이션으로 얻은 복수의 표본 자료에서 드러나는 특정 유형을 찾는다. 다른 한편, 재표집 방법은 복수의 표본 자료를 추출한다는 점에서 몬테칼로 시뮬레이션과 다를 바 없다. 그러나 재표집법은 이론적으로 규정한 자료생성과정으로 표본을 추출하지 않고 연구자가 실제 다루는 자료에서 복수의 표본 자료를 추출한다. 표현을 바꾸면, 재표집법은 모집단에서 표본을 추출하지 않고, 특정 표본 자료에서 복수의 표본을 추출한다. 요컨대, 몬테칼로 시뮬레이션은 모집단의 속성을 알고 있다고 가정하지만, 재표집법은 모집단의 특징을 모른다고 가정한다.

몬테칼로 시뮬레이션이든 재표집법이든 이런 시뮬레이션은 언제 사용하는가? 일반적으로 통계모형은 미지의 모집단을 파악하려고 사용하는데, 모형이 모집단을 파악하는 정도를 평가할 때 시뮬레이션을 사용할 수 있다. 이런 의미에서 보면, 이 두 방법은 통계 추정치의 가정이나 이론의 타당성을 평가하는 데에 널리 활용할 수 있다(Carsey and Harden, 2014).

몬테칼로 시뮬레이션은 컴퓨터를 실험실처럼 활용한다. 실험실에서 연구자는 실험 환경을 면밀하게 다듬거나 맞춘다. 전통적 실험에서 연구자는 연구 대상을 두 집단으로 나눈다. 환자를 두 집단으로 나누든, 초파리를 두 집단으로 나누든, 표본(응답자)을 둘로 나눈다. 물론 두 집단을 아무렇게나 나누지는 않는다. 엄격한 방법을 써서 두 집단이 모든 측면에서 같은 조건에 놓이도록 만들지만, 한 가지 조건만은 다르게 설정한다. 한 집단에게는 적극적 조치, 즉 처치(treatment)를 하고, 다른 집단은 처치 없이 그대로 둔다. 예컨대 한 집단의 환자에게는 신약을 투약하고 다른 집단의 환자에게는 기존의 치료약이나 위약(placebo)을 투입한다. 한 집단의 초파리에게는 방사선을 쏘고 다른 집단의 초파리는 그대로 둔다. 그런 다음 연구자는 이 처치의 결과를 관찰한다. 두 집단의 조건은 모두 같고 단지 처치 여부만 다르기 때문에 두 집단에서 결과의 차이가 생긴다면 그것은 처치 때문에 일어난 것이라고 짐작할 수 있다. 이른바 처치 효과(treatment effect)인 셈이다.

몬테칼로 시뮬레이션의 논리는 실험의 논리와 같다. 연구자는 컴퓨터로 연구대상을 특징짓는 과정이나 환경을 설정한다. 시뮬레이션은 이 과정이나 환경을 적용해서 표본을 추출하되 한두 차례가 아니라 일정한 회수만큼 반복해서 추출한다. 우리가 알고자 하는 것은 이렇게 반복 추출한 표본에서 드러나는 유형이다. 이렇게 드러난 유형은 통계 이론과 비교하는 데에 사용하거나 해당 학문분야의 실질 이론과 비교하는 데에 사용한다. 통계 이론이나 실질 이론을 평가하는 데에 활용한다는 말이다. 연구자는 때때로 시뮬레이션의 다른 조건은 그대로 둔 채 한 가지 조건만 바꾸어서 시뮬레이션할 수도 있다. 이 두 번째 종류의 시뮬레이션에서 드러난 유형이 첫 번째 종류의 시뮬레이션에서 보는 유형과 다르다면 그 차이는 바꾼 조건 때문에 일어난 것이라고 판단할 수 있다. 이른바 처치 효과인 셈이다. 이처럼 몬테칼로 시뮬레이션은 실험과 흡사하다. 시뮬레이션을 실험의 흉내, 즉 모의실험(模擬實驗)이라고 번역하는 이유다. 어쨌든 연구자는 실험과 모의실험이 제공하는 통찰력으로 실험실 밖의 세계를 묘사하고 설명하는 능력을 크게 개선할 수 있다.

통계학 공식과 수학적 증명의 정밀함이나 엄격성은 체계적 경험 분석의 중요 부분이다. 그러나 공식이나 수학으로 환원되지 않는 경험 분석, 즉 시뮬레이션도 공식이나 수학 못지않게 중요하다. 첫째, 시뮬레이션은 분석적 논의를 보완한다. 시뮬레이션은 분석적 표현을 이해하거나 시각화하는 데에 도움을 준다. 예컨대 보통의 최소제곱법 회귀분석에서 독립변수의 측정오차가 회귀계수의 치우침(bias)을 낳는다는 사실은 수학적으로 증명할 수 있지만, 시뮬레이션으로도 확인할 수 있다. 시뮬레이션을 거치면 측정오차가 낳는 치우침을 눈으로 확인할 수 있다. 시뮬레이션은 또 효과의 크기 변화를 보여주기도 한다. 예컨대 독립변수의 측정오차가 크면 치우침은 어떤 방향으로 바뀔 것인지를 미리 보여준다. 둘째, 분석적 해를 얻을 수 없는 경우에도 시뮬레이션을 활용할 수 있다. 예컨대 작은 표본에서 최대근사(maximum likelihood) 추정치를 구하거나 강건 회귀분석(robust regression)에서 계수의 신뢰구간 등을 구할 때 시뮬레이션을 활용할 수 있다.

재표집법은 모의실험과 약간 다르다. 재표집법은 실험이라기보다 '흉내 내기'에 더 가깝다. 재표집법도 몬테칼로 시뮬레이션처럼 흉내 내기로 모집단의 특징을 짐작하려는 시도다. 다만 실제로 관찰된 데이터에서 여러 개의 표본을 반복 추출한다는 점이 몬테칼로 시뮬레이션과 다를 뿐이다. 재표집법에서 우리는 진짜 모집단을 모른다. 그러나 우리는 이렇게 가정할 수 있다. 우리가 실제로 얻은 표본이 모집단에서 무작위로 추출한 표본이라면 이 자료에서 일정한 방식으로 여러 개의 표본을 추출했을 때 그 표본 특성의 분포는 모집단 분포와 근접할 것이라고 가정할 수 있다.

재표집법의 대표 기법으로는 순열 검증/무선 검증, 잭나이프 표집, 부트스트랩 등을 들 수 있다. 순열 검증(permutation test) 또는 무선 검증(randomization test)은 관찰값을 무작위로 섞어 개별 표본의 값을 서로 비교하는 방법이고, 잭나이프 표집(jackknifing)은 표본에서 한 개의 값만 누락하고 나머지 관찰값으로 새 표본을 구성하는 방법이다. 부트스트랩(bootstrapping)은 한 표본의 관찰값에서 같은 수의 사례를 무작위로 뽑되, 개별 사례가 여러 번 반복추출될 수 있도록 허용한 표집방법이다. 이 세 방법은 모두 통계적 추정치의 변동성(variability) 또는 불확실성(uncertainty)을 추정하거나 가설을 검증할 때 유용하게 쓸 수 있다. 이 책에서는 우리가 평소에 많이 쓰는 잭나이프 표집과 부트스트랩 방법에 대해서 알아보기로 한다.

몬테칼로 시뮬레이션에서 연구자는 거의 항상 난수(random number)를 사용한다. 그러므로 난수 발생 과정(random number generation; RNG)을 알아두는 것이 좋다. 이 장에서는 이 난수를 발생하는 몇 가지 메커니즘을 살펴보기로 한다. 16장에서는 몬테칼로 시뮬레이션을 알아보고, 17장에서는 재표집 방법(잭나이프, 부트스트랩 등)을 자세하게 살핀다.

15.1 실제의 난수 생성

자료생성과정(DGP)으로 만들어진 데이터는 체계 부분(systematic component)과 확률 부분(stochastic component)으로 나눌 수 있다. 체계 부분은 모집단에서 변수끼리 맺는 '참' 관계를 나타내고, 확률 부분은 변수 관계의 무작위성, 즉 잡음이나 소음(noise)을 나타낸다. 체계 부분은 모집단에서 드러나고, 확률 부분은 개별 표본에서 그 모습을 나타낸다. 확률 부분은 개별 표본에서 매번 그 모습을 달리 한다. 통계 분석은 이 두 부분을 모두 파악해야 한다. 그러므로 시뮬레이션도 이 두 부분의 속성을 분명하게 드러내야 한다.

몬테칼로 시뮬레이션을 시행할 때 우리는 특정 확률분포에서 하나 또는 그 이상의 난수를 추출한다. 이 난수로 자료생성과정의 확률 부분을 표현할 수 있기 때문이다. 어쨌든 이 확률 부분을 명확하게 만들거나 설정할 수 있을 때에만 시뮬레이션을 적절하게 실행하고 평가할 수 있다. 이처럼 난수는 시뮬레이션의 중요 부분을 차지한다.

일반적으로 말해 통계학과 확률이론은 확률공간이나 난수 등과 같은 추상 개념에 기반을 둔다. 더 구체적으로 말하면 이론에서 출발하여 난수를 만든다. 계산통계학, 자료과학 등에서 시뮬레이션을 할 때에는 보통 독립적이고 동일하게 분포하는(independent and identically distributed; i.i.d.) 난수를 생성한다. 그러나 자료과학 등과 같은 컴퓨터 응용 분야는 대부분 이론과 구분되는 과정을 거쳐 난수를 추출한다. 이 분야에서는 흔히 특정 알고리듬으로 난수를 추출한다. 다시 말해 미리 정해진 공식을 사용하여 난수를 추출한다. 이 장에서는 주로 이와 같은 결정론적 난수 추출 과정을 살펴보기로 한다. 그러나 결정론적 난수 추출 과정을 살피기 전에 먼저 실제의 난수에 대해 언급하자. 실제의 난수는 다음과 같은 과정으로 추출한다.

· 동전 던지기, 주사위 던지기, 룰렛 돌리기 등
· 방사선 붕괴
· 대기에서 발생하는 소음

그러나 이런 과정을 거쳐 얻은 난수는 몇 가지 문제를 드러낸다. 첫째, 난수 추출 비용이 비싸다. 둘째, 추출 과정이 어렵고 추출하는 데에 시간이 많이 걸린다. 셋째, 재생가능성(reproducibility)이 없다. 넷째, 난수 추출이 제대로 된 것인지를 확인할 길이 없다. 이런 문제 때문에 통계학이나 통계적 시뮬레이션, 자료 과학 등은 실제의 난수를 좀처럼 사용하지 않는다. 특히 이 중에서도 세 번째 특징, 재생가능성이 없다는 특징 때문에 컴퓨터 응용 과학은 실제 난수가 아니라 유사 난수(pseudo random number)를 사용한다.

15.2 유사 난수 생성

유사 난수는 통계적 시뮬레이션의 기초를 이룬다. 그러므로 통계학의 여러 영역에서 이를 널리 활용한다. 난수를 잘 추출하는 것은 몬테칼로 시뮬레이션에서 합당한 결과를 얻는 데에 기여하고, 추출한 난수의 품질은 재표집법의 타당성을 보장한다.

유사 난수를 생성하는 난수 발생기(random number generator; RNG)는 크게 두 종류로 나눌 수 있다. 산술 난수발생기(arithmetic RNG)와 재귀 산술 난수발생기(recursive arithmetic

RNG)다. 산술 난수발생기는 이름 그대로 산술에 기반을 둔다. 이 발생기는 무리수, 즉 $\sqrt{2}$(≒1.4142135...)나 자연대수 e(≒2.7182818...)의 소수 부분을 이용하여 난수를 발생한다. 그러나 실제로 이런 방식의 난수발생기는 좀처럼 사용하지 않는다. 왜냐하면 첫째, 무리수의 비순환성을 증명할 수 없기 때문이다. 둘째, 컴퓨터로는 유한한 자릿수까지만 이용가능하기 때문이다. 이와 달리, 재귀산술 난수발생기는 하나 이상의 수치에서 다른 난수를 생성한다. 재귀산술 난수 발생 알고리듬은 정밀한 계산 규칙을 따르기 때문에 결정적(deterministic)이다. 초기값을 설정하면 동일한 난수를 발생한다. 즉 반복가능 또는 재생가능하다.

어떤 종류의 것이든, 유사 난수는 순환적이다. 즉 일정 간격으로 같은 수를 반복한다. 유사 난수의 순환 길이는 컴퓨터 중앙처리장치의 레지스터(register) 크기가 결정한다. 레지스터가 32비트이면 유사 난수 순환 길이는 232이고, 64비트면 순환 길이는 264이다. 이는 충분한 크기다. 그러므로 웬만한 상황이 아니라면 난수의 순환을 걱정할 필요는 없다.

가장 단순한 유사 난수 발생기는 선형 합동 발생기(linear congruential generator)다. 이 생성기는 다음과 같은 수식으로 난수를 발생한다.

$$X_{n+1} = (aX_n + c) \bmod m$$

여기서 a, c, m은 특별한 조건을 만족해야 하고, 초기값인 X_0도 특별한 조건을 만족해야 한다. 매우 단순한 예로 a=2, X_0=1, c=1, m=10으로 설정하면 다음과 같은 난수가 발생한다.

3, 7, 5, 1, 3, 7, 5, 1, 3, 7, 5, 1,....

이 난수는 주기가 4여서 3, 7, 5, 1이라는 숫자를 반복한다. 순환 주기를 늘리려면 a, c, m에 다른 숫자를 사용해야 한다. 부적절한 숫자는 좋지 않은 난수를 발생하고, 적절한 숫자는 좋은 난수를 생성한다. 지금까지 발견한 것으로, 가장 좋은 난수 발생기로 꼽히는 숫자는 a=69069, c=23606797, m=232였다.

$$X_{n+1} = (69069X_n + 23606797) \bmod 2^{32}$$

이 난수발생기로 구간 [0, 1] 사이에 놓여 있는 2,000개의 난수를 추출해 보자.

```
clear all
```

```
version 15.1
set matastrict on

mata:
real colvector rand(real scalar n,
                    real scalar seed)
{
  real colvector result
  real scalar i

  result=J(n, 1, 0)
  for (i=1; i<=n; i++) {
    seed=69069*seed+23606797
    seed=mod(seed, 2^32)
    result[i]=seed/2^32
  }
  return(result)
}
end
```

이 프로그램을 실행해서 얻은 난수는 과연 무작위적일까? 다시 말해, 난수는 일정한 유형을 보이지 않을 것인가? 검증해 보자.

```
mata:
A=rand(2000, 123456)
A1=A[1..1999];  A2=A[2..2000]
A=A1, A2
st_matrix("R", A)
end

. mat colnames R=A1 A2
```

. svmat R, name(A)

. scatter A1 A2

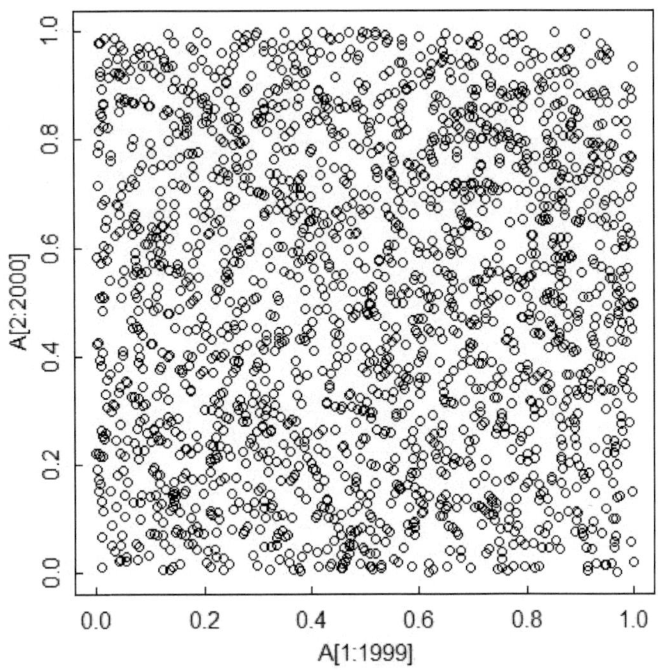

<그림 15-1> 선형 합동 발생기로 생성한 유사 난수

선형 합동 발생기로 생성한 난수와 그 난수의 지연값(lagged value)의 산포도에서는 특정한 유형을 찾을 수 없다(〈그림 15-1〉 참조). 그러므로 우리는 우리가 발생한 난수가 그야말로 무작위적이라는 사실을 알 수 있다. 그 무작위성은 난수와 그 난수의 지연값의 상관계수로도 알 수 있다. 상관계수는 겨우 .0253에 불과하다.[20] 이를 보아서도 난수 사이에는 특별한 유형이 존재하지 않는다고 판단할 수 있다. 결국 우리는 선형 합동 발생기로 비교적 훌륭한 난수를 만들었다고 말할 수 있다.

. corr A1 A2

20) Mata에서 상관계수를 구하는 함수는 correlation()이다.

```
: correlation(A)
[symmetric]
                 1              2
    +-----------------------------+
  1 |            1                |
  2 |  .0253045342              1 |
    +-----------------------------+
```

```
(obs=1,999)

             |       A1       A2
-------------+------------------
          A1 |   1.0000
          A2 |   0.0253   1.0000
```

그러나 일반적으로 선형 합동 생성기로 만든 난수는 주기가 짧다. 그러므로 우리가 사용하는 프로그램은 보통 이런 생성기를 사용하지 않고, 이런 단점을 극복한 여러 가지 알고리듬을 사용한다. Stata는 이러저런 알고리듬을 활용해 난수를 발생하지만 기본 알고리듬으로 64 비트 Mersenne Twister를 사용한다. 이에 대해 더 자세히 알고 싶으면 명령 창에 다음 명령어를 입력해 보라.

```
. help set rng
```

15.3 역함수 방법

지금까지 유사 난수 발생기로 난수를 생성하는 방법을 보았다. 이렇게 생성한 난수는 대체로 구간 [0, 1]에서 균등분포(uniform distribution)를 이룬다. 이렇게 균등한 난수를 추출하는 것은 매우 중요한 일이다. 왜냐하면 그 자체로도 활용 가능성이 높지만 이 난수를 고치고 바꾸어 다른 분포의 난수, 예컨대 정상분포를 따르는 난수 등을 만들어낼 수도 있기 때문이다.

미리 말하지만, Stata는 여러 분포에서 난수를 추출하는 함수를 내장한다. 예컨대 정상분포에서 난수를 추출하려면 rnormal() 함수를, 지수분포에서 난수를 추출하려면 rexponential() 함수를 사용할 수 있다. 예컨대 표준정상분포를 따르는 난수를 2,000개 추출하려면

```
. set obs 2000
. gen x=rnormal()
```

이라고 명령하면 된다.[21] 그러나 이런 함수를 사용하지 않더라도 정상분포를 이루는 난수를

21) Mata에서 정상분포 난수를 생성하는 함수는 그대로 rnormal()이다. 그러나 rnormal() 함수의 사용법은 Stata와 약간 다르다. 표준정상분포의 난수를 얻을 때에는 다음과 같이 명령한다.

```
: X=rnormal(2000, 1, 0, 1)
```

앞의 2000은 사례 수이자 행의 수이고, 1은 열의 수를 의미하며, 그 다음 0과 1은 평균과 표준편차를 나타낸다. 결국 이 명령은 평

추출할 수 있다. 아래에서는 난수 추출 과정을 이해하기 위해 몇 가지 난수 추출 방법을 살펴보기로 한다. 먼저 역함수 방법이다. 이 방법은 균등분포에서 추출한 난수를 사용하여 다른 분포를 따르는 난수를 만들어낼 때, 누적확률분포의 역함수를 이용한다.

$F_X(x)$를 확률변수 X의 누적분포함수(cumulative distribution function; cdf)라고 하자. 즉 $F_X(x) = P(X \leq x)$라고 하자. 역함수 방법은 이 함수의 역함수($F_X^{-1}(x)$)에 균등분포에서 추출한 난수, 즉 g~U(0,1)을 끼워 넣음(plug-in)으로써, 즉 $F_X^{-1}(g)$를 구함으로써 확률변수 X의 난수를 구하는 방법이다. 그러므로 역함수 방법을 적용할 때 필요한 전제조건은 역함수를 구할 수 있어야 한다는 것이다. 분석적 방법이거나 근사적 방식으로 역함수를 구하지 못하면 이 방법을 사용할 수 없다.

역함수 방법의 예를 들어 보자. 연속확률변수 X가 확률밀도함수 $f(x) = 3x^2$, 0<x<1를 보인다고 가정해 보자. 이 함수의 누적분포함수는 다음과 같다.

$$F_X(x) = \int_0^x 3x^2 dx = x^3$$

역함수 방법은 누적분포함수가 균등분포를 따른다고 가정할 때 X의 분포가 어떤 모습을 띠는지를 알아보는 방법이다.

$$u = x^3 \quad \Leftrightarrow \quad x = u^{1/3}$$

즉, 확률밀도함수 X는 $u^{1/3}$의 분포를 따른다.

```
clear
set seed 10101
set obs 1000
gen u=runiform()
gen x=u^(1/3)
gen y=3*x^2
graph twoway (hist x)(line y x, sort)
```

균을 0이고 표준편차가 1인 행렬을 만들되, 행의 수를 2000, 열의 수를 1로 하라는 것이다.

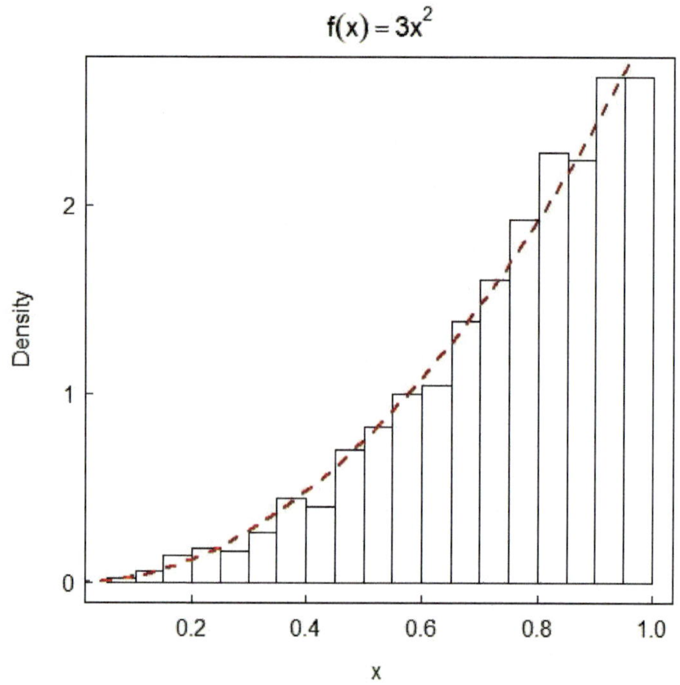

<그림 15-2> 확률밀도함수 $f(x)=3x^2$를 따르는 난수 추출

다른 예를 하나 더 들어 보자. 어떤 연속확률변수(X)가 지수 분포를 따른다고 가정해 보자. 지수분포의 확률밀도함수는 다음과 같다.

$$f(x)=\lambda e^{-\lambda x}$$

이 함수의 누적분포함수는 다음과 같다.

$$F_X(x)=\int_0^x \lambda e^{-\lambda x}dx=1-e^{-\lambda x}$$

이 함수의 역함수($F_X^{-1}(u)$)는 다음과 같은 과정으로 구한다.

$$u=1-e^{-\lambda x}$$

$$e^{-\lambda x} = 1 - u$$

$$x = -\frac{1}{\lambda}\log(1-u) = -\frac{1}{\lambda}\log(u)$$

이 $x = F_X^{-1}(u)$ 분포는 지수분포를 따른다. 과연 그런가? 확인해 보자. $F_X^{-1}(u)$ 분포에서 10,000개의 난수를 추출하여 히스토그램을 그리면, 〈그림 15-3〉에서 보듯, 이 난수는 대략 지수분포를 보인다. λ값이 바뀌면서 X의 분포가 조금씩 바뀌는 것을 주의하라.

```
clear
set seed 10101
set obs 1000
gen u=runiform()
forvalues lambda=.5(.5)4 {
  gen x=-(1/`lambda')*log(u)
  gen y=`lambda'*exp(-`lambda'*x)
  graph twoway (hist x)(kdensity x)
  graph save X(`lambda').gph, replace
  drop x
  drop y
}

graph combine X(.5).gph X(1).gph X(2).gph X(4).gph, ///
      saving(Xgraph, replace)
```

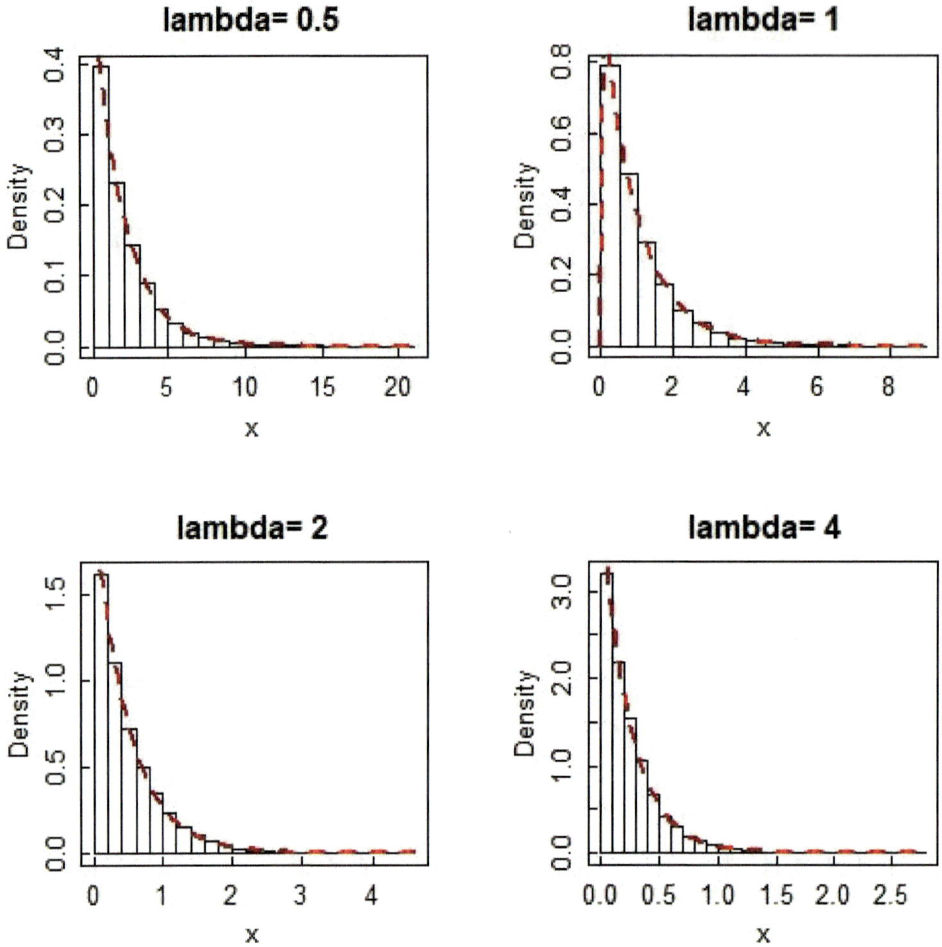

<그림 15-3> 지수분포의 난수 1

동일 과정을 Mata로 만들어 보자. 단 여기서는 λ가 1일 때만 살펴보자(〈그림 15-4〉 참조).

```
clear all
version 15.1
set matastrict on

mata:
real colvector invExp(real scalar n,
                      real scalar lambda)
```

```
{
   real colvector u, x

   u=runiform(n, 1, 0, 1)
   x=-(1/lambda)*log(u)
   return(x)
}

x=invExp(10000, 1)
st_matrix("x", x)
end

svmat x, name(x)
graph twoway (hist x)(kdensity x)
exit
```

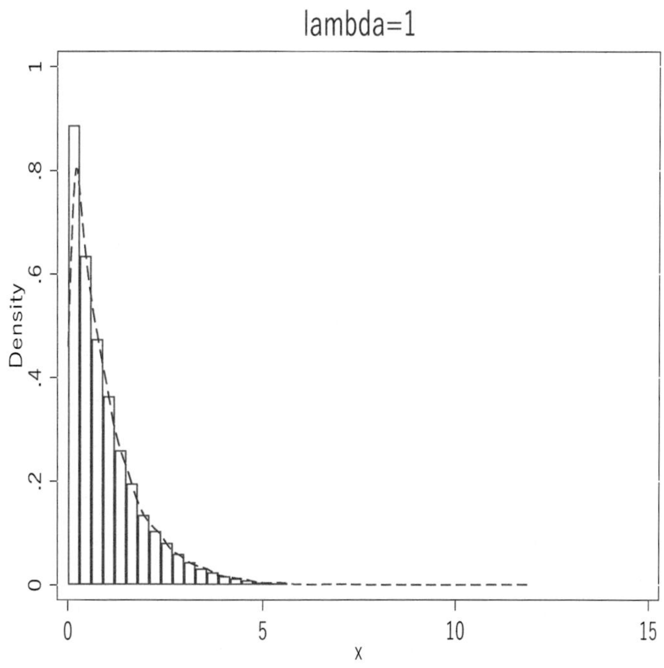

<그림 15-4> 지수분포의 난수 2

이처럼 역함수 방법은 균등분포가 아닌 난수를 아주 쉽게 생성하지만, 때때로 $F_X^{-1}(u)$를 구하기 어렵거나 불가능할 경우가 잦다. 예컨대 정상분포의 역함수를 구할 수 없다. 이럴 때에는 역함수를 근사적으로 구하여 역함수 방법을 사용하거나 아니면 아예 다른 방법을 사용해야 한다.

지금까지 우리는 유사 난수를 생성하는 몇 가지 방법, 즉 선형 합동 발생 방법과 역함수 방법을 살펴보았다. 여기에서는 프로그래밍의 예를 보이려고 이렇게 가장 간단한 방법만 논의하였다. 말할 것도 없지만, 이런 방법이 난수를 생성하는 방법의 전부는 아니다. 난수를 만드는 실제 과정은 이보다 훨씬 더 복잡하다. 메트로폴리스-해스팅스(Metropolis-Hastings) 알고리듬도 있고, 깁스(Gibbs) 표집법도 있다. 이에 대한 논의는 다른 책을 보아야 한다(cf. Robert and Casella, 2010; Rizzo, 2007; Templ, 2016).

제 16 장 몬테칼로 시뮬레이션

앞에서 이미 보았지만, 시뮬레이션은 여러 용도로 활용한다. 여기서는 먼저 보통의 최소제곱방법(OLS)의 회귀분석이 모수추정치를 정확하게 측정한 정도를 알아보는 데에 시뮬레이션을 활용하기로 한다. 정확성의 정도를 따진다는 것은 정확성을 가늠하는 기준이 있다는 것을 전제로 한다. 그럼 이 기준은 무엇인가? 이 장의 (1)절에서는 이 기준을 살펴보기로 한다.

이 장의 (2)절에서는 시뮬레이션을 실험 대용으로 활용한다. 회귀 분석에서 사람들은 흔히 여러 가정을 전제한다. 그러나 때때로 이런 가정이 항상 충족되는 것은 아니다. 이 절에서는 이런 가정이 충족되지 않을 때에 추정치에 일어나는 변화를 알아본다. 예컨대 오차의 동분산성이 충족하지 않을 때, 독립변수의 독립성이 존재하지 않을 때, 독립변수에 측정오차가 존재할 때, 그리고 회귀모형에 누락변수가 있을 때에 OLS 추정치가 어떤 방향으로 어느 정도 바뀌는지를 확인할 것이다. 그리고 OLS가 아닌 방법의 추정 결과도 알아보고 이 결과와 OLS 추정치를 서로 비교하기도 할 것이다.

16.1 추정치 평가

자료생성과정(DGP)이 바뀌면 통계 추정 결과도 바뀐다. 이 변화를 평가하려면 먼저 추정 방법을 평가하는 일반 기준을 알아야 한다. 이 절에서는 통계적 추정의 세 가지 핵심 속성을 살펴보기로 한다.

통계적 추정치는 세 가지 속성을 보인다. 치우침과 효율성, 그리고 일관성이 바로 그것들이다. 여기서 치우침(bias)이란 반복해서 추출하는 여러 표본에서 정확한 답을 얻는 평균적 정도를 말한다. 형식적으로 표현하면, 추정치의 기댓값이 모수와 일치하는 정도를 말한다. 추정치의 기댓값이 모수와 일치하면 '치우치지 않은(unbiased)' 추정치라고 말할 수 있고, 모수와 일치하지 않으면 '치우친(biased)' 추정치라고 말할 수 있다. 이를 형식적으로 표현하면 다음과 같다. $E(\hat{\theta})=\theta$ 이면(여기서 $\hat{\theta}$ 는 추정치고, θ는 모수다), $\hat{\theta}$ 는 치우치지 않는 추정치, 즉 불편추정치(不偏 推定値, unbiased estimate)다. 이런 개념으로 알 수 있듯, 불편추정치는 한번 측정한 추정치가 모수와 일치한다는 이야기가 아니다. 여러 개의 표본에서 반복 추출한 추정치가 모수 근처에 모여 있다는 것을 의미한다. 즉, 표본 추정치의 평균이 모수와 가깝거나 일치한다는 것을 의미한다.

효율성(efficiency)은 여러 표본에서 추출한 추정치가 평균 근처에서 차이를 보이는 정도를 말한다. 표본 추정치가 서로 큰 차이를 보이지 않는다면 이 추정치가 효율적이고, 서로 크게 다르면 비효율적이라고 말할 수 있다. 사람들은 때때로 이 효율성을 중요하지 않은 속성으로 여길 때가 많지만, 이 속성도 심각하게 다룰 필요가 있다. 여러 표본을 사용하는 것이 아니라 하나의 표본만 사용할 때, 만일 어떤 추정치의 효율성이 낮다면, 그 추정치가 모수에 근접할 가능성은 매우 낮기 때문이다.

일관성(consistency)은 표본이 클수록 추정치가 점차 모수에 근접하는 성질을 말한다. 일관적 추정치는 치우칠 수도 있고, 치우치지 않을 수도 있다. 다만 이 추정치는 표본이 클수록 치우치지 않는 쪽으로 접근한다. 이 속성이 매우 중요할 때가 있다. 그러나 여기에서는 이 속성보다 앞의 두 속성, 즉 치우침과 효율성을 주로 살펴본다.

보통 회귀모형 등에서 치우침은 계수와 관련짓고, 효율성은 표준오차와 관련짓는다. 그러나 이런 방식의 관련짓기는 두 추정치, 즉 계수와 표준오차가 모두 모수를 추정한다는 사실을 숨긴다. 계수는 독립변수가 종속변수에 미치는 한계 효과(marginal effect)를 추정한 것이고, 표준오차는 이 계수의 표집 변동(sampling variability)을 추정한 것이다. 두 추정치 모두 치우칠 수 있고, 비효율적일 수 있다. 다시 말해 치우침과 효율성 개념은 계수와 표준오차에 모두 적용할 수 있다. 우선 계수의 치우침을 알아보자.

계수의 치우침을 평가하는 방법에는 여러 가지가 있지만, 여기에서는 두 가지 방법, 즉 절대적 치우침(absolute bias; ab)과 평균제곱오차(mean squared error; mse)를 서술해 보자. 두 방법은 추정치와 모수 사이의 평균 거리를 측정한다는 점에서 비슷하다. 절대적 치우침은 추정 오차라고도 부르는데, 추정치와 모수의 차이 절댓값, 즉

$$bias=\left|\hat{\theta}_k-\theta\right|$$

로 계산한다. 만일 몬테칼로 시뮬레이션에서 계수를 여러 번(n) 추정한다면 이 치우침을 요약해야 한다. 요약할 때에는 평균을 구하는 것이 보통이다.

$$bias = \frac{1}{n}\sum_{k=1}^{n}\left|\hat{\theta}_k - \theta\right|$$

치우침을 평가하는 두 번째 방법은 평균제곱오차다. 이것은 추정치와 모수 차이의 제곱합의 기댓값이다. 즉,

$$mse = E[(\hat{\theta} - \theta)^2] = \frac{1}{n}\sum_{k=1}^{n}(\hat{\theta}_k - \theta)^2$$

이다.

절대적 치우침과 평균제곱오차를 Mata로 구하는 방법을 알아보자. 먼저, 하나의 자료생성과정을 가정해 보자. n개의 사례로 구성된 데이터에 두 개의 변수가 있는데, 하나(X)는 독립변수고, 다른 하나(y)는 종속변수라고 가정하자. 독립변수는 -1에서 1까지 균등하게 분포하는 값을 갖고 종속변수의 값은 독립변수의 선형함수로 결정된다고 가정하자. 이 선형 함수의 y 절편은 .3이고 기울기는 .6이라고 해 보자. 종속변수는 독립변수뿐만 아니라 표준정상분포를 따르는 오차의 영향도 받는다. 이를 수식으로 표현하면 y, X 관계는 다음과 같다.

$$y = .3 + .6X + rnormal(n, 1, 0, 1)$$

이 데이터에서 회귀분석을 reps 번 반복하면 오차(rnormal(n, 1, 0, 1))는 매번 바뀔 것이고, 그로 말미암아 기울기 계수와 절편의 크기도 바뀔 것이다. 기울기 계수와 절편 추정치는 .6과 .3에서 얼마나 큰 변이를 보일 것인가? 이는 다음과 같은 코드로 알아볼 수 있다.

```
clear all
version 15.1

mata:
rseed(10101)
reps=1000
est=J(reps, 4, .)
b0=.3
```

```
b1=.6
n=1000
X=runiform(n, 1, -1, 1)
for (i=1; i<=reps; i++) {
  y=b0:+b1*X+rnormal(n, 1, 0, 1)
  b=cholinv(cross(X,1,X,1))*cross(X,1,y,0)
  k=cols(X)+1
  yhat=(X, J(n,1,1))*b
  e=y-yhat
  ee=e'e
  s2=ee/(n-k)
  V=s2*invsym(cross(X,1,X,1))
  se=sqrt(diagonal(V))

  est[i,1]=b[1]
  est[i,2]=b[2]
  est[i,3]=se[1]
  est[i,4]=se[2]
}
end
```

이 Mata 코드를 조금 해설할 필요가 있다. 먼저 표본을 반복 추출하는 회수를 reps로 하고, 여기서는 그 값을 1,000으로 한다. 그리고 우리가 원하는 모수 추정치를 저장할 행렬(est)을 미리 만든다. 이 행렬의 차원은 reps×4이고, 행렬의 개별 요소의 값은 우선 모두 결측값으로 지정한다. 0으로 지정해도 무방하다(그럴 때에는 est=J(reps, 5, 0)이 될 것이다).

```
est=J(reps, 4, .)
```

절편과 기울기의 모수는 각각 b0, b1인데, 여기서는 이들을 각각 .3과 .6으로 설정하였다. 독립변수인 X는 그 범위가 -1과 1인 균등분포에서 추출한 값으로 하였다. 한 번 추출하는 표본의 크기는 n인데, 여기서는 1,000으로 하였다.

```
b0=.3
b1=.6
n=1000
X=runiform(n, -1, 1)
```

이제 for문을 사용하여 표본을 반복 추출하고, 개별 표본마다 선형 모형을 추정한다.

```
for (i=1; i<=reps; i++) {
   y=b0:+b1*X+rnormal(n, 1, 0, 1)
   b=cholinv(cross(X,1,X,1))*cross(X,1,y,0)
   k=cols(X)+1
   yhat=(X, J(n,1,1))*b
   e=y-yhat
   ee=e'e
   s2=ee/(n-k)
   V=s2*invsym(cross(X,1,X,1))
   se=sqrt(diagonal(V))
}
```

마지막으로 est 행렬의 각 열에 선형 모형의 기울기 계수와 절편, 기울기와 절편의 표준편차를 저장한다. 참고로 Stata와 Mata는 회귀계수를 제시할 때, 기울기 계수를 먼저 보이고 절편은 나중에 보인다. 그러므로 b[1]은 기울기 계수이고, b[2]는 절편이다. 그에 상응하여 se[1]은 기울기의 표준오차이고, se[2]는 절편의 표준오차다.

```
est[i,1]=b[1]
est[i,2]=b[2]
est[i,3]=se[1]
est[i,4]=se[2]
```

이렇게 구한 1,000개의 기울기 계수, 절편, 기울기 계수의 표준오차와 절편의 표준오차는 각각 est[,1], est[,2], est[,3], est[,4]에 저장되어 있다. 이 기울기 계수와 절편은 애초에 설정했던

대로 .6과 .3이 맞는가? 기울기 계수와 절편의 표준오차는 얼마나 되는가? 이 질문에 대한 대답은 쉽게 얻을 수 있다.

```
: mean(est)
```

	1	2	3	4
1	.6011851582	.3006966796	.0541128007	.0316143016

기울기 계수는 .6에 근접하고, 절편의 .3에 근사한다. 이들 계수의 변이는 어떻게 나타낼 것인가? 〈그림 16-1〉과 같은 히스토그램으로 나타낼 수 있다.

```
: st_matrix("est", est)
: end
. svmat est, name(E)
. hist E1, normal; hist E2, normal
```

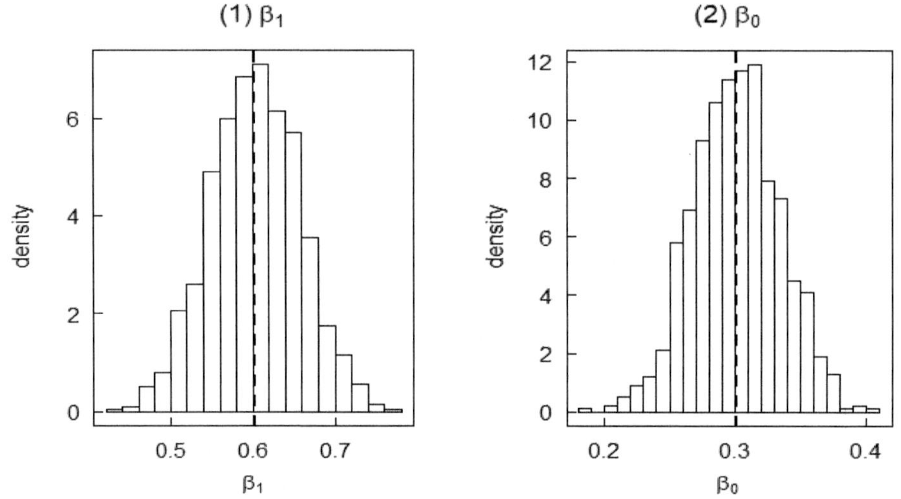

<그림 16-1> 절편과 기울기 변이

계수의 변이는 시각적으로 표현할 수도 있지만, 때때로 수치로 요약해야 할 때도 있다. est 행렬의 3열에서 보듯 기울기 계수의 표준오차는 .054에 근사하고, est의 4열에서 보듯 절편의 표준오차는 .032에 근접한다.

다른 한편, 기울기 계수와 절편의 변이를 절대적 치우침과 평균제곱오차로 나타내 보자.

```
//absolute bias
: ab_b1=mean(abs(est[,1]:-b1)); ab_b1
  .0445765508

: ab_b0=mean(abs(est[,2]:-b0)); ab_b0
  .0246545011

// mean squared error
: mse_b1=mean((est[,1]:-b1):^2); mse_b1
  .0030372893

: mse_b0=mean((est[,2]:-b0):^2); mse_b0
  .0009509035
```

이 값들, 즉 ab와 mse는 그 자체로 별다른 의미가 없다. 이 값들은 여러 추정 방법을 비교할 때에만 의미를 갖는다.

계수의 치우침을 측정하는 방법이 두 가지였듯, 표준오차를 측정하는 방법도 두 가지다. 하나는 계수의 표준편차로 표준오차를 구하는 방법이고, 다른 하나는 신뢰구간 포함 확률(coverage probabilities)로 표준오차를 측정하는 방법이다. 먼저 표준편차로 표준오차를 구하는 방법은 비교적 간단하다.

$$se = \sqrt{\frac{\sum_{k=1}^{n}(\hat{\theta}_k - \overline{\theta})^2}{n-1}} \text{ , 여기서 } \overline{\theta} = \frac{1}{n}\sum_{k=1}^{n}\hat{\theta}_k$$

앞에서 말하였지만, 시뮬레이션의 결과를 저장하는 est 행렬의 첫째 열은 기울기 계수를 나타내고, 둘째 열은 절편을 나타낸다. 셋째 열은 기울기의 표준편차를, 그리고 넷째 열은 절편의 표준편차를 나타낸다. 여기서 기울기의 표준오차는 첫째 열의 표준편차이기도 하고, 셋째 열의 평균이기도 하다. 아래에서 보듯, 두 수치는 정확하게 같지 않지만 소수점 둘째 자리까지 일치한다.

마찬가지로 절편의 표준오차는 둘째 열의 표준편차이기도 하고, 넷째 열의 평균이기도 하다. 이 두 수치도 서로 비슷하여, 소수점 둘째 자리까지 같다.

```
// standard error of b1
: se_b1_1=sqrt(variance(est[ ,1])); se_b1_1
 .0551264334

: se_b1_2=mean(est[ ,3]); se_b1_2
 .0541128007
```

지금까지 계수의 표준편차로 표준오차를 구하는 방법을 보았다. 이에 덧붙여 표준오차를 계수 표준오차의 평균으로 구하는 방법도 보았다. 이제 방향을 바꾸어 신뢰구간 포함 확률 방법을 살펴보자. 먼저 신뢰구간 포함 확률이란 무엇인가? 이 확률은 시뮬레이션으로 여러 표본을 생성했을 때, 특정 신뢰구간이 모수를 포함하는 표본의 수를 말한다.

이 방법은 그림으로 잘 설명할 수 있다. 1,000개의 추정치와 신뢰구간을 모두 그리는 것은 가능하기는 하겠지만 도리어 어수선하므로, 첫 100개의 추정치만 그린다. 〈그림 16-2〉는 100개의 표본에서 구한 기울기(β_1)와 절편(β_0)의 점 추정치와 그 추정치의 95% 신뢰구간(수직선)을 보인 것이다. 이 그림에서 옅은 회색의 수직선은 '모수를 포함하는' 신뢰구간이고, 짙은 검정색 수직선은 '모수를 포함하지 않은' 신뢰구간이다. 그림에서 보듯, 기울기를 추정하는 100개의 신뢰구간에서 3개가 참값을 포함하지 않고, 절편을 추정하는 100개의 신뢰구간에서 4개가 참값을 포함하지 않는다. 다시 말해, 기울기를 추정하는 신뢰구간의 97 퍼센트가 모수를 포함하고, 절편을 추정하는 신뢰구간의 96퍼센트가 모수를 포함한다. 이로써 우리는 표준오차가 추정치의 표본 변동(variability)을 상당히 정확하게 포착하였다는 사실을 알 수 있다.

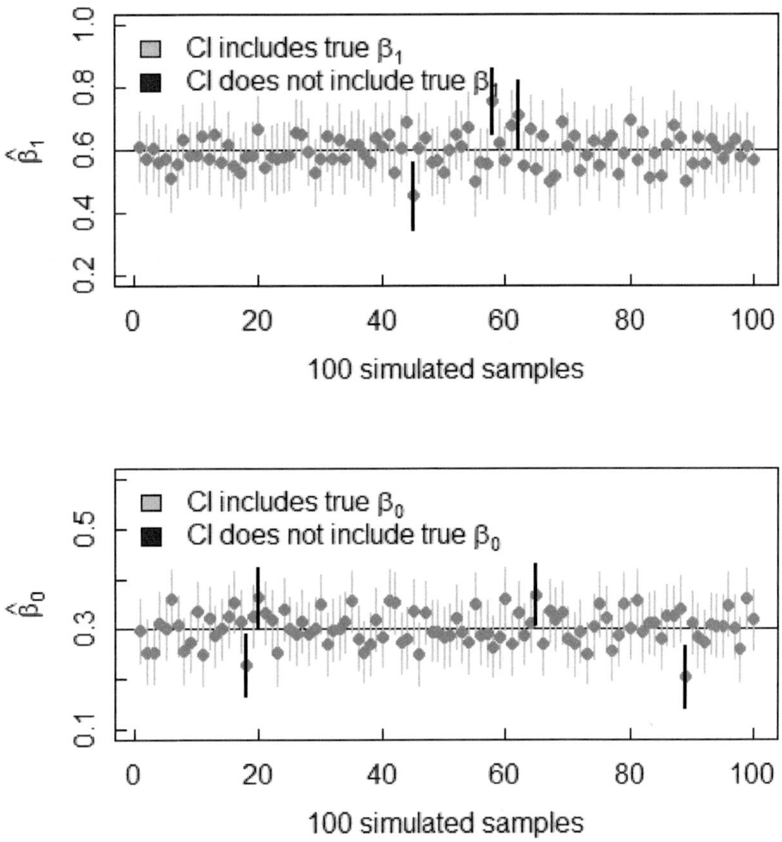

<그림 16-2> 100개의 시뮬레이션 표본에서 얻은 계수 추정치와 95% 신뢰구간

이제 100개의 표본만 다룬 〈그림 16-2〉에서 벗어나자. 시뮬레이션으로 얻은 모든 표본, 즉 1,000개의 표본에서 신뢰구간 포함 확률은 어떻게 구할 것인가? 그림이 아니라 함수를 만들어 구한다. 표본의 계수 추정치 벡터를 b, 표준오차 벡터를 se, 모수를 true, 신뢰구간의 수준을 level, 자유도를 df라고 했을 때 coverage() 함수는 먼저 신뢰구간을 구한다.

```
qtile=level+(1-level)/2
lower_bound=b-invt(df, qtile)*se
upper_bound=b+invt(df, qtile)*se
```

이렇게 구한 신뢰구간이 모수를 포함하면 1을, 아니면 0을 부여한다. 그런 다음 1과 0으로 구성한 벡터의 평균을 구한다.

```
true_in_ci=J(n, 1, 0)
for (i=1; i<=n; i++) {
  true_in_ci[i]=((lower_bound[i]<=true & true<=upper_bound[i]) ? 1 : 0)
}
cp=mean(true_in_ci)
```

이 평균(cp)은 비율인데, 이렇게 얻은 비율로 시뮬레이션 오차를 구할 수 있다. 조금 뒤에 다시 보겠지만, 시뮬레이션의 반복 회수가 n일 때 이항 비율(p)의 표준오차는 $\sqrt{p(1-p)/n}$ 이다. 그러므로 시뮬레이션 오차(sim_err)는

```
sim_err=normal(qtile)*sqrt((cp*(1-cp))/n)
```

이고, 비율의 상한과 하한은 다음과 같다.

```
mc_lower_bound=cp-sim_err
mc_upper_bound=cp+sim_err
```

지금까지 얻은 결과를 하나의 벡터(R)에 저장한 다음, 마지막으로 return() 함수로 이 벡터를 반환한다.

```
R=cp, mc_lower_bound, mc_upper_bound
return(R)
```

이 과정을 종합하면 다음과 같은 함수를 만들 수 있다.

```
mata:
real rowvector coverage(real colvector b,
                        real colvector se,
                        real scalar true,
                        real scalar level,
                        real scalar df)
```

```
{
  real scalar     qtile, n, i, cp, mc_lower_bound, mc_upper_bound, sim_err
  real colvector lower_bound, upper_bound, true_in_ci
  real rowvector R

  qtile=level+(1-level)/2
  n=length(b)
  lower_bound=b-invt(df, qtile)*se
  upper_bound=b+invt(df, qtile)*se
  true_in_ci=J(n, 1, 0)
  for (i=1; i<=n; i++) {
    true_in_ci[i]=((lower_bound[i]<=true & true<=upper_bound[i]) ? 1 : 0)
  }

  //coverage probability
  cp=mean(true_in_ci)

  //confidence interval of coverage prob.
  sim_err=invnormal(qtile)*sqrt((cp*(1-cp))/n)
  mc_lower_bound=cp-sim_err
  mc_upper_bound=cp+sim_err

  //return
  R=cp, mc_lower_bound, mc_upper_bound
  return(R)
}
end
```

이제 이 함수를 사용하여 기울기와 절편의 신뢰구간 포함 확률을 구해 보자.

```
: coverage(b=est[,1], se=est[,3], true=.6, level=.95, df=998)
```

	1	2	3
1	.95	.9364918804	.9635081196

: coverage(b=est[,2], se=est[,4], true=.3, level=.95, df=998)

	1	2	3
1	.953	.9398827296	.9661172704

결과를 보다시피, 신뢰구간 포함 확률은 .95에 근접한다. 기울기의 신뢰구간 포함 확률은 .95이고, 절편의 신뢰구간 포함 확률은 .953이다. 이 확률은 정확하게 95퍼센트가 되지는 않는다. 유한한 수의 표본과 추정치를 사용하기 때문이다. 그러나 시뮬레이션의 크기를 늘릴수록, 즉 표본이 많을수록 이 확률은 95퍼센트에 근접할 것이다. 왜냐하면 앞에서 살펴본 코드에서 우리는 OLS 회귀의 어떤 가정도 위반한 적이 없기 때문이다.

제한된 수의 시뮬레이션 때문에 정확한 확률에 도달하지 않는다는 것은 시뮬레이션 오차가 있다는 것을 의미한다. 이 오차는 어떻게 구할 것인가? 이 오차를 구하려면 이항분포를 이용해야 한다. 신뢰구간의 모수는 이항분포를 따르기 때문이다(앞에서 보았듯, 신뢰구간이 모수를 포함하면 1이고, 그렇지 않으면 0이다). 이항 비율(binomial proportion)의 신뢰구간은 이항 분포의 정규 근사로 구할 수 있다. 조금 전에 잠시 보았듯, 신뢰구간 포함 비율을 p라고 하고, 시뮬레이션의 반복 회수를 n이라고 하면 이 비율의 표준오차는 $\sqrt{p(1-p)/n}$ 다. 그러므로 95퍼센트 신뢰구간은 다음과 같이 구할 수 있다.

$$p \pm z_{.025}\sqrt{\frac{p(1-p)}{n}}$$

구체적 수치로 기울기와 절편의 신뢰구간을 구하면 다음과 같다.

$$.95 \pm 1.96\sqrt{\frac{.95(1-.95)}{1000}} = [.936,\ .964]$$

$$.953 \pm 1.96\sqrt{\frac{.953(1-.953)}{1000}} = [.940,\ .966]$$

이다. 이 계산 결과를 보면, 기울기나 절편의 오차 범위는 모두 .95를 포함한다. 만일 시뮬레이션의 반복회수를 늘리면 이 오차 범위는 더욱 줄어들 것이다. 어쨌든 이 신뢰구간 포함 확률은 OLS 표준오차가 정확하게 작동하고 있다는 사실을 보여준다. 이는 그다지 놀라운 일이 아닌데, 왜냐하면 이 예에서 OLS 가정은 하나도 어그러지지 않았기 때문이다. 만일 이 가정이 어긋나면 어떤 결과가 나타날 것인가? 다음 절부터는 이를 알아보기로 한다. 다음 절에서도 coverage() 함수를 계속 사용할 것인 바, 이를 lcoverage라는 라이브러리에 저장하자.

```
. lmbuild lcoverage.mlib, replace
```

이렇게 라이브러리에 저장해 놓으면, 앞으로는 coverage() 함수는 따로 부르지 않아도 그냥 사용할 수 있다.

지금까지 우리는 Mata를 이용하여 OLS 회귀계수와 표준오차를 시뮬레이션하였고, Mata 함수로 이의 신뢰도를 추정하였다. 나중에 보면 알겠지만, 이렇게 시뮬레이션하는 방법은 가장 빠르다. 연산 속도가 빠르다는 말이다. 그러나 이런 방식은 사전에 풍부한 지식을 보유해야 한다. OLS 회귀뿐만 아니고, probit이나 logit 회귀 등을 비롯한 다소 복잡한 회귀도 Mata로 표현할 줄 알아야 한다. 그렇게 하지 못할 이유가 없다. 그러나 현실적으로는 다소 번거롭다. 특정한 추정방법을 Mata로 표현하지 못하면, Mata로 시뮬레이션하는 방식이 그다지 편치 않을 수도 있다. 그러므로 Mata가 아닌 Stata로 시뮬레이션하는 방법도 알아둘 필요가 있다. Stata를 사용하면, 연산 시간은 다소 길어진다. 그러나 Mata보다 더 편리하게 시뮬레이션을 할 수 있다.

이제 Mata가 아닌 Stata로 앞의 모형을 시뮬레이션해 보자. 가장 먼저, set 명령으로 시드와 행렬 크기, 표본의 크기를 결정한다.

```
set seed 10101
set matsize 1000
set obs 1000
```

여기서 한 가지 기술적 문제를 언급하고 넘어가자. Stata는 여러 종류의 판(edition)으로 구성되어 있다. 기본판(basic edition; BE)가 있고, 특별판(special edition; SE)이 있으며, 이보다 더 높은 등급인 다중프로세서(multi-processor; MP) 판도 있다. 이 각각의 Stata는 다룰 수 있는 데이터의 크기나 연산속도에서 차이가 난다. 지금 필자가 사용하는 Stata는 Stata/MP다. 이런 종류의 Stata로는 대규모 변수나 사례, 대규모 행렬을 다룰 수 있다. 연산속도도 빠르다. 그러나 다수의 독자는 아마도 Stata/BE나 Stata/SE를 사용할 것이다. 이들 판에서는 다룰 수 있는 변수나 사례, 행렬의 크기가 작다. 연산속도도 조금 더 느리다. 그리하여 대규모 시뮬레이션에 적합하지 않을 수 있다. 그럴 때에는 시뮬레이션 회수(시뮬레이션 결과를 저장하는 행렬의 크기)를 줄여야 할 것이다. 즉

```
set matsize 200
```

등으로 행렬의 크기를 조정해야 할 것이다.

둘째, 반복회수를 결정하고, 추정치를 저장할 행렬을 만든다. scalar reps=1000이 바로 그것이다(반복회수를 200으로 줄이려면 scalar reps=200으로 바꾸어야 한다). 추정 계수의 모수를 설정한 다음, runiform() 함수로 독립변수(X)를 생성한다. runiform() 함수의 전달인자 형식이 Mata와 다르다는 사실에 주목하라.

```
scalar reps=1000
mat est=J(reps, 4, .)
scalar b0=.3
scalar b1=.6

gen X=runiform(-1, 1)
```

셋째, 반복 과정으로 돌입하여, 매 반복시기마다 회귀계수를 구하고, 이 회귀계수를 앞에서 만든 est 행렬에 저장한다. 여기서 회귀계수는 Mata의 행렬로 구하지 않고 Stata의 regress 명령어로 구하였다는 사실에 주목하라. 그리고 for 문 대신 forvalues 문을 사용하였고, est행렬을 만들 때 i대신 `i'를 사용하였다는 사실에도 주목하라.

```
forvalues i=1/1000 {
  capture drop y
  gen y=b0+b1*X+rnormal(0, 1)
  qui reg y X
  mat b=e(b)
  mat V=e(V)
```

```
    mat est[`i',1]=b[1,1]
    mat est[`i',2]=b[1,2]
    mat est[`i',3]=sqrt(V[1,1])
    mat est[`i',4]=sqrt(V[2,2])
  }
```

넷째, 이렇게 구한 est 행렬을 가공하는 방식은 여러 가지다. 먼저, 행렬을 변수로 바꾸어서 개별 변수의 평균과 표준편차를 얻는 방법이 있다.

```
svmat est, name(E)
sum E*
```

다른 한편, Stata의 행렬을 Mata로 이전하여 연산할 수도 있다.

```
mata: E=mean(st_matrix("est"))
mata: st_matrix("E", E)

matrix rownames E=estimates
matrix colnames E=b1 b0 se1 se0
matlist E
```

앞선 논의를 종합해 보자.

```
clear
version 15.1

set seed 10101
set matsize 1000
set obs 1000

scalar reps=1000
```

```
mat est=J(reps, 4, .)
scalar b0=.3
scalar b1=.6

gen X=runiform(-1, 1)

forvalues i=1/1000 {
  capture drop y
  gen y=b0+b1*X+rnormal(0, 1)
  qui reg y X
  mat b=e(b)
  mat V=e(V)
  mat est[`i',1]=b[1,1]
  mat est[`i',2]=b[1,2]
  mat est[`i',3]=sqrt(V[1,1])
  mat est[`i',4]=sqrt(V[2,2])
}

mata: E=mean(st_matrix("est"))
mata: st_matrix("E", E)

matrix rownames E=estimates
matrix colnames E=b1 b0 se1 se0
matlist E

exit
```

이제 이 프로그램을 실행해 보자.

	b1	b0	se1	se0
estimates	.6011852	.3006967	.0541128	.0316143

Mata 프로그램으로 얻은 앞의 결과와 정확하게 일치한다. 그렇다면 이렇게 얻은 결과의 신뢰구간 포함 확률은 어떻게 구하는가?

```
: EST=st_matrix("est")
: coverage(EST[,1], EST[,3], .6, .95, 998)
                1              2              3
    1          .95   .9364918804   .9635081196
```

이 역시 Mata로 얻은 결과와 정확하게 일치한다. 어쨌든 이 장의 전반부에서는 Mata를 사용하여 시뮬레이션을 시행하겠지만, 중반부 이후에는 편의상, 주로 Stata로 시뮬레이션을 시행한다.

16.2 선형 모형 시뮬레이션

앞 절에서 시뮬레이션 결과를 평가하는 도구를 보았으므로 이제 자료생성과정에 약간의 변화를 일으켜보자. 우리가 일으킬 변화란 이분산성, 다중공선성, 측정오차, 누락변수, 집락자료, 오차의 비정규성 등이다. 우리가 이 절에서 알아보고 싶은 것은 이런 변화가 생겼을 때 계수와 표준오차가 정상적인 OLS 결과에서 벗어나는 정도와 그 방향이다. 그리고 효율성의 변화 정도와 변화 방향도 알아본다.

(1) 이분산성

보통의 최소제곱(OLS) 모형은 X와 β에 근거하여 그 값이 바뀌는 종속변수(y)의 분산이 같다고 가정한다. 바꾸어 말하면, X의 수준이 바뀌어도 잔차(residual)가 동일하다, 즉 X의 어떤 값에서도 y의 잔차는 동일하다고 가정한다. 이를 동분산성(homoskedasticity) 가정이라고 한다. 그러나 때때로 이런 가정이 충족되지 않는 경우도 있다. 말하자면 이분산성(heteroskedasticity)이 존재하는 경우도 적지 않다. 이분산성은 어떤 상황에서 발생하는가? 이분산성은 흔히 잔차가 독립변수와 상관관계를 맺고 있을 때 생긴다. 어쨌든 이와 같은 이분산성은 계수의 효율성 문제를 야기하는데, 계수가 비효율적이라는 것은 독립변수의 특정 값으로 종속변수를 믿을 만하게 예측하지 못한다는 것을 의미한다. 잔차가 독립변수의 값 크기에 비례해서 커진다면 독립변수의 특정 값으로 종속변수를 예측하기 어렵다. 어쨌든 이분산성 문제가 어떻게 효율성 문제를 초래하는지, 시뮬레이션으로 확인해 보자.

이분산성을 시뮬레이션하려면 앞에서 본 OLS 코드를 조금 바꾸어야 한다. 먼저 결과를 저장하는 객체를 바꾸어야 한다.

```
reps=1000
est_ncv=J(reps, 4, 0)
```

이분산성을 만들려면 잔차가 동일 분산을 갖지 않도록 해야 하는데, 그렇게 상황을 조성하려면 잔차의 분산이 독립변수의 함수가 되도록 자료생성과정을 바꾼다. 즉 모형의 오차 항 표준편차를 고정된 값(1)으로 둘 것이 아니라 가변적 값(exp(X*γ))로 둔다. 즉, 회귀분석의 모형을

```
y=b0+b1*X+rnormal(n, 1, 0, 1)
```

로 하지 않고

```
y=b0+b1*X+rnormal(n, 1, 0, exp(X*gamma))
```

로 바꾼다는 말이다. 여기서 오차 항의 표준편차를 굳이 거듭제곱 꼴로 바꾼 까닭은 오차 항의 분산이 음수가 되는 것을 사전에 방지하기 위함이고, 오차 항의 표준편차를 굳이 독립변수(X)와 상수(gamma)의 곱으로 표현한 까닭은 독립변수의 값이 바뀌면 gamma 배로 오차가 바뀐다는 것을 보이기 위함이다. 어쨌든 이렇게 오차항을 바꾸면 독립변수가 커지면서 오차의 분산은 바뀐다. 여기서는 gamma를 1.5로 할 것이므로 독립변수가 커지면서 오차의 분산은 점차 커질 것이다. 왜 1.5인가? 이것은 자의적인 선택이므로, 다른 숫자를 도입하고 싶은 사람은 그렇게 해도 무방하다. 만일 우리가 gamma를 음수로 설정하면 독립변수가 커지면서 오차의 분산은 점점 작아질 것이다. 어쨌든 편한 논의를 위해 오차의 분산을 저장하는 객체를 하나 만들어 이를 sigma_est라고 하자.

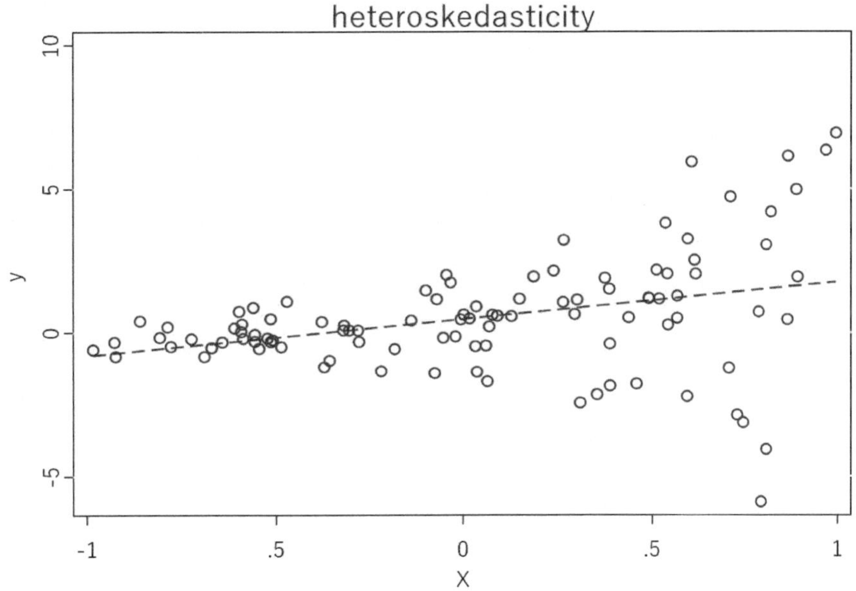

<그림 16-3> 오차의 이분산성이 야기한 변수의 산포도

〈그림 16-3〉은 변수 X와 y의 관계를 보인다. 우리가 미리 상정한 바와 같이, X와 y는 선형 관계를 보이지만(점선), 독립변수의 값이 클수록 오차는 극적으로 커진다.

이제 이런 변화, 즉 이분산성이 계수 추정치에 미치는 영향을 알아보자.

```
clear all

//heteroskedastic model
mata:
rseed(10101)
reps=1000
est_ncv=J(reps, 4, 0)
sigma_est=J(reps, 1, 0)
b0=.3
b1=.6
n=1000
X=runiform(n, 1, -1, 1)
gamma=1.5
```

```
for (i=1; i<=n; i++) {
  y=b0:+b1*X+rnormal(1, 1, 0, exp(X*gamma))
  b=cholinv(cross(X,1,X,1))*cross(X,1,y,0)
  k=cols(X)+1
  yhat=(X, J(n,1,1))*b
  e=y-yhat
  ee=e'e
  s2=ee/(n-k)
  sigma_est[i]=sqrt(s2)   //rmse
  V=s2*invsym(cross(X,1,X,1))
  se=sqrt(diagonal(V))

  est_ncv[i, 1]=b[1]
  est_ncv[i, 2]=b[2]
  est_ncv[i, 3]=se[1]
  est_ncv[i, 4]=se[2]
}
end
```

이 모형의 추정치는 다음과 같다.

```
: mean(est_ncv)
               1              2              3              4
  1   .6086182387    .3028166207    .1003362899    .0586194336
```

기울기 계수와 절편은 각각 .6과 .3에 근사하다. 이는 동분산성 모형의 그것과 흡사하다. 다른 한편, 기울기와 절편의 표준오차는 약 .1과 .06인데, 이는 동분산성 모형의 그것들(.054, .032)에 비해 두 배 정도 더 크다.

참고로 Mata가 아니라 Stata로 만든 프로그램은 아래와 같다. Stata 프로그램의 결과는 Mata 프로그램으로 얻은 결과와 그대로 일치한다.

```
clear
version 15.1

set seed 10101
set matsize 2000
set obs 1000

scalar reps=1000
mat est_ncv=J(reps, 4, .)
scalar b0=.3
scalar b1=.6
gen X=runiform(-1, 1)
scalar gamma=1.5
forvalues i=1/1000 {
  capture drop y
  gen y=b0+b1*X+rnormal(0, exp(X*gamma))
  qui reg y X
  mat b=e(b)
  mat V=e(V)
  mat est_ncv[`i',1]=b[1,1]
  mat est_ncv[`i',2]=b[1,2]
  mat est_ncv[`i',3]=sqrt(V[1,1])
  mat est_ncv[`i',4]=sqrt(V[2,2])
}

mata: mean(st_matrix("est_ncv"))
exit
```

앞에서 우리는 동분산성 모형을 보았는데, 이때 평균 제곱근 오차(root mean square error; rmse)는 미리 정한 바와 같이 당연히 1에 가까웠다. 그런데 이분산성을 가정한 모형의 rmse는 얼마나 되는가? 1,000개의 표본에서 이 오차를 구하여 이를 저장한 객체는 sigma.est다. 그러므로 이 오차는 다음과 같이 구하는데, 그 값은 약 1.854이다.

```
: mean(sigma_est)
 1.853603295
```

이렇게 이분산성 모형의 평균 제곱근 오차는 동분산성 모형보다 약 1.854배 더 크다. 그렇다면 이 모형의 모수 추정치는 두 가지 영향 때문에 바뀔 수 있다. 첫째, 오차의 분산이 커지면서 모수 추정치가 달라질 수 있다. 둘째, 이분산성 때문에 모수 추정치가 달라질 수 있다. 이 두 영향을 분리하지 않으면 우리는 모수 추정치의 변화가 무엇 때문에 발생한 것인지를 알 수 없다. 그러므로 이 두 영향을 분리해야 한다. 이 두 영향을 분리하려면 종속변수를 달리 하여 모형을 둘로 나눌 필요가 있다. 종속변수를 y로 하는 첫 번째 모형에서는 앞의 모형과 동일한 모형을 쓴다.

```
y=b0+b1*X+rnorm(n, 0, exp(X*gamma))
```

그러나 종속변수가 y2인 두 번째 모형에서는 오차의 표준편차를 동분산성 모형의 그것처럼 특정 값으로 바꾼다. 단 표준편차를 1로 하는 것이 아니라 앞에서 본 것처럼 이미 커진 값 1.854로 바꾼다.

```
sigma=1.854
y2=b0+b1*X+rnorm(n, 0, sigma)
```

그리하여 이 두 모형으로 추정한 계수(절편과 기울기)를 서로 비교한다.

```
//comparing the coefficients of heteroskedasticity model
//with  those of homoskedasticity model
clear all
version 15.1

//heteroskedasticity model
mata:
rseed(10101)
```

```
reps=1000
est_ncv=J(reps, 8, 0)
sigma_est=J(reps, 1, 0)
b0=.3
b1=.6
n=1000
X=runiform(n, 1, -1, 1)
gamma=1.5
for (i=1; i<=n; i++) {
   y=b0:+b1*X+rnormal(1, 1, 0, exp(X*gamma))
   b=cholinv(cross(X,1,X,1))*cross(X,1,y,0)
   k=cols(X)+1
   yhat=(X, J(n,1,1))*b
   e=y-yhat
   ee=e'e
   s2=ee/(n-k)
   sigma_est[i]=sqrt(s2)   //rmse
   V=s2*invsym(cross(X,1,X,1))
   se=sqrt(diagonal(V))

   //homoskedascity model
   y2=b0:+b1*X+rnormal(n, 1, 0, 1.8536)
   b2=cholinv(cross(X,1,X,1))*cross(X,1,y2,0)
   k=cols(X)+1
   yhat2=(X, J(n,1,1))*b2
   e2=y2-yhat2
   ee2=e2'e2
   s22=ee2/(n-k)
   V2=s22*invsym(cross(X,1,X,1))
   se2=sqrt(diagonal(V2))
```

```
    //estimates
    est_ncv[i, 1]=b[1]
    est_ncv[i, 2]=b[2]
    est_ncv[i, 3]=se[1]
    est_ncv[i, 4]=se[2]
    est_ncv[i, 5]=b2[1]
    est_ncv[i, 6]=b2[2]
    est_ncv[i, 7]=se2[1]
    est_ncv[i, 8]=se2[2]
  }
  end
```

이렇게 해서 얻은 이분산성 모형의 기울기 추정치는 est_ncv[,1]이고 동분산성 모형의 기울기 추정치는 est.ncv[,5]이다. 이분산성 모형의 절편 추정치는 est_ncv[,2]이고 동분산성 모형의 절편 추정치는 est_ncv[,6]이다. 이것들은 어떤 차이를 보이는가?

```
: En=mean(est_ncv)
: E=J(2, 4, .)
: E[1,]=En[1..4]
: E[2,]=En[5..8]
: E
```

	1	2	3	4
1	.6114954845	.3048266293	.1003522699	.0586287696
2	.5995133537	.2995228144	.1002510802	.0585696516

이분산성 모형(1행)과 동분산성 모형(2행)의 기울기(1열)와 계수 추정치(2열)는 그 평균값에서 별다른 차이를 보이지 않는다. 그런데 이 계수의 분산은 어떤 모습을 보일까? 커널밀도 추정(kernel density estimation)으로 이를 알아보자(〈그림 16-4〉 참조).[22]

22) 이 그림(〈그림 16-4〉)을 그리는 방법은 다음과 같다.

```
mata:
st_matrix("he", est_ncv[,1])
st_matrix("ho", est_ncv[,5])
end
```

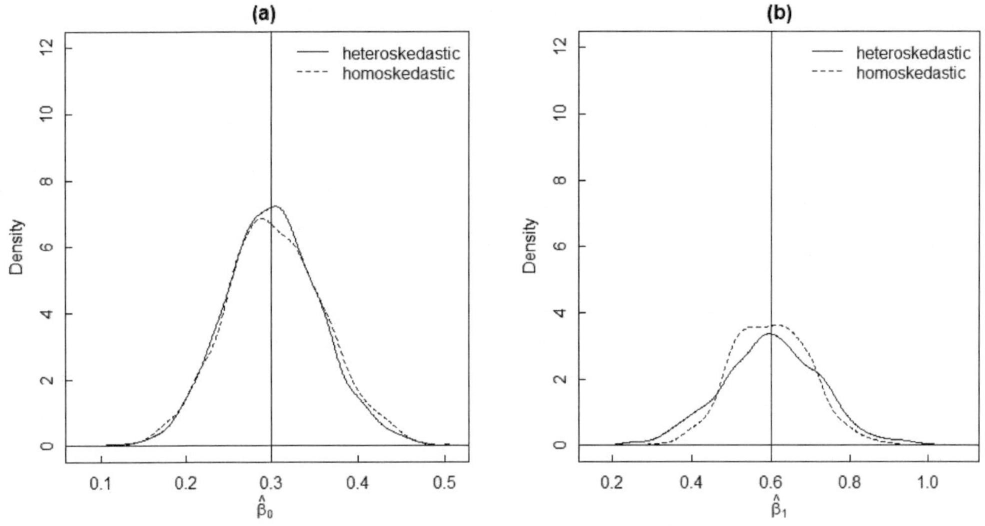

<그림 16-4> 이분산성으로 말미암은 계수 추정치 변화

이 그림에서 보듯 동분산성 모형이나 이분산성 모형의 모수 추정치는 치우쳐 있지 않다. 두 모형에서 절편과 기울기의 추정치는 원래의 모수 근처에서 좌우 대칭의 분포를 보인다. 이 두 모형이 서로 다른 점은 기울기 추정치의 효율성이다. (a) 그림에서 보듯 절편 추정치는 동분산성 모형이나 이분산성 모형에서 비슷한 분포를 보인다. 그러나 (b) 그림을 보면 이분산성 모형 기울기의 분산(실선)은 동분산성 모형의 분산(점선)보다 더 크다. 그러므로 오차의 분산이 독립변수의 함수라면(그리하여 오차가 일정하지 않다면), 독립변수의 기울기 계수는 모수와 가깝지 않을 가능성이 더 커진다.

지금까지 이분산성으로 말미암아 기울기 계수 추정치의 분산이 커진다는 사실을 보였다. 이제 이 계수의 표준오차는 이 큰 분산을 효과적으로 포착하는지, 아니면 이분산성이 그곳에서도 문제를 야기하는지를 알아보자. 이 문제는 앞에서 본 coverage() 함수로 알아볼 수 있다. 이분산성 모형과 동분산성 절편의 신뢰구간 포함 확률과 그 확률의 오차구간은 다음과 같다.

```
: coverage(b=est_ncv[,2], se=est_ncv[,4], true=.3, level=.95, df=998)
```

```
svmat he, names(hetero)
svmat ho, names(homo)
twoway(kdensity hetero, lp(dash))(kdensity homo)
exit
```

이 명령으로 그린 그림은 앞의 〈그림 16-4〉와 약간 다른데, 그 까닭은 다른 시드(seed)에서 추출한 추정치에 근거하여 그림을 그렸기 때문이다.

	1	2	3
1	.952	.9387508754	.9652491246

: coverage(b=est_ncv[,6], se=est_ncv[,8], true=.3, level=.95, df=998)

	1	2	3
1	.951	.9376206077	.9643793923

절편의 신뢰구간 포함 확률은 .95를 넘는다. 그러나 기울기 계수의 신뢰구간 포함 확률은 사정이 다르다. 다음에서 보다시피 동분산성 모형의 신뢰구간 포함 확률은 .95에 근접하지만, 이분산성 모형의 그것은 .90에도 미치지 못한다. 계수의 신뢰성이 의심스럽다는 이야기다.

: coverage(b=est_ncv[,1], se=est_ncv[,3], true=.6, level=.95, df=998)

	1	2	3
1	.883	.8630785304	.9029214696

: coverage(b=est_ncv[,5], se=est_ncv[,7], true=.6, level=.95, df=998)

	1	2	3
1	.949	.9353646502	.9626353498

〈그림 16-4〉의 (a)에서 보는 바와 같이 이분산성은 절편의 표준오차에 영향을 미치지 않는다. 신뢰구간 포함 확률은 .952이고 95% 오차 구간은 [0.939, 0.965]이다. 이는 동분산성을 가정한 OLS의 그것과 크게 다르지 않다. 그러나 기울기 표준오차의 신뢰구간 포함 확률은 .883이고, 오차 구간은 [0.863, 0.903]이다. 이는 표준오차의 OLS 추정치가 평균적으로 너무 작다는 것을 의미한다. 이런 결과가 나타난 것은 그렇게 놀랍지 않다. OLS 추정치는 동분산성을 가정하는 데, 실제로는 이분산성을 띠었기 때문이다. 그러므로 이분산성이 존재할 때에는 표준오차를 구하는 관습적 방법은 적절하지 않다. 다른 말로 표현하면 다음과 같다. 이분산성은 기울기 추정치의 분산을 크게 하는데, 표준오차를 구하는 관습적 방법은 이런 현상을 포착하는 데에 실패한다.

이렇게 이분산성이 존재할 때 OLS는 적절한 표준오차를 구하지 못한다. 그렇다면 그것을 교정하는 방법은 존재하는가? 이분산성이 존재할 때 이것에 대처하는 표준오차는 '강건한(robust)' 표준오차다. 강건한 분산-공분산 행렬을 구하려면 OLS의 공분산 행렬을 구하는 방식을 바꾸어야 한다. 먼저 OLS의 공분산 행렬을 샌드위치 방법으로 표기해야 한다.

$$Var(\hat{\beta}) = (X'X)^{-1}X'\Omega X(X'X)^{-1}, \text{ 여기서 } \Omega = \sigma^2 I_n \text{이다.}$$

강건한 회귀분석은 선형 회귀의 동등 분산(constant variance) 가정을 깬다. 개별 사례마다 분산이 다르다는 것은 인정한다. 그리하여 위 식의 Ω의 내용을 바꾼다. Ω의 내용은 여러 가지 방식으로 바꿀 수 있지만, Stata는 HC1 방식으로 바꾼다.

$$\text{HC1}=\frac{n}{n-k}\hat{\mu}_i^2 \text{ , 여기서 } \hat{\mu}_i^2 \text{는 잔차 제곱을 말한다.}$$

그러므로 강건한 회귀의 공분산 행렬은 다음과 같다.

$$Var(\hat{\beta}_{robust}) = (X'X)^{-1}X'\Omega X(X'X)^{-1}, \text{ 여기서 } \Omega = \frac{n}{n-k}\hat{\mu}_i^2 \text{이다.}$$

이 행렬로 이분산성에 적응하는 강건한 회귀의 표준오차를 구해 보자.

```
clear all
version 15.1

//robust standard error in the heteroskedasticity model
mata:
rseed(10101)
reps=1000
est_robust=J(reps, 4, 0)
b0=.3
b1=.6
n=1000
X=runiform(n, 1, -1, 1)
gamma=1.5
for (i=1; i<=n; i++) {
```

```
    y=b0:+b1*X+rnormal(1, 1, 0, exp(X*gamma))
    b=cholinv(cross(X,1,X,1))*cross(X,1,y,0)
    k=cols(X)+1
    e=y-(X, J(n,1,1))*b
    r2=e:^2
    hc1=(n/(n-k))*r2                          //note
    bread=invsym(cross(X,1,X,1))              //note
    robustV=bread*cross(X,1,hc1,X,1)*bread    //note
    robustSe=sqrt(diagonal(robustV))          //note

    est_robust[i, 1]=b[1]
    est_robust[i, 2]=b[2]
    est_robust[i, 3]=robustSe[1]
    est_robust[i, 4]=robustSe[2]
}
end
```

강건한 회귀분석의 모수 추정치는 어떠한가?

```
: mean(est_robust)
                 1              2              3              4
    +-------------------------------------------------------------+
  1 |  .6086182387    .3028166207    .1280952668    .0578930939   |
    +-------------------------------------------------------------+
```

계수는 OLS와 별로 다르지 않다. 절편의 표준오차도 OLS와 크게 다르지 않다. 다만 기울기의 표준오차만 OLS보다 더 큰 편이다. 이렇게 기울기의 표준오차가 크다면 계수는 유의미하지 않게 되는가? 신뢰구간 포함 확률을 구해보자.

```
: coverage(est_robust[,1], est_robust[,3], .6, level=.95, df=998)
                 1              2              3
    +----------------------------------------------+
  1 |         .953    .9398827296    .9661172704   |
    +----------------------------------------------+
```

신뢰구간 포함 확률은 .953이고, 시뮬레이션 오차 범위는 [0.939, 0.966]이다. 이 범위는 .95를 포함하고 있다. 그러므로 강건한 표준오차는 이분산이라는 조건에서도 계수 변동을 적절하게 포착한다고 말할 수 있다.

(2) 다중공선성

효율성 문제를 일으키는 또 하나의 현상은 다중공선성(多重共線性, multicollinearity), 즉 독립변수끼리 맺는 상관관계다. 둘 이상의 독립변수가 서로 강한 상관관계를 보이면, 계수 추정치의 변동성은 커지고 표준오차도 커진다. 그 결과 개별 독립변수가 종속변수에 미치는 고유 효과를 분리해 내는 것이 힘들게 된다. 아래에서는 상관관계가 어느 정도 되어야 이런 부작용이 나타나는지를 알아보자. 그리고 표본 크기가 커지면서 이 부작용은 어떻게 바뀌는지를 알아보자.

다중공선성을 고려하는 코드는 이분산성을 다루는 코드와 약간 다르다. 첫째, 독립변수를 하나 더 추가하고, 이 변수의 참값, 즉 모수를 .8이라고 가정한다. 둘째, 이분산성 모형에서는 하나의 γ값을 상정하였지만, 여기서는 상관계수가 0에서 .99까지 변하는 것을 감안한다. 더 구체적으로 말하면, 상관계수가 0, 0.1, 0.2, ..., 0.9, 0.99일 때를 상정하여 다중공선성의 문제를 살펴본다. 상관계수의 수준은 모두 11개인데, 각 상관계수마다 다중공선성 문제를 볼 것이므로 모두 11,000번의 반복을 시행하게 될 것이다. 셋째, 두 독립변수, X1과 X2는 Stata의 drawnorm 명령어를 사용하여 다변수 정상분포로 추출하고, 두 변수의 상관관계도 이 함수로 설정한다. 넷째, 상관관계가 강해지면서 표준오차가 어떻게 바뀌는지를 알아본다. 이제 코드를 구체적으로 작성해 보자.

```
//OLS_MC; multicollinearity model
clear all
version 15.1

set matsize 1500

local n=1000
local rho=0.0                          // correlation
capture drop x1 x2
drawnorm x1 x2,                        ///
```

```
        n(`n') means(0,0) sd(1,1)        ///
        corr(1,`rho'\`rho',1)            ///
        cstorage(lower) seed(10101)
mkmat x1 x2
mat x=(x1, x2)

mata:
rseed(10101)
reps=1000
est_mc=J(reps, 6, .)
b0=.3
b1=.6
b2=.8
n=1000

X=st_matrix("x")
X1=X[,1]
X2=X[,2]

for (i=1; i<=n; i++) {
  y=b0:+b1*X1+b2*X2+rnormal(n, 1, 0, 1)
  b=cholinv(cross(X,1,X,1))*cross(X,1,y,0)
  k=cols(X)+1
  yhat=(X, J(n,1,1))*b
  e=y-yhat
  ee=e'e
  s2=ee/(n-k)
  V=s2*invsym(cross(X,1,X,1))
  se=sqrt(diagonal(V))

  est_mc[i, 1]=b[1]
```

```
    est_mc[i, 2]=b[2]
    est_mc[i, 3]=b[3]
    est_mc[i, 4]=se[1]
    est_mc[i, 5]=se[2]
    est_mc[i, 6]=se[3]
  }
  mean(est_mc)'
  end
```

위 프로그램에서 두 독립변수의 상관계수는 0이다.

```
  local rho=0
```

상관계수를 바꾸려면 rho의 숫자를 바꾸면 된다. 예컨대 상관계수를 .5로 설정하려면,

```
  local rho=.5
```

로 바꾸면 된다. 그런데 혹시 상관계수를 0부터 시작하여 .1간격으로 .9까지 바꾸고, 이에 덧붙여 .99로 바꾸는 작업을 기계적으로 하고 싶은가? 그리하여 여러 상관계수의 결과를 한꺼번에 얻고 싶은가? 그럴 요량이면 앞의 작업을 조금 더 확장해야 한다.

```
//OLS_MC; multicollinearity model
clear all
version 15.1

program multi_collinear
  set matsize 1500

  local n=1000                         //sample size
  local numbers 0 1 2 3 4 5 6 7 8 9 9.9
  foreach j of local numbers {
```

```
    local rho=`j'/10                          //correlation
    capture drop x1 x2
    drawnorm x1 x2,                           ///
              n(`n') means(0,0) sd(1,1)       ///
              corr(1,`rho'\`rho',1)           ///
              cstorage(lower) seed(10101)
    mkmat x1 x2
    mat x=(x1, x2)

    mata: calc("x")

    disp
    disp "When rho is `rho',"
    matrix rownames E=estimates
    matrix colnames E=b1 b2 b0 se1 se2 se0
    matlist E'
  }
end

mata:
real matrix calc(string scalar x)
{
  real scalar reps, b0, b1, b2, n, k, s2, i, ee
  real matrix est_mc, V, X
  real vector X1, X2, y, e, se, yhat, b

  rseed(10101)
  reps=1000
  est_mc=J(reps, 6, .)
  b0=.3
  b1=.6
```

```
    b2=.8
    n=1000

    X=st_matrix("x")
    X1=X[,1]
    X2=X[,2]

    for (i=1; i<=n; i++) {
      y=b0:+b1*X1+b2*X2+rnormal(n, 1, 0, 1)
      b=cholinv(cross(X,1,X,1))*cross(X,1,y,0)
      k=cols(X)+1
      yhat=(X, J(n,1,1))*b
      e=y-yhat
      ee=e'e
      s2=ee/(n-k)
      V=s2*invsym(cross(X,1,X,1))
      se=sqrt(diagonal(V))

      est_mc[i, 1]=b[1]
      est_mc[i, 2]=b[2]
      est_mc[i, 3]=b[3]
      est_mc[i, 4]=se[1]
      est_mc[i, 5]=se[2]
      est_mc[i, 6]=se[3]
    }
    st_matrix("E", mean(est_mc))
  }
  end
```

이 프로그램을 조금 해설해 보자. 먼저, 큰 틀을 보라. 이 프로그램은 두 개의 덩어리로 이루어졌다. 하나는 program...end이고, 다른 하나는 mata...end다. 앞의 것은 프로그램을 총괄하는 덩어리고, 뒤 것은 연산을 담당하는 덩어리다.

```
program multi_collinear
   ......................................
end

mata:
   ......................................
end
```

프로그램의 전반부(program...end)에서 foreach 구문이 등장하는데, 이는 상관계수를 0부터 .99까지 순차적으로 바꾸기 위한 구문이다. drawnorm 명령어는 다변수 정상분포에서 개별 사례를 추출한다. 평균이 0이고 표준편차가 1인 두 개의 변수를 추출하는 과정이다. drawnorm의 사용법은 help drawnorm 명령으로 알아보라. foreach 구문 때문에 상관계수(`rho')는 매번 바뀔 것이다. 개별 상관계수별로 두 개의 변수를 추출한다. 이렇게 추출한 변수를 행렬로 전환하는 명령어가 mkmat x1 x2고, 이렇게 만든 두 행렬을 하나로 묶는 명령어가 matrix x=(x1, x2)다.

```
capture drop x1 x2
drawnorm x1 x2,                        ///
           n(`n') means(0,0) sd(1,1)   ///
           corr(1,`rho'\`rho',1)       ///
           cstorage(lower) seed(10101)
mkmat x1 x2
mat x=(x1, x2)
```

이렇게 만든 행렬을 Mata 함수의 전달인자로 삼는다.

```
mata: calc("x")
```

이제 Mata 함수를 작성할 차례다. Mata 함수는 앞에서 언급한 OLS 프로그램을 약간 변형한 것이다. 미세한 변화에 주목하면서 프로그램을 이해해 보기 바란다.

그런데 이런 프로그램은 제대로 작동하는가? 확인해 보자.

```
. multi_collinear
〈출력 결과 생략〉
```

제대로 작동한다. 연산 속도도 무척 빠르다. 만족스럽다. 그러나 이런 시뮬레이션은 다소 불편하다. 회귀계수와 표준오차를 '행렬 연산'로 구해야 한다는 점이 부담스럽다. OLS 회귀를 다루는 지금이야 별다른 불편을 못 느끼지만, 다른 분석 모형, 예컨대 다항 로짓 회귀모형을 '행렬 연산'으로 나타내기는 그렇게 쉽지 않다. 그러므로 더 익숙한 방법으로 시뮬레이션을 수행해야 하는데, 이 방식은 Stata가 내장한 회귀명령을 사용하는 것이다.

```
//OLS; multicollinearity model
clear all
version 15.1

set seed 10101
set matsize 1500
set obs 1000

local numbers 0 1 2 3 4 5 6 7 8 9 9.9
foreach j of local numbers {
  local n=1000                              // sample size
  local rho=`j'/10                          // correlation
  capture drop X1 X2
  drawnorm X1 X2,                           ///
            n(`n') means(0,0) sd(1,1)       ///
      corr(1,`rho'\`rho',1) cstorage(lower) seed(10101)

  scalar reps=1000
  mat est_mc=J(reps, 6, .)
  scalar b0=.3
```

```
    scalar b1=.6
    scalar b2=.8

    forval i=1/1000 {
      capture drop y
      gen y=b0+b1*X1+b2*X2+rnormal(0, 1)
      qui reg y X1 X2                          //notice
      mat b=e(b)                               //notice
      mat V=e(V)                               //notice

      mat est_mc[`i', 1]=b[1,1]
      mat est_mc[`i', 2]=b[1,2]
      mat est_mc[`i', 3]=b[1,3]
      mat est_mc[`i', 4]=sqrt(V[1,1])
      mat est_mc[`i', 5]=sqrt(V[2,2])
      mat est_mc[`i', 6]=sqrt(V[3,3])
    }

    disp
    disp "When correlation=`rho',"
    mata: E=mean(st_matrix("est_mc"))
    mata: st_matrix("E", E)

    matrix rownames E=estimates
    matrix colnames E=b1 b2 b0 se1 se2 se0
    matlist E'
  }
  exit
```

이 프로그램을 실행하면, 더디게 결과를 내놓는다. 그러나 이 결과는 Mata 프로그램의 결과와 흡사하다.

어쨌든 이렇게 얻은 표준오차를 상관계수별로 비교해 보자. 그리고 표본의 크기를 바꾸어서 비교해 보기도 하자. 회귀분석에서 두 독립변수의 상관관계가 높아지면, 계수의 표준오차가 커지는가? 확인해 보자. 〈표 16-1〉은 개별 상관계수에서 연산한 β_1의 표준오차(se1)를 보인 것이다. 이 표에서 볼 수 있는 것은 상관계수가 웬만큼 높아지기 전에는 표준오차가 많이 달라지지 않는다는 것이다. 상관계수가 .7~.8이 넘어야 표준오차의 크기가 의미 있는 수준으로 바뀐다.

<표 16-1> 변수간 상관관계와 기울기 계수(b_1)의 표준오차

상관계수	b_1의 표준오차	
	n=1000	n=5000
0	.0320	.0142
.1	.0321	.0143
.2	.0325	.0145
.3	.0333	.0150
.4	.0346	.0156
.5	.0365	.0166
.6	.0395	.0180
.7	.0442	.0201
.8	.0526	.0240
.9	.0726	.0329
.99	.2259	.1012

상관계수와 표준오차의 연관성의 경향은 〈그림 16-5〉에서 쉽게 확인할 수 있다. 표본의 크기가 1,000일 때, 독립변수의 상관관계가 웬만큼 커져도 기울기 계수의 표준편차는 그만그만한 수준을 유지한다. 그러다 상관계수 .7~.8 무렵부터 기울기 계수의 표준편차는 급격하게 커진다. 이를 바꾸어 말하면, 상관관계가 웬만큼 강하지 않을 때에는 다중공선성은 큰 문제가 되지 않는다는 것이다. 다른 한편, 표본의 크기를 늘리면, 예컨대 n을 5000으로 늘리면, 다중공선성 문제는 더 약화한다. 다중공선성이 추정치의 분산을 교란하는 정도가 더 줄어든다는 말이다. 이런 발견이 의미하는 바는 명백하다. 큰 표본에서는 다중공선성을 우려할 필요가 별로 없고, 다중공선성이 걱정될 때에는 표본 크기를 늘리면 된다는 것이다.

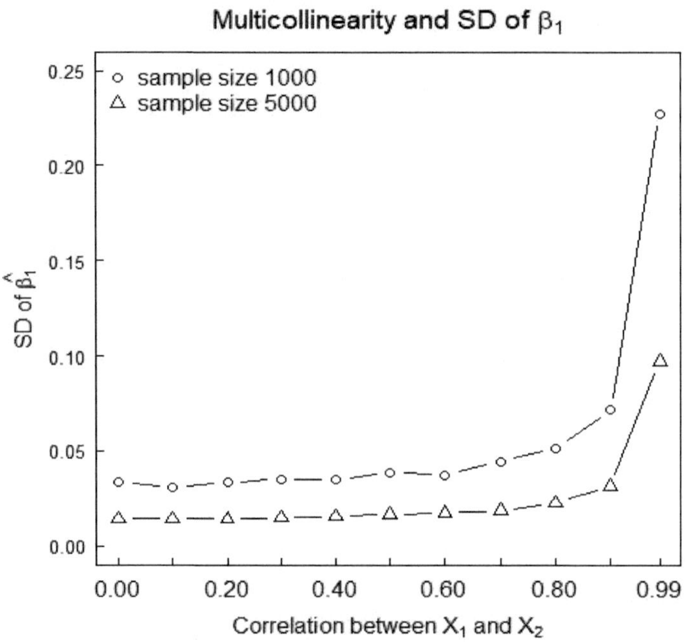

<그림 16-5> 다중공선성이 야기하는 계수의 표준오차 변화

(3) 측정오차

독립변수에 측정오차(measurement error)가 존재하면 모수 추정치는 어떻게 바뀌는가? 유사한 질문이지만, 대리변수(proxy variable)가 독립변수를 완벽하게 대리하지 못한다면 모수 추정치는 어떻게 될 것인가? 통계학 교과서는 독립변수에 측정오차가 있으면 독립변수와 오차항의 연관성이 높아짐으로써 회귀계수는 한쪽 방향으로 치우치게 된다고 말한다. 과연 그런가? 이 절에서는 시뮬레이션으로 이 질문에 대한 답을 찾아보기로 한다.

순서대로 생각해 보자. 첫째, 앞에서 그랬던 것처럼 우리는 어떤 가정도 위반하지 않은 기본적 OLS 시뮬레이션으로 시작한다. 즉 독립변수 X는 측정오차를 포함하지 않는 것으로 가정한다.

```
// Measurement error
rseed(10101)
reps=1000
b0=.3
b1=.6
```

```
n=1000
X=runiform(n, 1, -1, 1)
```

나중에 보겠지만, 종속변수 y는 고정된 계수와 X, 그리고 정상분포를 따르는 오차항으로 결정한다.

```
y=b0:+b1*X+rnormal(n, 1, 0, 1)
```

둘째, 측정오차의 수준(me_level)을 설정한다. 연후에 개별 측정오차의 수준에서 결정되는 계수의 절대 오차를 상정하고 이를 담을 객체(abs_merror)를 만든다. 그리고 모수 추정치를 담을 객체(est_merror)도 미리 만든다.

```
me_level=0

abs_merror=J(reps, 1, 0)
est_merror=J(reps, 2, 0)
```

셋째, 측정오차를 포함한 독립변수를 설정한다. 측정오차의 수준은 0에서 1까지 가변적으로 설정할 수 있다.

```
Xp=X+rnormal(n, 1, 0, me_level)
```

넷째, 이제 반복 과정에서 돌입하여, 측정오차를 포함하지 않은 독립변수로 y 변수를 만들되, 측정오차를 포함한 독립변수로 계수를 추정한다.

```
for (i=1; i<=reps; i++) {
  y=b0:+b1*X+rnormal(n, 1, 0, 1)                   // X
  b=cholinv(cross(Xp,1,Xp,1))*cross(Xp,1,y,0)      // Xp
  k=cols(Xp)+1                                     // Xp
  yhat=(Xp, J(n,1,1))*b                            // Xp
  e=y-yhat
```

```
    ee=e'e
    s2=ee/(n-k)
    V=s2*invsym(cross(Xp,1,Xp,1))                    // Xp
    se=sqrt(diagonal(V))
  }
```

다섯째, 개별 반복과정에서 추정한 계수와 절차오차를 앞에서 미리 만들어 놓은 객체로 이동한다.

```
est_merror[i,1]=b[1]
est_merror[i,2]=b[2]
abs_merror[i]=abs(b[1]-b1)
```

이 논의를 종합 정리하면 다음과 같다. 아래의 프로그램에서 측정오차는 .5인 것으로 설정하였지만, 측정오차는 0부터 1까지 임의의 값을 부여할 수 있다.[23)]

```
clear all
version 15.1

mata:
rseed(10101)
reps=1000
b0=.3
b1=.6
n=1000

me_level=0.5                  // measurement_error_level

X=runiform(n, 1, -1, 1)
abs_merror=J(reps, 1, 0)
```

23) 0부터 1까지 이어지는 일련의 값들을 모두 투입하는 프로그램을 짜는 시도는 독자에게 맡긴다.

```
est_merror=J(reps, 2, 0)

Xp=X+rnormal(n, 1, 0, me_level)

for (i=1; i<=reps; i++) {
  y=b0:+b1*X+rnormal(n, 1, 0, 1)
  b=cholinv(cross(Xp,1,Xp,1))*cross(Xp,1,y,0)
  k=cols(Xp)+1
  yhat=(Xp, J(n,1,1))*b
  e=y-yhat
  ee=e'e
  s2=ee/(n-k)
  V=s2*invsym(cross(Xp,1,Xp,1))
  se=sqrt(diagonal(V))

  est_merror[i,1]=b[1]
  est_merror[i,2]=b[2]
  abs_merror[i]=abs(b[1]-b1)
}
mean(est_merror)
mean(abs_merror)
end
```

앞에서도 언급하였지만, Mata 프로그램은 효과적이다. 연산 속도가 빠르다. 그러므로 가능하다면 어떤 것이든 Mata로 분석하는 것이 바람직하다. 프로빗 분석의 시뮬레이션이든 로짓 분석의 시뮬레이션이든 Mata로 접근하는 것이 좋다. 그러나 우리가 모든 분석을 Mata로 하기는 힘들다. 예컨대 다항 로짓 분석이나 다수준 분석을 Mata로 접근할 필요는 없다. 번거롭기 때문이다. 어쨌든 이렇게 Mata로 접근할 수 없을 때에는 Stata로 시뮬레이션을 실행하여야 할 것이다. 그러므로 앞에서 그랬던 것처럼, Stata로 시뮬레이션하는 방법도 알아보자.

```
clear all
```

```
version 15.1

set seed 10101
set matsize 1000
set obs 1000

scalar reps=1000
scalar b0=.3
scalar b1=.6
local n=1000

scalar me_level=0                    // measurement_error_level

qui gen X=runiform(-1, 1)
mat abs_merror=J(reps, 1, 0)
mat est_merror=J(reps, 2, 0)

qui gen Xp=X+rnormal(0, me_level)

forvalues i=1/1000 {
  capture drop y
  qui gen y=b0+b1*X+rnormal(0, 1)
  qui reg y Xp
  mat b=e(b)
  mat V=e(V)

  mat est_merror[`i',1]=b[1, 1]
  mat est_merror[`i',2]=b[1, 2]
  mat abs_merror[`i',1]=abs(b[1,1]-b1)
}
mata: E=mean(st_matrix("est_merror"))
```

```
mata: A=mean(st_matrix("abs_merror"))
mata: st_matrix("E", E)
mata: st_matrix("A", A)

matrix rownames E=estimates
matrix colnames E=b1 b0
matlist E

matrix rownames A=error
matrix colnames A=mean
matlist A
exit
```

이런 프로그램으로 얻은 객체는 est_merror와 abs_merror다. 전자는 계수 추정치 행렬이고, 후자는 계수의 절대 오차 벡터다. 측정오차의 크기에 따라 계수 추정치(β_1)는 어떤 방향으로 바뀌는가? 〈그림 16-6〉은 이를 보여준다.[24] 이 그림을 보면, 측정오차가 커지면서, 즉 측정오차가 0에서 1로 바뀌면서 계수 추정치는 모수에서 점차 멀어진다. 좀 더 정확하게 말하면, 측정오차가 커지면, 우리는 계수를 과소 추정하게 된다.

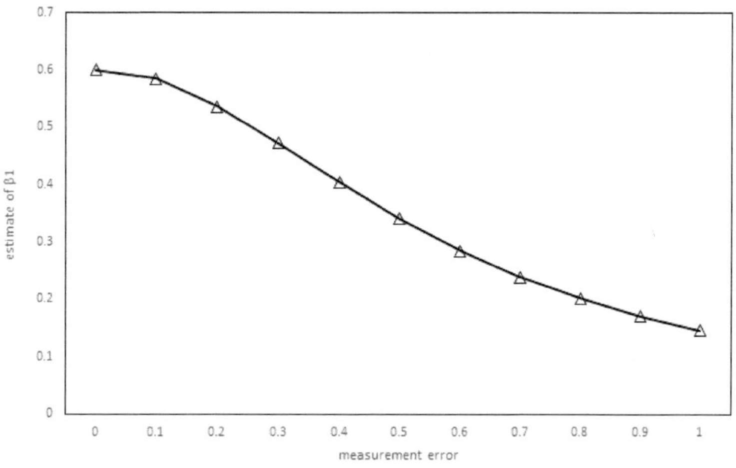

<그림 16-6> 측정오차와 계수 추정치의 연관성

24) 그림의 삼각형 점은 me_level을 0에서 1까지 바꾸어가면서 얻은 것이다.

조금 더 자세히 알아보자. 〈그림 16-7〉의 (a)에서 알 수 있듯, 측정오차가 커지면 모수 추정치는 점차 작아진다. 측정오차가 없을 때, 즉 $\sigma_{ME} = 0$일 때 β_1 추정치 분포(실선)의 평균은 .601인데, 측정오차가 중간쯤일 때, 즉 $\sigma_{ME} = .5$일 때 β_1 추정치 분포(긴 점선)의 평균은 .341이고 측정오차가 더 클 때, $\sigma_{ME} = 1$일 때 분포(짧은 점선) 평균은 .146이다. 이렇게 측정오차가 없을 때에는 치우침이 없지만, 측정오차가 크면 추정치는 하향으로 치우치는 경향을 보인다.

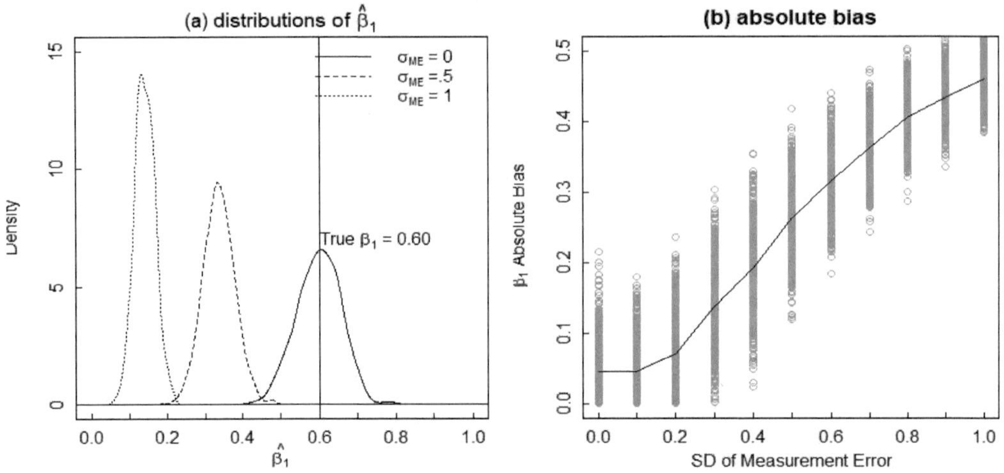

<그림 16-7> 측정오차와 모수추정치, 절대적 치우침

〈그림 16-7〉의 (b)는 측정오차와 절대적 치우침의 관계를 보인 것이다. x축은 측정오차의 표준편차이고, y축은 개별 시뮬레이션의 절대적 치우침이다. 실선으로 나타낸 지역 가중 산점도 평활선(locally-weighted scatterplot smoother; lowess)은 절대적 치우침의 경향을 보이는데, 이 경향은 S자 유형을 띤다. 즉 측정오차가 중간일 때 절대적 치우침은 큰 폭으로 상승하고, 측정오차가 충분히 클 때 절대적 치우침은 작은 폭으로 상승하거나 별로 바뀌지 않는다. 어쨌든 측정오차가 클수록 하향 치우침은 커서 기울기 계수(β_1)의 추정치는 0과 가까워진다.

(4) 누락 변수

데이터를 수집할 때도 그러하지만 모형을 설정할 때에도 충분한 주의를 기울이지 않으면 독립변수를 누락할 수 있다. 만일 이렇게 빠뜨린 변수가 모형에 포함한 다른 독립변수와 상관관계를 맺고 있지 않다면 이를 빼도 모형은 효율성을 잃지 않는다. 그러나 누락변수가 다른 독립변수와 강한 연관성을 보인다면 모형에 남아 있는 변수의 계수 추정치는 한쪽으로 치우친다.

다중공선성이나 측정오차를 다루는 시뮬레이션에서 그랬던 것처럼, 누락 변수를 다루는 시뮬레이션에서도 독립변수끼리 맺는 상관관계의 수준이 계수 추정치의 치우침에 미치는 영향을 고려해 보자. 두 개의 독립변수(X1, X2)가 0에서 .99에 이르기까지 다양한 상관관계를 맺고 있다고 가정해 보자. 그러나 두 변수 가운데에서 한 변수(X1)만 모형에 들고 다른 변수(X2)는 빠진다고 가정해 보자. 상관계수의 한 수준에서 이 모형의 기울기 계수(β_1)을 추정하고 이 추정치의 평균제곱오차(mse)를 계산한 다음, 다른 상관계수 수준으로 넘어가는 것을 반복하기로 한다.

```
//OLS_OV; omitted variable model
clear all
version 15.1

local n=1000                        //sample size
local rho=0                         //correlation coefficient

capture drop x1 x2
drawnorm x1 x2,                     ///
        n(`n') means(0,0) sd(1,1)   ///
        corr(1,`rho'\`rho',1)       ///
        cstorage(lower) seed(10102)
set matsize 1500
mkmat x1 x2
matrix x=(x1,x2)

mata:
rseed(10101)
reps=`n'
est_ov=J(reps, 4, .)
mse_ov=J(reps, 1, .)
b0=.3
b1=.6
b2=.8
```

```
n=`n'
X=st_matrix("x")
X1=X[,1]
X2=X[,2]

for (i=1; i<=n; i++) {
  y=b0:+b1*X1+b2*X2+rnormal(n, 1, 0, 1)
  b=cholinv(cross(X1,1,X1,1))*cross(X1,1,y,0)
  k=cols(X1)+1
  yhat=(X1, J(n,1,1))*b
  e=y-yhat
  ee=e'e
  s2=ee/(n-k)
  V=s2*invsym(cross(X1,1,X1,1))
  se=sqrt(diagonal(V))

  est_ov[i, 1]=b[1]
  est_ov[i, 2]=b[2]
  est_ov[i, 3]=se[1]
  est_ov[i, 4]=se[2]
  mse_ov[i, 1]=(est_ov[i,1]-b1):^2
}
mean(est_ov)
mean(mse_ov)
end
```

이 시뮬레이션의 결과물은 est_ov와 mse_ov이다. 전자를 보면 상관계수별 기울기 추정치를 알 수 있고, 후자를 보면 상관계수별 평균제곱오차를 알 수 있다. 먼저 est_ov를 이용하여 상관계수별 기울기(β_1) 추정치의 치우침 정도를 알아보자. 〈그림 16-8〉을 보면, 상관계수가 강해지면서 기울기 추정치는 점차 커지는 것을 알 수 있다. 즉, 기울기 추정치가 상향으로 치우친다는 사실을 알 수 있다.

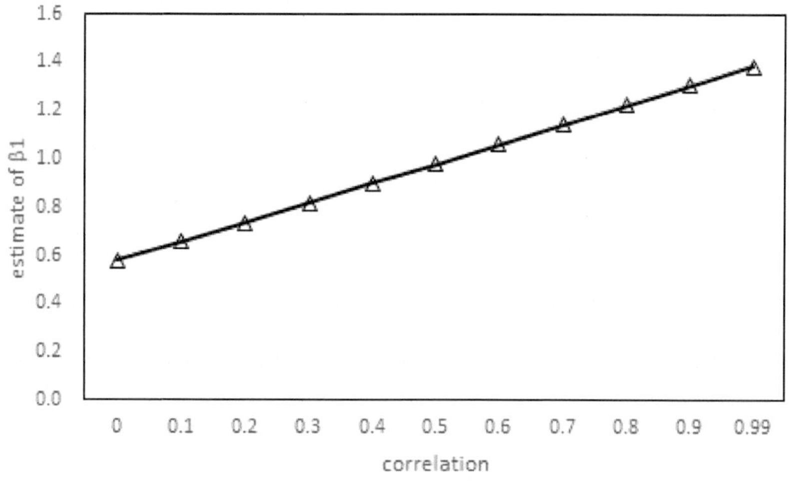

<그림 16-8> 변수간 상관계수와 기울기 추정치의 연관성

〈그림 16-9〉의 패널 (a)는 이러한 계수 추정치 경향을 조금 더 입체적으로 보인 것이다. 이 그림을 보면, 두 변수 사이에 상관관계가 없으면(r_{X_1,X_2}=0), X2를 누락해도 X1의 계수는 치우치지 않는다. est_ov[,1]의 평균값은 .597이다. 그러나 두 변수의 상관관계가 .5이면 est_ov[,1]은 .997, 상관계수가 .99면 1.393이 된다. 결국 독립변수의 연관성이 강할수록 누락 변수는 더 많은 상향 치우침을 낳는다. 이런 경향은 〈그림 16-9〉의 (b) 패널에서도 볼 수 있다. 독립변수의 상관관계가 강할수록 누락변수로 말미암은 개별 추정치의 평균제곱편차는 기하급수적으로 커진다.

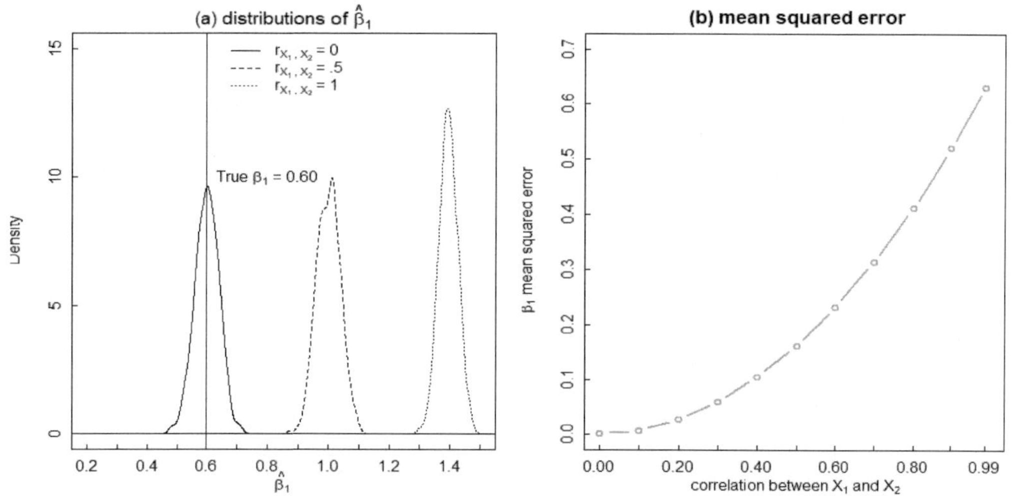

<그림 16-9> 누락변수와 기울기 추정치의 치우침, 평균제곱오차

16.3 일반 선형 모형 시뮬레이션

(1) ML 모형의 OLS 시뮬레이션

앞 절에서 우리는 표준적 선형 모형, 즉 OLS에 초점을 맞추어 시뮬레이션하는 방법을 알아보았다. 그러나 현실에서 우리는 OLS가 아닌 다른 모형도 많이 사용한다. 특히 선형모형을 확대한 일반선형모형(generalized linear models: GLM)을 대중적으로 사용한다. 이 절에서는 일반선형모형의 자료생성과정을 살피고 이 과정으로 만들어진 추정치를 평가하기로 한다. 특히 이항 모형, 서열 모형, 다항 모형, 도수 모형 등을 살펴보기로 한다. 이들 모형은 OLS 모형처럼 직관적이지 않은데, 그 까닭은 종속변수가 연속적이거나 무제약적인 것이 아니기 때문이다. 종속변수가 연속적이거나 무제약적이지 않다는 말은 자료의 시뮬레이션에서 체계 부분과 확률 부분을 결합할 때 다른 전략을 사용해야 한다는 것을 의미한다. 어떤 전략을 사용해야 하는가?

OLS 방법은 분석적 해를 구할 때 흔히 행렬 대수를 사용한다. 그러나 최대근사법(maximum likelihood: ML)으로 분석적 해를 추정할 수도 있다. 이런 방법은 OLS를 다른 일반선형모형과 같은 맥락에서 바라보는 장점을 제공한다. 최대근사법은 통계 모형의 모수를 추정하는 한 방법인데, 이는 우리가 관심을 기울이는 종속변수가 특정한 확률분포를 따르고, 이 분포는 하나 이상의 미지의 모수를 갖는다고 가정한다. 예를 들면 OLS에서는 종속변수가 정상분포를 따르고, 이 분포의 평균과 표준편차가 각각 μ와 σ라고 가정한다. 그리고 독립변수에서 얻은 정보로 이 평균과 표준편차를 추정한다.

행렬대수법과 최대근사법의 차이를 알아보자. 지금까지 살펴보았던 OLS 모형에서 종속변수(y)는 독립변수(X)와 계수(β), 그리고 오차(ϵ)의 함수였다. 그리고 이 오차는 정상분포를 이룬다고 가정하였다. 이를 수식으로 표현하면 다음과 같다.

$$y = \beta_0 + \beta_1 X_1 + \beta_2 X_2 + \ldots + \epsilon,$$
$$\epsilon \sim N(\mu, \sigma)$$

그러나 이 모형을 아래와 같이 다른 방식으로 표현할 수도 있다.

$$y \sim N(\mu, \sigma),$$
$$\mu = \beta_0 + \beta_1 X_1 + \beta_2 X_2 + \ldots + \beta_n X_n$$

즉, 종속변수는 평균이 μ이고 표준편차가 σ인 정상분포를 이루고, 종속변수의 평균은 독립변수와 계수의 결합('선형 예측치')이라고 표현할 수 있다. 이런 방식의 표기로 OLS를 넘어 일반 선형 모형으로 나아갈 수 있다. 예컨대 종속변수가 이항분포를 이룬다고 가정함으로써 이항 변수인 종속변수를 다른 독립변수와 연결할 수 있다. 어쨌든 OLS를 예로 들어 추정 방식의 이런 변화를 알아보자.

앞에서 우리는 OLS의 모수를 다음과 같은 두 방식으로 추정하였다. 하나는 Mata를 이용한 방식이었다. 다른 하나는 Stata의 명령을 사용하는 방식이었다. 이 두 방식에서 종속변수(y)는 독립변수와 계수, 오차항의 선형 결합으로 표현하였다. y는 Mata와 Stata에서 각각 다음과 같이 표기하였다.

```
y=b0:+b1*X+rnormal(n, 1, 0, 1)
gen y=b0+b1*X+rnormal(0, 1)
```

이것들을 일반선형모형(GLM)으로 바꾸어 보자. 다시 말해, 다음 형태로 바꾸어 보자.

```
y=rnormal(1, 1, b0:+b1*X, 1)
gen y=rnormal(b0+b1*X, 1)
```

그리고 그 결과를 est 대신 est2에 저장한다고 가정해 보자. Mata를 이용하여 추정치를 구하는 방법은 다음과 같다.

```
clear all
version 15.1

mata:
rseed(10101)
reps=1000
est2=J(reps, 4, .)                    // changed
b0=.3
b1=.6
n=1000
```

```
X=runiform(n, 1, -1, 1)
for (i=1; i<=reps; i++) {
  y=rnormal(1, 1, b0:+b1*X, 1)                    // changed
  b=cholinv(cross(X,1,X,1))*cross(X,1,y,0)
  k=cols(X)+1
  yhat=(X, J(n,1,1))*b
  e=y-yhat
  ee=e'e
  s2=ee/(n-k)
  V=s2*invsym(cross(X,1,X,1))
  se=sqrt(diagonal(V))

  est2[i,1]=b[1]                                  // changed
  est2[i,2]=b[2]                                  // changed
  est2[i,3]=se[1]                                 // changed
  est2[i,4]=se[2]                                 // changed
}
mean(est2)                                        // changed
end
```

다른 한편, Stata로 일반선형모형을 추정하는 방식은 다음과 같다.

```
clear
version 15.1

set seed 10101
set matsize 1000
set obs 1000

scalar reps=1000
mat est2=J(reps, 4, .)                            // changed
```

```
scalar b0=.3
scalar b1=.6
gen X=runiform(-1, 1)

forvalues i=1/1000 {
  capture drop y
  gen y=rnormal(b0+b1*X, 1)                    // changed
  qui reg y X
  mat b=e(b)
  mat V=e(V)
  mat est2[`i',1]=b[1,1]                       // changed
  mat est2[`i',2]=b[1,2]                       // changed
  mat est2[`i',3]=sqrt(V[1,1])                 // changed
  mat est2[`i',4]=sqrt(V[2,2])                 // changed
}

mata: E=mean(st_matrix("est2"))                // changed
mata: st_matrix("E", E)

matrix rownames E=estimates
matrix colnames E=b1 b0 se1 se0
matlist E

exit
```

보통의 선형모형으로 계수를 추정하든 일반선형모형으로 추정하든, 추정치는 같다. 추정치 est, est2의 첫 두 열은 각각 절편과 기울기의 계수, 나중의 두 열은 각각 절편과 기울기의 표준오차임을 기억하라. 추정 방법은 다르지만, 아래에서 보듯, 그 결과는 같다.

```
: est[1..3,]
```

	1	2	3	4
1	.5770857059	.3231526434	.0554355965	.0323871181
2	.5778869487	.3455046232	.0537120714	.0313801837
3	.6753559646	.282961886	.054189745	.0316592547

: est2[1..3,]

	1	2	3	4
1	.5770857059	.3231526434	.0554355965	.0323871181
2	.5778869487	.3455046232	.0537120714	.0313801837
3	.6753559646	.282961886	.054189745	.0316592547

(2) 이항 모형

조금 전에 우리는 일반선형모형으로 선형방정식을 추정하는 방식을 보았는데, 이제는 일반선형모형으로 다른 모형을 구성하는 과정을 살펴볼 차례다. 우리는 종속변수를 확률분포에서 추출할 것이고, 모형의 체계 부분을 확률분포의 평균과 연결할 것이다.

이항 모형(binary models)은 종속변수가 두 개의 결과인 경우, 즉 종속변수가 두 개의 범주로 구성되었을 경우를 다루는 모형이다. 예컨대, 우리는 사망한 경우(1)와 사망하지 않는 경우(0)를 대비하는 것에 관심을 둘 수도 있고, 대학에 진학하는 경우(1)와 진학하지 않는 경우(0)를 대비하는 것에 관심을 둘 수도 있다. 투표에 참여한 경우(1)와 참여하지 않은 경우(0)를 대비하는 것이 관심의 대상일 수도 있다. 이런 종류의 주제를 다루는 가장 흔한 이항 모형은 역시 로짓 모형과 프로빗 모형이다.

이항 모형이라는 자료생성과정을 만들려면 체계 부분과 확률 부분을 확정해야 한다. 전자는 이항변수인 종속변수에 영향을 미치는 요소이고, 후자는 우연한 요소를 말한다. 이항 모형의 체계 요소는 1을 관찰할 확률에 영향을 미친다. 이 확률은 독립변수의 함수다. 즉 독립변수의 값이 달라지면 1이 나타날 확률도 달라진다. 체계 요소는 1을 관찰할 확률에 영향을 미치지만 이를 전적으로 결정하지는 않는다. 확률 요소도 1이 나타날 확률에 영향을 미친다. 예컨대 1을 관찰할 확률이 .99라고 해도 0이 나올 확률은 여전히 존재한다. 100번 시행하면 한 번은 0이 나올 가능성이 있다는 말이다. 조금 뒤에 보겠지만, 이 두 요소, 즉 체계 요소와 확률 요소를 모두 포함하는 방법은 Stata가 내장하는 rbinomial() 함수를 사용하는 것이다. 이 함수는 한 사례의 종속변수 값을 단일 베르누이 시행(Bernoulli trial)으로 결정한다. 로짓 모형과 프로빗 모형의 차이는 확률을 계산하는 방법에 있다. 먼저 로짓 모형부터 보자.

로짓(logit)이란 확률의 대수비(log odds)를 말한다. 한 사건이 나타날 확률을 p라고 하면, 이 사건이 일어나지 않을 확률은 (1-p)다. 이 두 확률의 비(odds, 比)에 자연대수를 취한 값이 대수 단위(log unit), 즉 로짓(logit)이다. 로짓 모형은 독립변수가 이 로짓에 미치는 영향을 구하는 모형이다.

$$\log\frac{p}{1-p}=\beta_0+\beta_1 X$$

이 수식을 바꾸어 1이 나올 확률(p)을 구하면 다음과 같다.

$$p=\Pr(Y=1)=\frac{e^{\beta_0+\beta_1 X}}{1+e^{\beta_0+\beta_1 X}}$$

여기서 계수와 독립변수의 값으로 구성된 선형 예측치를 P라고 하면, 즉 P=$\beta_0+\beta_1 X$라면 1이 나올 확률은 다음과 같이 표시할 수 있다.

$$p=\Pr(Y=1)=\frac{e^P}{1+e^P}$$

이 p는 로짓의 역수이므로 다음과 같이 쓸 수 있다. 지금부터는 Mata를 사용하지 않고 Stata를 사용할 것이다. Mata를 사용하는 것이 매우 번거롭기 때문이다.

```
gen p=exp(b0+b1*X)/(1+exp(b0+b1*X))
```

선형 예측치에 상응하여 1이 나오는 확률을 구했으면 이제 이 확률을 rbinomial() 함수에 입력해야 한다. 이 함수의 첫째 전달 인자는 시행 회수다. 우리는 이 회수를 1로 할 것이다. 왜냐하면 개별 사례는 하나하나 단일 베르누이 시행 결과이기 때문이다. 둘째 인자는 개별 사례에서 1을 관찰할 확률이다. 이렇게 체계 요소를 다 전달하면 이 요소가 개별 사례에서 1이 나타날 확률에 영향을 미치겠지만, rbinomial() 함수는 이를 전적으로 결정하지 않고 확률 요소를 보탠다.

```
gen y=rbinomial(1, p)
```

이렇게 구한 종속변수 y는 몇 개의 1을 포함하는가?

```
. count if y==1
  604
```

```
. sum y
```

Variable	Obs	Mean	Std. Dev.	Min	Max
y	1,000	.604	.4893091	0	1

지금 y는 604개의 1을 포함하지만, rbinomial() 함수를 다시 시행하면 확률 요소 탓에 이 값은 계속 바뀐다.

위 시뮬레이션이 OLS 시뮬레이션과 다른 점은 종속변수를 설정하는 방법이다. 즉 OLS에서는

```
gen y=rnormal(b0+b1*X, 1)
```

이었는데 로짓 모형에서는

```
gen y=rbinomial(1, p)
```

이다. 로짓 모형을 다루는 시뮬레이션이 OLS 시뮬레이션과 또 하나 다른 점은 계수를 추정하는 방법이다. OLS에서는 regress 명령으로 계수를 추정하였지만, 로짓 모형에서는 logit 명령으로 계수를 추정해야 한다. 그러면 이제 로짓 모형을 시뮬레이션 해 보자.

```
clear
version 15.1

set seed 10101
set matsize 1000
set obs 1000

scalar reps=1000
```

```
mat est_logit=J(reps, 4, .)
scalar b0=.3
scalar b1=.6
gen X=runiform(-1, 1)

gen p=exp(b0+b1*X)/(1+exp(b0+b1*X))

forvalues i=1/1000 {
  capture drop y
  gen y=rbinomial(1, p)
  qui logit y X
  mat b=e(b)
  mat V=e(V)
  mat est_logit[`i',1]=b[1,1]
  mat est_logit[`i',2]=b[1,2]
  mat est_logit[`i',3]=sqrt(V[1,1])
  mat est_logit[`i',4]=sqrt(V[2,2])
}

mata: E=mean(st_matrix("est_logit"))
mata: st_matrix("E", E)

matrix rownames E=estimates
matrix colnames E=b1 b0 se1 se0
matlist E

exit
```

로짓 시뮬레이션의 결과는 〈그림 16-10〉에서 볼 수 있다. 그림에서 보다시피, 계수는 모두 불편추정치다.

```
. svmat est_logit, name(E_logit)
. hist E_logit1
. hist E_logit3
```

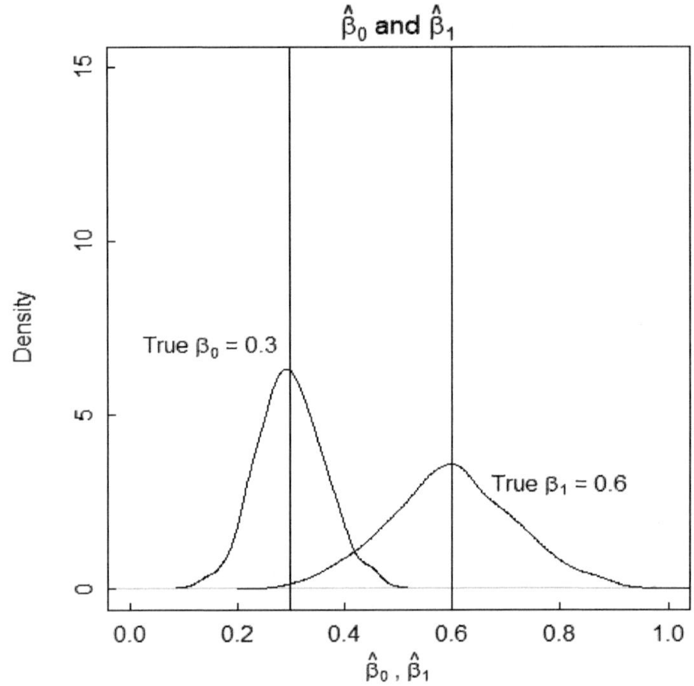

<그림 16-10> 로짓 모형 시뮬레이션

신뢰구간 포함 확률에도 문제가 없다. 아래에서 보듯, 기울기의 포함 확률 구간은 [0.929, 0.957]이고, 절편의 포함 확률 구간은 [0.948, 0.972]이다.

```
: EL=st_matrix("est_logit")
: coverage(EL[,1], EL[,3], .6, .95, 998)
                 1               2               3
    +-------------------------------------------------+
  1 |         .943    .9286305096     .9573694904     |
    +-------------------------------------------------+

: coverage(EL[,2], EL[,4], .3, .95, 998)
                 1               2               3
    +-------------------------------------------------+
  1 |          .96    .9478545474     .9721454526     |
    +-------------------------------------------------+
```

이제 프로빗 모형을 보자. 프로빗 모형은 1을 관찰할 확률이 로짓의 역수가 결정하는 것이 아니라 누적 정상분포가 결정한다고 가정한다. 그러므로 프로빗 모형의 시뮬레이션에서는 p를 exp(b0+b1*X)/(1+exp(b0+b1*X)가 아니라 normal() 함수로 구한다.[25] 그리고 일반선형모형의 연결 함수(link function)를 logit 대신 probit으로 한다. 다시 말해, 종속변수는 다음과 같이 바꾸고

```
gen p=normal(b0+b1*X)
gen y=rbinomial(1, p)
```

모수 추정 명령은 다음과 같이 바꾼다.

```
probit y X
```

나머지는 로짓 모형과 같다. 그러므로 프로빗 모형을 시뮬레이션하는 방법은 다음과 같다.

```
clear
version 15.1

set seed 10101
set matsize 1000
set obs 1000

scalar reps=1000
mat est_probit=J(reps, 4, .)
scalar b0=.3
```

25) normal() 함수는 표준정상분포의 개별 변위에 대응하는 누적 확률 값을 제시한다. 예컨대, -1.96, 0, 1.96에 대응하는 누적 확률은 각각 .025, .5, .975다.

```
. disp normal(-1.96)
0.0249979

. disp normal(0)
0.5

. disp normal(1.96)
0.9750021
```

```
scalar b1=.6
gen X=runiform(-1, 1)

gen p=normal(b0+b1*X)                  // changed

forvalues i=1/1000 {
  capture drop y
  gen y=rbinomial(1, p)
  qui probit y X                       // changed
  mat b=e(b)
  mat V=e(V)
  mat est_probit[`i',1]=b[1,1]
  mat est_probit[`i',2]=b[1,2]
  mat est_probit[`i',3]=sqrt(V[1,1])
  mat est_probit[`i',4]=sqrt(V[2,2])
}

mata: E=mean(st_matrix("est_probit"))
mata: st_matrix("E", E)

matrix rownames E=estimates
matrix colnames E=b1 b0 se1 se0
matlist E
```

	b1	b0	se1	se0
estimates	.6036167	.3008074	.0719284	.0412882

```
exit
```

이런 시뮬레이션의 결과에서 무엇을 알 수 있는가? 〈그림 16-11〉에서 보는 것처럼, 추정치의 평균은 참값과 근사하다는 사실을 알 수 있다.

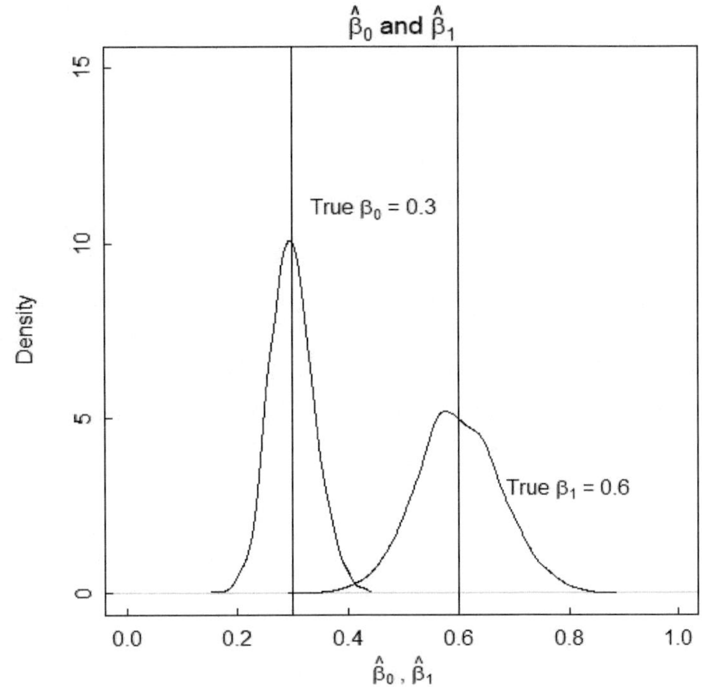

<그림 16-11> 프로빗 모형 시뮬레이션

신뢰구간 포함 확률도 .95와 가깝다.

```
: EP=st_matrix("est_probit")
: coverage(EP[,1], EP[,3], .6, .95, 998)
```

	1	2	3
1	.948	.9342388753	.9617611247

(3) 서열 모형

서열 모형(ordinary models)은 이항 모형의 연장이지만 그보다 약간 복잡하다. 서열 모형은 종속변수의 범주가 세 개 이상이고, 이 범주의 순서를 미리 알 수 있는 모형이다. 예컨대 가족배경이 대학진학에 미치는 영향을 살핀다고 가정해 보자. 종속변수인 고등교육 진학 유형의 범주는 세 가지다. 대학진학 유형은 "2년제 전문대학", "3년제 전문대학", "4년제 대학"이라는 세 개의 유형으로 나눌 수 있다.[26] 이들 대학의 순서는 정해져 있다. 즉 4년제 대학이 3년제 전문대학보다 높고, 3년제 전문대학은 2년제 전문대학보다 더 높다. 종속변수가 이렇게 세 개 이상의 순서 범주를 가질 때 독립변수가 종속변수의 각 범주에 해당할 확률에 미치는 영향을 측정하는 방법으로는 서열 로짓 모형과 서열 프로빗 모형을 들 수 있다. 여기서는 서열 프로빗 모형을 중심으로 논의를 전개해 보기로 하자.

서열 모형을 시뮬레이션할 때 가장 유용한 방법은 종속변수를 잠재변수(latent variable)로 해석하는 것이다. 잠재변수로 해석한다는 것은 범주형 변수인 종속변수 이면에 관찰되지 않은 변수(잠재변수)가 존재하고 이 변수는 연속 분포를 따른다고 가정한다는 말이다. 이 관찰되지 않은 잠재변수를 y*라고 하자. 관찰된 종속변수(y)는 잠재변수의 값이 바뀌면서 범주를 달리 한다. 잠재변수의 구간을 구분하는 구분점(cutpoint)이 k개이면 관찰 변수의 범주는 (k+1)개가 된다. 구분점을 τ_k라고 표기하고 k=3이라고 가정하면 관찰 변수 y의 값은 다음과 같이 표기할 수 있다.

$y^* < \tau_1$ 이면	y=1
$y^* < \tau_2$ & $y^* > \tau_1$ 이면	y=2
$y^* < \tau_3$ & $y^* > \tau_2$ 이면	y=3
$y^* > \tau_3$ 이면	y=4

〈그림 16-12〉는 잠재변수(연속변수)와 관찰변수(범주형 변수)의 위와 같은 관계를 보인다. 여기서 τ_1, τ_2, τ_3는 각각 -1.43, 0.01, 1.45인데 이 값들은 나중에 볼 서열 프로빗 모형의 시뮬레이션에서 추정한 값이다.

먼저 서열 프로빗 모형을 시뮬레이션해 보자. 이 모형은 관찰되지 않은 종속변수(y*)가 정상분포를 이룬다고 가정한다. 서열 모형을 시뮬레이션할 때에도 이항 모형을 시뮬레이션할 때 그랬던 것처럼 모형의 체계 요소와 확률 요소가 정해지는 조건에서 y*가 특정 범주에 속하게 될 확률을 파악해야 한다. 그러므로 우리가 설정한 잠재변수의 틀에서 지금 우리가 해야 할 일은 y*의 표본을 생성한 다음에 구분점을 근거로 이 y* 값을 y의 여러 범주로 바꾸는 것이다.

이 y*는 우리가 직접 관찰하거나 측정할 수 없는 잠재변수이므로 정해진 값이 없다. 그러므로 모형을 추정하기 전에 위치와 분산을 정할 필요가 있다. 분산을 정의하려면 확률분포를 정할 필요가 있는데, 서열 모형에서 보통 이것은 정상분포이거나 로지스틱 분포다. 정의상 표준정상분포의 분산은 1이고, 표준로지스틱분포의 분산은 $\pi^2/3$이다. 그러므로 y*의 확률 요소의 분산은 정상분포의 경우 1이고, 로지스틱 분포의 경우 $\pi^2/3$다.

26) 이런 방식으로 대학을 분류하지 않고 대학 평판에 맞추어 대학을 몇 개의 범주로 나눌 수도 있다.

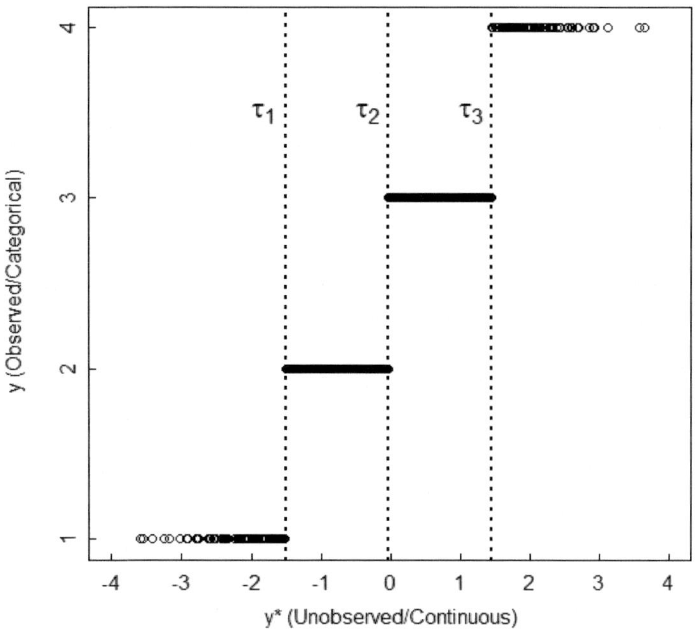

<그림 16-12> 잠재변수와 관찰변수의 관계

잠재변수(y*)의 위치를 확정하는 방법은 여러 가지다. 그중에서 두 가지 방법이 자주 사용된다. 첫째, 구분점 하나를 0으로 하고 이것을 기준으로 삼아 절편과 나머지 구분점을 추정하는 방법이다. 둘째, 절편의 크기를 0으로 하고 이 절편 값을 기준으로 삼아 구분점을 추정하는 방법이다. 잠재변수의 위치를 확정할 때 전자보다 후자를 많이 쓴다. 여기서도 후자의 방법을 쓴다.

절편(β_0)을 0으로 하고 구분점을 추정할 것이므로 자료생성과정에서 이런 구분점을 정의할 필요가 있다. 그리하여 우리의 추정치가 그것을 정확하게 재현하는지를 알아내야 한다. 자료생성과정에서 구분점의 값을 결정하려면 y*의 확률분포에 기대어 상대적인 위치를 정해야 한다. 다른 말로 바꾸면, y의 자료성성과정을 시뮬레이션하기 전에 y*의 평균과 분산의 기댓값을 알아야 한다는 것이다. 이 문제를 좀 더 단순하게 처리하기 위해 몇 가지 지름길을 이용해 보자.

잠재변수 y*는 체계 요소와 확률 요소의 합이다. 그러므로 이 변수의 평균과 분산은 이 두 요소의 평균과 분산에 의해 결정된다. 지금 우리는 프로빗 모형을 시뮬레이션하고 있기 때문에 모형의 확률 요소는 평균이 0이고 분산은 특정 값인 정상분포를 따른다(여기서는 분산을 1로 한다). 여기서 논의의 편의상 독립변수(X)도 정상분포를 따른다고 가정할 것인데(앞에서는 대부분 독립변수가 균등분포를 따른다고 가정하였다), 이렇게 가정하면 체계 요소는 평균이 $\beta_0 + \beta_1 X$이고 분산은 특정 값(var($\beta_0 + \beta_1 X$))인 정상분포를 따른다. 일반적으로 말해, 두 개의 확률변수가 정상분포를 이룬다고 가정하면(이 두 분포의 평균이 각각 μ_S, μ_R이고 분산은 σ_S^2, σ_R^2이라고 가정하면), 이 두 변수의 합도 정상분포를 이룬다. 이때 그 분포의 평균은 개별 분포의 평균의 합($\mu_S + \mu_R$)이고 분산은 개별 분포의 제곱의 합($\sigma_S^2 + \sigma_R^2$)이다. 그러므로 체계 요소와 확률 요소로 이루어진 잠재변수(y*)는 정상분포를 이룰 것인데, 이 분포의 평균은 체계 요소의 평균($\beta_0 + \beta_1 X$)과 확률 요소의 평균(0)의 합이고, 분산은 체계 요소의 분산(var($\beta_0 + \beta_1 X$))와 확률 요소의 분산(1)을 합한 값이 될 것이다.

이런 가정, 그리고 이로부터 생긴 속성을 활용하면 자료생성과정에서 구분점을 만들어낼 수 있다. invnormal() 함수를 사용하면 특정 확률, 평균, 분산을 근거로 변위값(quantile)을 생성할 수 있다. 예컨대 평균이 0이고 분산이 25인 정상분포에서 상위 25퍼센트를 구분하는 지점과 상위 80퍼센트와 하위 20퍼센트를 구분하는 지점, 즉 변위값은 -3.37과 4.21이다.

```
. di 0+ 5*invnormal(.25)
 -3.372449

. di 0+5*invnormal(.8)
 4.208106
```

이제 서열 프로빗 모형에서 구간을 나눌 수 있다. 여기서 우리는 종속변수를 네 개의 범주로 나눌 것이다. 상위 10퍼센트는 첫 번째 범주에 넣을 것이고, 그 다음 40퍼센트는 두 번째 범주, 그 다음 40퍼센트는 세 번째 범주, 마지막 하위 10퍼센트는 네 번째 범주에 넣을 것이다. 이렇게 종속변수를 네 범주로 나누면 구분선은 세 개가 될 것인데, 상위 10퍼센트, 상위 50퍼센트, 상위 90퍼센트 구분선이 바로 그것들이다. 독립변수는 하나라고 가정할 것이고, 절편은 0이라고 가정할 것이다. 시뮬레이션의 도입부는 다음과 같다. 먼저 추정치를 저장할 행렬(est_oprobit)과 구분점(taus_oprobit)을 저장할 행렬을 만든다. 절편(b0)값을 0으로 하고, 정규분포를 따르는 독립변수(X)를 만들고, 이것으로 체계 요소(XB)를 만든다. 앞에서 논의한 것처럼, 확률 요소의 표준편차(sd_error)을 1로 설정한다. 구분선(tau)은 invnormal() 함수로 설정한다. invnormal() 함수의 전달인자는 확률이다. 이 함수는 표준정상분포의 변위값을 구한다. 표준정상분포가 아닌 정상분포의 변위값을 구하려면, 그 분포의 평균(m)과 분산(s2)을 활용해야 한다. 즉 m+sqrt(s2)*invnormal(p)라는 방식으로 구해야 한다. 여기서 m은 XB의 평균이고, s2는 체계요소의 분산(XB의 분산)과 확률요소의 분산(sd_error^2)의 합을 제곱근한 값이다.

```
local reps=1000
local n=1000
mat est_oprobit=J(`reps', 2, .)
mat taus_oprobit=J(`reps', 3, .)

scalar b0=0
scalar b1=.6
gen X=rnormal(0, 1)

gen XB=b0+b1*X
scalar sd_error=1

qui sum XB
gen m=r(mean)
gen v=r(Var)

scalar tau1=m+sqrt(v+sd_error^2)*invnormal(.1)
scalar tau2=m+sqrt(v+sd_error^2)*invnormal(.5)
scalar tau3=m+sqrt(v+sd_error^2)*invnormal(.9)
```

이제 for 루프 안에 잠재변수(ystar)를 생성한다. 이 변수는 rnormal() 함수로 만든다. 그런 다음 관찰 변수 y를 생성하는데, y*가 첫 번째 구분점보다 작으면 y를 1로 하고, y*가 첫째 구분점과 둘째 구분점 사이에 있으면 y를 2로 한다. y*가 둘째 구분점과 셋째 구분점 사이에 있으면 y를 3으로 하고, y*가 셋째 구분점보다 크면 y를 4로 한다.

종속변수와 독립변수를 모두 만들었으니 이제 Stata의 oprobit 명령으로 계수와 구분점을 추정하고, 1000번 반복해서 얻은 이 값들을 미리 만든 계수 행렬, 구분점 행렬에 넣는다.

```
forvalues i=1/`reps' {
  capture drop ystar
  qui gen ystar=rnormal(XB, sd_error)
  qui {
```

```
      replace y=1 if ystar<tau1
      replace y=2 if ystar>=tau1 & ystar<tau2
      replace y=3 if ystar>=tau2 & ystar<tau3
      replace y=4 if ystar>=tau3
      oprobit y X
   }
}
```

이제 앞의 논의를 완성해 보자.

```
clear
version 15.1

set seed 10101
set matsize 1000
set obs 1000

local reps=1000
local n=1000
mat est_oprobit=J(`reps', 2, .)
mat taus_oprobit=J(`reps', 3, .)

scalar b0=0
scalar b1=.6
gen X=rnormal(0, 1)

gen XB=b0+b1*X
scalar sd_error=1

qui sum XB
gen m=r(mean)
```

```
gen v=r(Var)

scalar tau1=m+sqrt(v+sd_error^2)*invnormal(.1)
scalar tau2=m+sqrt(v+sd_error^2)*invnormal(.5)
scalar tau3=m+sqrt(v+sd_error^2)*invnormal(.9)

gen y=.

forvalues i=1/`reps' {
  capture drop ystar
  qui gen ystar=rnormal(XB, sd_error)
  qui {
    replace y=1 if ystar<tau1
    replace y=2 if ystar>=tau1 & ystar<tau2
    replace y=3 if ystar>=tau2 & ystar<tau3
    replace y=4 if ystar>=tau3
    oprobit y X
    mat b=e(b)
    mat V=e(V)
  }

  mat est_oprobit[`i',1]=b[1,1]
  mat est_oprobit[`i',2]=sqrt(V[1,1])
  mat taus_oprobit[`i',1]=b[1,2]
  mat taus_oprobit[`i',2]=b[1,3]
  mat taus_oprobit[`i',3]=b[1,4]
}

mata: EO=st_matrix("est_oprobit")
mata: TO=st_matrix("taus_oprobit")
```

```
mata: E=mean(EO)
mata: T=mean(TO)

mata: st_matrix("E", E)
mata: st_matrix("T", T)

matrix rownames E=estimates
matrix colnames E=b1 se1
matlist E

matrix rownames T=estimate
matrix colnames T=tau1 tau2 tau3
matlist T
exit
```

이제 우리의 시뮬레이션이 기울기 계수와 구분점을 제대로 추정했는지를 살펴보자. 먼저 기울기 계수는 참값에 근접한다.

```
. matlist E

             |       b1        se1
-------------+---------------------
   estimates |  .602094   .0382158
```

구분점 추정치는 다음과 같다.

```
. matlist T

             |      tau1       tau2       tau3
-------------+---------------------------------
    estimate | -1.500162   .0009154   1.504362
```

기울기 계수의 신뢰구간 포함 확률은 다음과 같다. 자유도가 바뀌었음에 주의하라.

```
. mata: coverage(EO[,1], EO[,2], .6, .95, 995)
                 1              2              3
    +----------------------------------------------+
  1 |         .948   .9342388753    .9617611247    |
    +----------------------------------------------+
```

(4) 다항 모형

다항 모형(multinomial models)은 두 개 이상의 범주(category)로 구성된 종속변수를 다루는 모형이다. 그런 면에서 다항 모형은 서열 모형과 같다. 그러나 이 모형이 서열 모형과 다른 점은 종속변수의 범주가 서열이나 등급(rank)을 이루고 있지 않다고 가정하는 것이다. 예컨대 교육수준이 정당 지지에 미치는 영향을 조사한다고 가정해 보자. 한 사회의 주요 정당으로 세 개가 있다면, 이때 정당의 서열이나 순서를 상정할 이유는 없다. 어느 정당이 더 낫다거나 더 중요하다고 판단할 하등의 이유가 없다는 말이다. 그냥 다른 종류, 다른 성격의 정당으로 판단하면 다항 모형을 적용할 수 있다. 이항 모형과 서열 모형에서 그랬던 것처럼 다항 모형에도 로짓 모형과 프로빗 모형이 있다. 이들 모형은 독립변수가 종속변수의 개별 결과(개별 범주)에 미치는 영향(확률)을 추정한다. 여기서는 다항 로짓 모형(multinomial logit model)에 초점을 맞추기로 한다.

다항 로짓 모형의 특징은 독립변수가 종속변수의 개별 범주에 미치는 영향을 서로 비교한다는 것이다. 종속변수의 K개의 범주로 구성되어 있다고 가정하고 그중 하나의 범주를 기준 범주(reference category)로 삼는다고 가정하자. 독립변수가 이 기준 범주에 미치는 영향이 있을 것인데, 이 영향을 기준점으로 삼아 (독립변수가) 나머지 (K-1)개의 범주에 미치는 영향을 비교한다. 이런 비교를 수식으로 나타내 보자. 종속변수가 세 개 범주로 이루어져 있다고 가정해 보자. 즉 K=3이라고 가정하자. 독립변수의 영향을 받아 첫째 범주가 나타날 확률을 p_0, 나머지 두 범주가 나타날 확률을 순서대로 각각 p_1, p_2라고 하자. 둘째 범주가 나타날 확률과 첫째 범주가 나타날 확률의 대수 확률비(log odds), 그리고 셋째 범주가 나타날 확률과 첫째 범주가 나타날 확률의 대수 확률비는 다음과 같이 표기할 수 있다.

$$\log\left(\frac{p_1}{p_0}\right) = \beta_{01} + \beta_{11}X \qquad (16\text{-}1)$$

$$\log\left(\frac{p_2}{p_0}\right) = \beta_{02} + \beta_{12}X \qquad (16\text{-}2)$$

이는 다음과 같이 바꿀 수 있고,

$$p_1 = p_0 e^{\beta_{01} + \beta_{11} X} \tag{16-3}$$

$$p_2 = p_0 e^{\beta_{02} + \beta_{12} X} \tag{16-4}$$

이 두식을 합하면, 다음과 같이 쓸 수 있다.

$$p_1 + p_2 = p_0 (e^{\beta_{01} + \beta_{11} X} + e^{\beta_{02} + \beta_{12} X}) \tag{16-5}$$

한편, 종속변수의 세 범주가 나타날 확률을 모두 합하면 1이다.

$$p_0 + p_1 + p_2 = 1 \tag{16-6}$$

식 (16-5)와 식 (16-6)을 조합하면

$$1 - p_0 = p_0 (e^{\beta_{01} + \beta_{11} X} + e^{\beta_{02} + \beta_{12} X})$$

이고, 이를 첫 번째 범주를 관찰할 확률, p_0에 대해 풀고, 이 p_0를 식 (16-3), (16-4)에 대입하면 p_0, p_1, p_2는 다음과 같이 쓸 수 있다.

$$p_0 = \frac{1}{1 + e^{\beta_{01} + \beta_{11} X} + e^{\beta_{02} + \beta_{12} X}} \tag{16-7}$$

$$p_1 = \frac{e^{\beta_{01} + \beta_{11} X}}{1 + e^{\beta_{01} + \beta_{11} X} + e^{\beta_{02} + \beta_{12} X}} \tag{16-8}$$

$$p_2 = \frac{e^{\beta_{02} + \beta_{12} X}}{1 + e^{\beta_{01} + \beta_{11} X} + e^{\beta_{02} + \beta_{12} X}} \tag{16-9}$$

이런 종류의 종속변수를 시뮬레이션하려면 먼저 두 가지 결과(범주)를 낳는 계수를 각각 상정해야 한다. 다시 말해 개별 범주에 미치는 영향을 나타내는 계수는 범주마다 달라야 한다. 그러므로 앞에서는 독립변수의 계수로 b_0, b_1만을 도입하였지만, 여기서는 두 번째 범주에 해당하는 회귀식의 계수 b_{01}, b_{11}을 설정하고, 세 번째 범주에 상응하는 회귀식의 계수 b_{02}, b_{12}를 설정한다. 여기서 b_{01}, b_{11}은 앞에서와 같이 .3과 .6으로 설정하고, b_{02}, b_{12}는 각각 -.2와 .8로 설정한다.

```
//multinomial logit model
clear

set seed 10101
set obs 1000
set matsize 1000

scalar reps=1000
mat est_mnl=J(reps, 4, 0)

scalar b01=.3
scalar b11=.6
scalar b02=-2
scalar b12=.8
scalar n=1000
local reps=1000
```

다음에 이 계수로 추출한 확률을 계산한다. 이 계산에는 식 (16-7), (16-8), (16-9)를 이용한다.

```
gen X=runiform(-1, 1)
p0=1/(1+exp(b01+b11*X)+exp(b02+b12*X))
p1=exp(b01+b11*X)/(1+exp(b01+b11*X)+exp(b02+b12*X))
p2=exp(b02+b12*X)/(1+exp(b01+b11*X)+exp(b02+b12*X))
```

다음 단계는 forvalues 반복문 안에서 체계 요소와 확률 요소를 결합하여 종속변수를 생성한다. 이를 위해 Mata의 rdiscrete() 함수를 사용한다. Mata 함수를 사용하려면, 변수를 행렬로 바꾸어야 한다(일부 행렬은 나중에 다시 변수로 바꿀 것이다). 먼저 종속변수의 개별 범주가 나타날 확률을 행렬로 전환하고, 이를 Mata로 불러들인다.

```
mkmat p1 p2 p0, matrix(P)
mata: P=st_matrix(P)
```

종속변수(y)도 행렬 형태로 전환하고, 이를 Mata로 불러들인다.

```
mat y=J(1000, 1, .)
mata: y=st_matrix("y")
```

이제 반복문으로 진입할 차례다. 반복문 안에서 Mata의 rdiscrete() 함수를 이용한다. 이 함수를 본격적으로 활용하기 이전에 그 원리를 알아보자. 이 함수의 형태는 다음과 같다.

```
real matrix rdiscrete(real scalar r,
                      real scalar c,
                      real colvector p)
```

이 함수는 확률 벡터 p에 따라 이산 난수를 발생한다. 예컨대

```
mata: rdiscrete(5, 1, (.3, .1, .6))
```

는 확률 벡터 p에 근거를 둔 이산값을 발생한다. 여기서 확률 벡터의 합은 1이어야 한다. 위 예에서 확률의 개수가 셋이므로 1, 2, 3이라는 세 개의 이산값을 5×1 행렬 형태로 발생한다.

```
        1
    +-----+
  1 |  3  |
  2 |  3  |
  3 |  1  |
  4 |  3  |
  5 |  1  |
    +-----+
```

확률 벡터의 크기가 커지면 이산값의 범위도 커질 것이다. 예컨대

```
mata: rdiscrete(5, 2, (2/8, 1/8, 1/8, 1/8, 1/8, 2/8))
```

는 1에서 6에 이르는 이산값을 무작위로 산출하여 5×2 행렬에 출력할 것이다.

	1	2
1	6	5
2	5	2
3	4	6
4	1	1
5	3	1

우리가 바라는 것은 확률적 y값을 구하는 것이다. 이 y값은 다음과 같이 구한다.

```
mata: for(j=1; j<=1000; j++) ///
        y[j]=rdiscrete(1, 1, (P[j,1), P[j, 2], 1-P[j,1]-P[j,2]))
```

이렇게 얻은 행렬(열 벡터)을 getmata 명령을 써서 변수로 전환한다. 여기서 replace라는 선택 명령이 핵심적임을 유념하라. 이 선택 명령이 없으면 프로그램이 멈춘다.

```
getmata y=y, replace
```

이제 이렇게 얻은 y와 X로 다항 로짓 분석을 실행해 보자. 비교의 기준 범주는 y의 세 번째 범주다.

```
qui mlogit y X, b(3)
```

나머지 작업은 반복하는 다항 로짓의 계수를 미리 만들어둔 est_mnl 행렬에 저장하는 것이다.

```
mat b=e(b)
mat V=e(V)
```

```
  mat est_mnl[`i',1]=b[1,1]             //b11
  mat est_mnl[`i',2]=b[1,3]             //b12
  mat est_mnl[`i',3]=sqrt(V[1,1])   //se of b11
  mat est_mnl[`i',4]=sqrt(V[3,3])   //se of b12
```

지금까지 이어온 논의를 모두 결합하면 다음과 같다.

```
//multinomial logit model
clear
set seed 10101
set obs 1000
set matsize 1000

scalar reps=1000
mat est_mnl=J(reps, 4, 0)

scalar b01=.3
scalar b11=.6
scalar b02=-2
scalar b12=.8
scalar n=1000
local reps=1000

gen X=runiform(-1, 1)
gen p1=exp(b01+b11*X)/(1+exp(b01+b11*X)+exp(b02+b12*X))
gen p2=exp(b02+b12*X)/(1+exp(b01+b11*X)+exp(b02+b12*X))
gen p0=1/(1+exp(b01+b11*X)+exp(b02+b12*X))

mkmat p1 p2 p0, matrix(P)
mat y=J(n,1,.)
```

```
mata: P=st_matrix("P")
mata: y=st_matrix("y")

forvalues i=1/`reps' {
  mata: for (j=1; j<=`reps'; j++) ///
          y[j]=rdiscrete(1, 1, (P[j,1], P[j,2], 1-P[j,1]-P[j,2]))
  getmata y=y, replace
  qui mlogit y X, b(3)
  mat b=e(b)
  mat V=e(V)

  mat est_mnl[`i',1]=b[1,1]          //b11
  mat est_mnl[`i',2]=b[1,3]          //b12
  mat est_mnl[`i',3]=sqrt(V[1,1])    //se of b11
  mat est_mnl[`i',4]=sqrt(V[3,3])    //se of b12
  disp "iteration `i'"
}
exit
```

이 코드를 실행한 다음에 Stata의 명령 창에 아래 명령을 차례로 입력해 보자. 아래와 같은 결과를 얻을 수 있다. 〈그림 16-13〉에서 보다시피, b11 분포의 평균은 .6에 근사하고 b12 분포의 평균은 .8에 근사한다.

```
. mat colnames est_mnl=b11 b12 se11 se12
. svmat est_mnl, names(col)
. sum b11 b12 se11 se12
```

Variable	Obs	Mean	Std. Dev.	Min	Max
b11	1,000	.6004964	.1140146	.2425428	.9891018
b12	1,000	.816436	.2600002	-.1467184	1.936804
se11	1,000	.1158366	.0013598	.1120298	.1205961
se12	1,000	.2566897	.0165709	.2194806	.3373012

```
. twoway(kdensity b11)(kdensity b12)
```

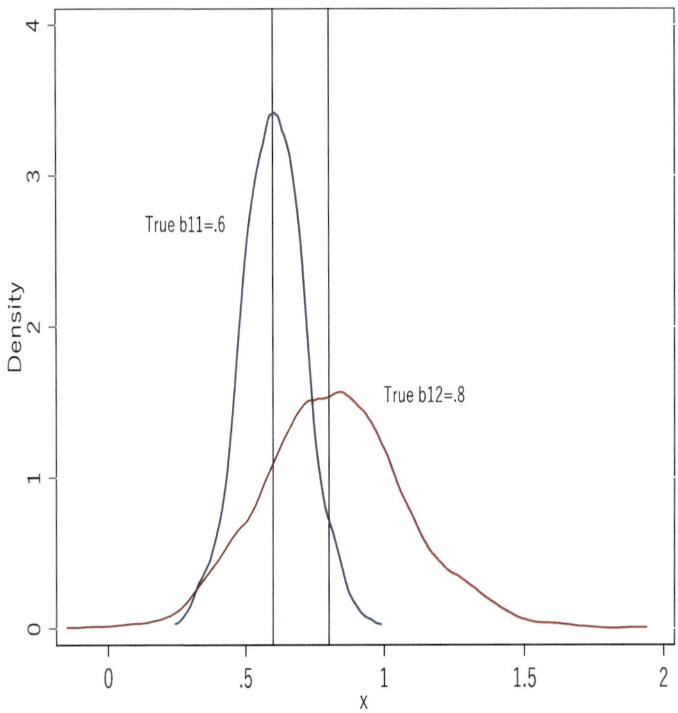

<그림 16-13> 다항 로짓 모형의 계수 분포

(5) 도수 모형

도수 모형(count model)이란 종속변수가 양의 정수(positive integers)로 나타나는 모형이다. 예컨대 어떤 지역에서 하루에 태어난 아이의 수라든지, 어떤 병원에서 한 달에 사망하는 환자 수라든지, 일정 시간 동안 한 장소에서 일어난 교통사고의 수와 같은 것들을 종속변수로 삼고, 이와 관련되었음직한 몇 개의 변수를 독립변수로 삼는 모형이다. 도수 모형의 모수를 추정하는 전형적 출발점은 포아송 회귀(Poisson regression)다. 여기서도 이 포아송 회귀분석으로 도수 모형을 시뮬레이션해 보자.

포아송 분포는 하나의 모수 λ를 갖는데, 이 λ는 포아송 분포의 평균과 분산이다. 포아송 회귀는 모형의 체계 요소를 포아송 분포와 연결한다. 포아송 회귀는 종속변수 기댓값의 자연대수를 여러 독립변수와 연결한다. 여기서는 독립변수가 하나라고 가정해 보자.

$$\log[E(Y|X)] = \beta_0 + \beta_1 X$$

이 수식의 양변을 변형하면

$$E(Y|X) = e^{\beta_0 + \beta_1 X}$$

이다. 이 모형은 rpoisson() 함수로 시뮬레이션할 수 있다. 종속변수(y)를 만들 때 λ를 다음과 같이 설정하고,

```
gen y=rpoisson(exp(b0+b1*X))
```

종속변수와 독립변수의 관계는 poisson 명령으로 분석한다. poisson 명령에 대해서는 help poisson으로 알아보라.

```
poisson y X
```

다른 부분은 앞에서 본 다른 코드와 거의 같다.

```
//count model: Poisson regression
clear
set seed 10101
set obs 1000
set matsize 1000

local reps=1000
scalar n=1000
mat est_pois=J(n, 4, .)

scalar b0=.3
scalar b1=.6
gen X=runiform(-1, 1)
```

```
forvalues i=1/`reps' {
  cap drop y
  gen y=rpoisson(exp(b0+b1*X))
  qui poisson y X
  mat b=e(b)
  mat V=e(V)

  mat est_pois[`i',1]=b[1,1]
  mat est_pois[`i',2]=b[1,2]
  mat est_pois[`i',3]=sqrt(V[1,1])
  mat est_pois[`i',4]=sqrt(V[2,2])
  disp as res "iteration `i'"
}

mat colnames est_pois=b1 b0 se1 se0
svmat est_pois, names(col)
sum b1 b0 se1 se0
exit
```

이 시뮬레이션으로 얻은 절편과 기울기는 참값과 거의 같고, 신뢰구간 포함 확률도 .95에 근사한다.

Variable	Obs	Mean	Std. Dev.	Min	Max
b1	1,000	.6003138	.0477013	.4657451	.7356868
b0	1,000	.2982652	.0291058	.2111574	.4071507
se1	1,000	.0470128	.0007016	.0444093	.0490986
se0	1,000	.0280983	.0004673	.0263224	.02957

```
. mata: est_pois=st_matrix("est_pois")
. mata: coverage(est_pois[,1], est_pois[,3], .6, .95, .998)
```

	1	2	3
1	.942	.9275126971	.9564873029

제 17 장 재표집 방법

연구자는 보통 컴퓨터로 대규모 시뮬레이션 표본을 뽑아서 이 표본에 내재하는 유형을 분석 요약한다. 이런 측면에서는 재표집 방법(resampling method)도 몬테칼로 시뮬레이션과 다르지 않다. 재표집 방법은 몬테칼로 시뮬레이션의 자연스런 연장이다. 그러나 재표집 방법은 몬테칼로 시뮬레이션과 다르다. 재표집 방법은 이론적 확률분포에서 표본을 추출하는 것이 아니라 이미 관찰한, 즉 이미 확보한 데이터에서 표본을 추출한다. 재표집 방법에서는 연구자가 자료생성과정(DGP)를 모른다. 그러므로 그것을 통제하지 못한다. 연구자가 아는 것은 오직 표본뿐이다. 연구자는 이미 관찰한 표본에서 자료생성과정을 추론할 뿐이다.

모집단에는 아직 관찰되지 않은 자료생성과정이 존재하지만, 지금은 하나의 표본만 존재한다. 연구자는 이 표본의 사례를 서로 다른 조합으로 추출하여 새 표본을 만드는 작업을 반복한다. 재표집 방법은, 원래의 표본에 내재하는 자료생성과정 정보가 새로 만든 여러 표본에도 포함되어 있을 것이라고 가정한다. 이런 가정이 옳다면, 재표집 방법은 앞에서 본 몬테칼로 시뮬레이션, 즉 모집단의 자료생성과정에서 완전히 새로운 여러 표본을 무작위로 추출하는 방법과 같게 된다.

재표집 방법에는 구체적으로 어떤 것들이 있는가? 다시 말해, 관찰 자료에서 새 표본을 만들어 내는 방법에는 어떤 것들이 있는가? 세 가지 방법을 들 수 있다. 먼저, 연구자가 관찰 자료를 잘 섞어서 사례를 추출하는 방법, 즉 순열 검증 방법이다. 둘째, 잭나이프 방법이다. 이 방법은 관찰 표본에서 하나 이상의 사례를 누락하여 새 표본을 여러 번 추출하고 이 새 표본들에서 모수를 다시 추정한다. 셋째, 부트스트랩 방법이다. 이 방법은 관찰 표본에서 복원 추출을 허용하여 여러 개의 표본을 만든다. 여기서는 사람들이 가장 많이 쓰는 마지막 두 방법, 즉 잭나이프 방법과 부트스트랩 방법을 차례로 살펴보기로 한다.

17.1 잭나이프

잭나이프(jackknife resampling)는 널리 알려진 재표집 방법이다. 사람들은 흔히 이 방법으로 추정치의 치우침(bias)을 측정하기도 하고 추정치의 표준오차를 구하기도 한다. 한때는 '주머니 칼(pocket knife)'처럼 빠르고 간편한 도구로 주목을 받았지만 몇 가지 단점 때문에, 그리고 부트스트랩과 같은 편리한 방법이 등장하여 오늘날 특별한 경우를 제외하고는 별로 쓰이지 않는다. 그래도 이 방법을 알아 둘 필요는 있다.

잭나이프 방법은 관찰된 표본에서 하나의 사례를 제외한 표본, 즉 잭나이프 표본(jackknife sample)에서 추정치를 반복해서 구하는 방법이다. 특정 표본 x가 n개의 사례로 구성한 확률표본이라고 하자. 즉, $x=\{x_1, x_2, \ldots, x_n\}$라고 하자. 이 가운데 i번째 사례, x_i를 제외한 표본을 $x_{(i)}=\{x_1, x_{2,\ldots,}x_{i-1,} x_{i+1}, x_{i+2}, \cdots, x_n\}$을 잭나이프 표본이라고 한다. Stata에서 잭나이프 표본은 간단하게 얻을 수 있는데, 예컨대 5개의 사례로 구성된 표본에서 사례를 하나씩 탈락시킨 표본은 다음과 같다.

```
clear
input x
1
2
3
4
5
end

gen id=_n

forvalues i=1/5 {
  list x if id~=`i', clean
}
```

```
     x
2.   2
3.   3
4.   4
5.   5

     x
1.   1
3.   3
4.   4
5.   5

     x
1.   1
2.   2
4.   4
5.   5

     x
1.   1
2.   2
3.   3
5.   5

     x
1.   1
2.   2
3.   3
4.   4
```

이처럼 원래의 데이터의 사례 수가 n이라면 잭나이프 표본은 n개가 되는데, 이 표본으로 불확실성(uncertainty)을 추정한다. 표본의 크기가 n일 때, 한 통계치 θ의 표준오차(se)는 다음과 같이 추정한다(Rizzo, 2008: 191-193).

$$\widehat{se}_{jack} = \sqrt{\frac{n-1}{n}\sum_{i=1}^{n}(\hat{\theta}_{(i)} - \overline{\hat{\theta}_{(i)}})^2}, \text{ where } \overline{\hat{\theta}_{(.)}} = \frac{1}{n}\sum_{i=1}^{n}\hat{\theta}_{(i)}$$

이 표준오차를 계산하는 간단한 예를 살펴보자. 한 책은 한 데이터(patch)를 제시하였는데, 이 자료는 혈액에서 특정 호르몬 수치를 조절하는 새 패치(N)와 옛 패치(O)의 효능성을 비교하였다(Efron and Tibshirani, 1993). 그 데이터는 다음과 같다.

```
clear
input subject placebo oldpatch newpatch z y
1     9243     17649     16449   8406  -1200
```

```
2    9671    12013    14614   2342   2601
3   11792    19979    17274   8187  -2705
4   13357    21816    23798   8459   1982
5    9055    13850    12560   4795  -1290
6    6290     9806    10157   3516    351
7   12412    17208    16570   4796   -638
8   18806    29044    26325  10238  -2719
end
save patch, replace
```

이 책에서 저자는

$$\theta = \frac{|E(N)-E(O)|}{|E(O)-E(P)|} \le .20$$

이면 두 패치는 생물학적 동등성을 가진다고 주장하였다. 여기서 E(N), E(O), E(P)는 각각 새 패치, 옛 패치, 가짜 패치의 기댓값이다. 그리고 E(N)-E(O) 값을 y 변수에 넣고, E(O)-E(P)값을 z 변수에 넣었다. 그러면 θ 값은 얼마인가?

```
qui sum
local n=r(N)

qui sum y
scalar ymean=r(mean)

qui sum z
scalar zmean=r(mean)

scalar theta_hat=ymean/zmean
disp theta_hat
-.0713061
```

이 θ의 표준오차는 어떻게 되는가?

```
mat theta_jack=J(`n', 1, .)
forvalues i=1/`n' {
  qui sum y if subject~=`i'
  scalar ymean=r(mean)
  qui sum z if subject~=`i'
  scalar zmean=r(mean)

  mat theta_jack[`i',1]=ymean/zmean
}

mata: theta=st_matrix("theta_jack")
mata: printf("The mean of theta is %f", mean(theta))
The mean of theta is -.070162883

mata: n=strtoreal(st_local("n"))
mata: v=((n-1)/n)*sum((theta:-mean(theta)):^2)
mata: se=sqrt(v)
mata: printf("The standard error of theta is %f", se)
The standard error of theta is .105527785
```

위에서 보는 것처럼 θ=-.071, 이고 θ_{SE}=.106이다. 그러므로 95% 신뢰구간은 다음과 같다.

```
mata:  -.071-invttail(8, .025)*.106; -071+invttail(8, .025)*.106
  -.3154364383
  .1734364383
```

이를 보자면, θ는 [-.315, .173] 범위에 있을 가능성이 95퍼센트인데, 이 범위의 값은 확실히 .2 보다 작다. 그러므로 새 패치는 옛 패치와 생물학적 동등성을 보인다고 말할 수 있다.

매우 단순한 예를 들어 잭나이프 방법으로 표준오차를 구하는 방법을 알아보았다. 그러나 이런 예는 너무 기계적이고 단순하다. 잭나이프 방법으로 표준오차를 구하는 좀 더 설득력 있는 예를 들어 보자. 익숙한 Stata의 자동차 자료(auto.dta)로 회귀분석을 실행해 보자. 이 데이터는 74개의 사례와 열 두 개의 변수로 구성된 자료다. 여기서는 연비(mpg)와 차체의 무게(weight)의 관계를 알아보자. 다시 말해 연비를 종속변수로 하고, 차체 무게를 독립변수로 한 회귀분석을 실행해 보자.

```
. sysuse auto, clear
. replace weight=weight/100
. reg mpg weight
```

위 결과에서 우리는 보통의 최소제곱법으로 구한 표준오차를 볼 수 있다. 예컨대 weight의 표준오차는 .052이다.

```
      Source |       SS           df       MS      Number of obs   =        74
-------------+----------------------------------   F(1, 72)        =    134.62
       Model |  1591.99021         1  1591.99021   Prob > F        =    0.0000
    Residual |  851.469254        72  11.8259619   R-squared       =    0.6515
-------------+----------------------------------   Adj R-squared   =    0.6467
       Total |  2443.45946        73  33.4720474   Root MSE        =    3.4389

------------------------------------------------------------------------------
         mpg |      Coef.   Std. Err.      t    P>|t|     [95% Conf. Interval]
-------------+----------------------------------------------------------------
      weight |  -.6008687   .0517878   -11.60   0.000    -.7041058   -.4976315
       _cons |   39.44028   1.614003    24.44   0.000     36.22283    42.65774
------------------------------------------------------------------------------
```

그렇다면 잭나이프 표준오차는? 잭나이프 표준오차는 다음과 같이 계산할 수 있다.

```
clear
sysuse auto
gen id=_n
replace weight=weight/100

sum mpg
local N=r(N)
mat est_jackknife=J(`N', 1, .)
```

```
forvalues i=1/`N' {
  qui reg mpg weight if id~=`i'
  mat b=e(b)
  mat est_jackknife[`i', 1]=b[1,1]
}

mata: E=st_matrix("est_jackknife")
mata: mean(E)
  -.6008786687

mata: sqrt(sum((E:-mean(E)):^2)*(73/74))
  .0560261856
```

OLS의 표준오차와 잭나이프의 표준오차는 엇비슷하다. 아래에서 보는 것처럼 양자 차이의 절대값은 .01보다 작다(.052, .056). 그러므로 두 표준오차 중에 어느 것을 사용해도 무방하다.

위의 예에서는 OLS 표준오차와 잭나이프의 표준오차가 서로 비슷하여 둘 중에서 어느 것을 사용해도 무방하다. 그러나 잭나이프 표준오차가 OLS 표준오차보다 의심할 여지없이 더 나은 경우도 있다. 앞의 몬테칼로 시뮬레이션에서 우리는 잔차가 이분산성을 보일 때 OLS가 적절한 표준오차를 보이지 않는다는 사실을 보았다. 잔차가 이분산성을 보일 때, 잭나이프 표준오차는 어떤가? 잭나이프는 오차의 분산이 일정하다고 가정하지 않기 때문에, 그리고 불확실성을 경험적으로(비모수적으로) 추정하는 방법이기 때문에 OLS보다 더 나은 표준오차를 산출한다.

이분산성이 존재하는 자료에서 OLS 표준오차, 강건한 표준오차, 잭나이프 표준오차를 구해서 이를 비교해 보자. 먼저 OLS와 강건 표준오차를 구해 보자.

```
//heteroskedasticity: OLS SE, robust SE, and jackknife SE
clear all

set seed 10101
set obs 1000
set matsize 1000
```

```
scalar reps=1000
mat est_comp=J(reps, 3, .)
scalar b0=.3
scalar b1=.6
scalar n=1000
gen X=runiform(-1, 1)
scalar gamma=1.5

gen id=_n
forvalues i=1/1000 {
  capture drop y
  gen y=b0+b1*X+rnormal(0, exp(X*gamma))

  // OLS
  qui reg y X
  mat b_ols=e(b)
  mat V_ols=e(V)

  // robust
  qui reg y X, robust
  mat b_robust=e(b)
  mat V_robust=e(V)

  mat est_comp[`i', 1]=b_ols[1,1]
  mat est_comp[`i', 2]=sqrt(V_ols[1,1])
  mat est_comp[`i', 3]=sqrt(V_robust[1,1])

  mata: E=st_matrix("est_comp")
  mata: st_matrix("E", E)
}
```

```
svmat E, name(e)
rename e1 b_ols
rename e2 se_ols
rename e3 se_robust
sum b_ols se_ols se_robust
```

여기서 OLS 표준오차(se_ols)의 평균(.1003)은 강건 회귀 표준오차(se_robust)의 평균(.1280)보다 작다.

Variable	Obs	Mean	Std. Dev.	Min	Max
b_ols	1,000	.6086182	.124701	.2129433	.9921955
se_ols	1,000	.1003363	.003944	.0873795	.1135396
se_robust	1,000	.1280953	.006859	.10626	.1562232

그렇다면 잭나이프 표준오차는? 앞에서 보았던 것처럼, 잭나이프 표준오차는 조금 다른 방식으로 구해야 한다.

```
//heteroskedasticity: OLS SE, robust SE, and jackknife SE
clear all

set seed 10101
set obs 1000
set matsize 1000

scalar reps=1000
mat est_comp=J(reps, 1, .)
scalar b0=.3
scalar b1=.6
scalar n=1000
gen X=runiform(-1, 1)
scalar gamma=1.5
```

```
//dependent variable
cap drop y
gen y=b0+b1*X+rnormal(0, exp(X*gamma))

gen id=_n

// jackknife
forvalues i=1/1000 {
  qui reg y X if id~=`i'
  mat b_jk=e(b)

  mat est_comp[`i', 1]=b_jk[1,1]
}

mata: est=st_matrix("est_comp")
mata: se_jk=sqrt((999/1000)*sum((est[,1]:-mean(est[,1])):^2))
mata: se_jk
  .1317344171
exit
```

이 결과로 알 수 있듯, 강건한 표준오차(.128)와 잭나이프 표준오차(.132)는 서로 비슷하다. 그러나 OLS 표준오차는 강건한 표준오차와 잭나이프 표준오차보다 훨씬 작다.

지금까지 Stata에 잭나이프 분석을 할 수 있는 명령어가 없는 것처럼, 잭나이프 분석을 하는 프로그램을 직접 만들었다. 그러나 Stata에 그런 명령어가 없을 리가 없다. 잭나이프 분석을 하는 명령어는 jackknife다. 자세한 명령 방법에 대해서는 help jackknife로 알아보라. 아래에서는 jackknife 명령을 사용한 예를 보였다. 이 명령을 사용한 결과는 앞 프로그램의 결과와 정확하게 일치한다.

```
clear all

set seed 10101
```

```
set obs 1000
set matsize 1000

scalar reps=1000
mat est_comp=J(reps, 1, .)
scalar b0=.3
scalar b1=.6
scalar n=1000
gen X=runiform(-1, 1)
scalar gamma=1.5

//dependent variable
cap drop y
gen y=b0+b1*X+rnormal(0, exp(X*gamma))

jackknife, nodots: reg y X
```

```
Linear regression                               Number of obs     =      1,000
                                                Replications      =      1,000
                                                F(   1,     999)  =      20.64
                                                Prob > F          =     0.0000
                                                R-squared         =     0.0323
                                                Adj R-squared     =     0.0313
                                                Root MSE          =     1.9161
```

y	Coef.	Jackknife Std. Err.	t	P>|t|	[95% Conf.	Interval]
X	.5985359	.1317344	4.54	0.000	.340028	.8570437
_cons	.3181064	.0599113	5.31	0.000	.20054	.4356729

```
exit
```

17.2 부트스트랩

부트스트랩(bootstrap)은 "제 힘으로 제 처지나 제 살림을 개선하는 것(to pull oneself up by the bootstraps)"라는 말에서 생긴 용어라고 한다. 우리말로 바꾸면 자력갱생(自力更生)이나 자수성가(自手成家)를 일컫는 말이겠다. 통계학에서도 부트스트랩은 이런 뜻으로 사용한다. 우리는 '이미 확보한 자료'에서 미지의 (모집단의) 자료생성과정(DGP)을 알아내려고 하는데, 이런 시도가 부트스트랩이다.

부트스트랩 과정은 보통 다음과 같은 단계를 밟는다. 모집단 P에서 크기 n인 표본 S는 다음과 같이 표기할 수 있다. S={$x_1, x_2, x_3, \cdots, x_n$} 모집단의 속성($\theta$)을 나타내는 표본의 통계치는 $\hat{\theta}$이다. $\hat{\theta}$의 표집 변동성(sampling variability)은 부트스트랩으로 다음과 같은 방식으로 계산한다.

a. 표본 S에서 복원추출(sampling with replacement)을 허용하여 크기 n인 표본을 추출한다. 이 표본을 부트스트랩 표본(bootstrap sample)이라고 부르고 S_{boot1}이라고 표기한다.

b. S_{boot1}에서 θ를 추정하고 이를 $\hat{\theta}_1^*$라고 표기한다.

c. a와 b단계를 J번 반복하여 $\hat{\theta}_j^*$를 부트스트랩 추정치 벡터 V에 저장한다.

이 V={$\hat{\theta}_1^*$, $\hat{\theta}_2^*$, ..., $\hat{\theta}_J^*$}를 이용하여 다음과 같은 방식으로 표준오차를 구하고 여러 가지 방법으로 θ에 대한 신뢰구간을 구한다(신뢰구간을 구하는 방식은 조금 뒤에 보기로 한다).

$$\widehat{se}(\hat{\theta}^*) = \sqrt{\frac{1}{J-1}\sum_{b=1}^{J}(\hat{\theta}^{(b)} - \overline{\hat{\theta}^*})^2}, \text{ where } \overline{\hat{\theta}^*} = \frac{1}{J}\sum_{b=1}^{J}\hat{\theta}^{(b)}$$

이 과정의 주요 특징은 다음과 같이 정리할 수 있다. 첫째, 개별 추출은 독립적이다. 즉 S의 개별 사례가 선택될 확률은 같다. 둘째, 부트스트랩 표본의 크기는 n이다. 셋째, 재표집은 복원추출로 이루어져야 한다. 복원추출이 아니면 모든 부트스트랩 표본은 동일 표본이 된다. Stata에서 복원 추출하는 방법은 bsample 명령을 사용하는 것이다.

```
clear
input x
1
2
3
4
```

```
end
bsample 4
list, clean
```

```
       x
  1.   3
  2.   1
  3.   3
  4.   3
```

```
bsample 4
list, clean
```

```
       x
  1.   3
  2.   1
  3.   3
  4.   1
```

부트스트랩은 몬테칼로 시뮬레이션과 흡사하다. 차이는 이론적 자료생성과정(DGP)에서 표본을 추출하는 것이 아니라 관찰 자료에서 표본을 추출한다는 것이다. 한 예를 들어서, 부트스트랩의 기본 과정을 알아보자. 부트스트랩으로 표본 평균($\overline{X}$)의 표준오차를 구하는 방법을 보고, 이것을 이론적인 값, 시뮬레이션 결과 등과 비교해 보자. 평균이 3, 표준편차가 4인 정상분포에서 500개의 수를 추출한 표본(b)이 있다고 가정하자. 표본평균의 표준오차의 정확값은 $\hat{\sigma}/\sqrt{n}$ = $4/\sqrt{500} \fallingdotseq .179$다. 아래에서 보듯 표본의 평균과 표준오차는 정확값과 비슷하다.

```
clear
set seed 100379
set obs 500

scalar n=500
gen b=rnormal(3, 4)
sum b
scalar mean_b=r(mean)
scalar se_b=r(sd)/sqrt(n)
disp mean_b
3.0772807
```

```
disp se_b
.1727751

exit
```

이렇게 이론적인 접근으로 표준오차를 구할 수도 있지만, 부트스트랩으로도 표준오차를 구할 수 있다. 관찰 자료를 여러 번(여기서는 reps번) 재표집하여 새로 만든 reps개의 부트스트랩 복제본(bootstrap replicates)의 평균과 표준편차를 구한다. 이번에도 평균(3.204)과 표준오차(.183)는 정확값과 비슷하다.

```
clear
set seed 100378
set obs 500
set matsize 1000

gen b=rnormal(3, 4)
save b, replace

scalar reps=1000
mat boot_b=J(reps, 1, .)
forvalues i=1/1000 {
  drop _all
  use b
  qui bsample                    // bootstrap sampling
  qui sum
  mat boot_b[`i',1]=r(mean)
}

svmat boot_b, name(b_b)
sum b_b1
```

Variable	Obs	Mean	Std. Dev.	Min	Max
b_b1	1,000	3.203672	.1833099	2.609792	3.789911

```
exit
```

만일 관찰 자료에서 재표집하지 않고 진짜 자료생성과정(DGP)에서 1000개의 표본을 추출한다면 어떨까? 아래에서 보듯, 몬테칼로 시뮬레이션으로 구한 표준오차(.177)는 부트스트랩으로 구한 표준오차와 흡사하다.

```
clear
set seed 100378

scalar reps=1000
mat dgp_b=J(reps, 1, .)
forvalues i=1/1000 {
  drop _all
  qui set obs 500
  qui gen b=rnormal(3, 4)
  qui sum b
  mat dgp_b[`i',1]=r(mean)
}

svmat dgp_b, name(b_b)
sum b_b1
```

Variable	Obs	Mean	Std. Dev.	Min	
b_b1	1,000	2.998033	.1769396	2.362295	3.

```
exit
```

지금까지 우리는 부트스트랩으로 표준오차를 구할 수 있고, 이는 이론으로 구한 표준오차나 몬테칼로 시뮬레이션으로 얻은 표준오차와 흡사하다는 사실을 보았다. 상황이 이렇다면 특정한 통계치의 표준오차는 이론에 기대지 않고도, 그리고 특정한 자료생성과정을 가정하지 않고도 부트스트랩으로 손쉽게 구할 수 있다.

지금까지 우리는 부트스트랩 방법으로 표본 평균과 그 표준오차를 구하였다. 그러나 가장 큰 관심은 역시 회귀계수일 것이다. 아래에서는 회귀계수의 표준오차를 부트스트랩 방식으로 구하는 방법을 살펴보자. 물론 이 계수의 표준오차는 보통의 방법으로 쉽게 구할 수 있다. 그러므로 부트스트랩 방법으로 표준오차를 따로 구할 필요는 없다. 그런데도 이를 논의하는 이유는 다음과 같다. 첫째, 부트스트랩 표준오차는 부트스트랩 기법의 유용성을 잘 보여준다. 부트스트랩 표준오차가 보통의 표준오차와 얼마나 비슷하고 얼마나 다른지를 확인할 수 있다. 둘째, 좀 더 복잡한 방식의 회귀계수의 표준오차를 구할 때에 도움을 얻을 수 있다. 어떤 이유 때문이든 특정 연구에서 적절한 표준오차를 계산할 수 없거나 표준오차를 구하는 일이 매우 번거로울 때가 있다. 예컨대 잔차의 이분산성이나 집락 오차 등이 존재하지만 이를 교정하는 방법이 마땅치 않은 경우 등이 있을 수 있다. 이럴 때에는 부트스트랩 방법으로 표준오차를 구할 수밖에 없다.

편의상 다시 자동차 자료를 활용하자. 연비(mpg)를 종속변수로 하고, 무게(weight)를 독립변수로 한 회귀분석을 실행하여, 보통의 표준오차와 부트스트랩 표준오차를 서로 비교해 보자. 먼저 보통의 표준오차를 보자.

```
. sysuse auto, clear
. replace weight=weight/100
. reg mpg weight
```

mpg	Coef.	Std. Err.	t	P>|t|	[95% Conf.	Interval]
weight	-.6008687	.0517878	-11.60	0.000	-.7041058	-.4976315
_cons	39.44028	1.614003	24.44	0.000	36.22283	42.65774

위 결과에서 보듯, 자동차 무게(weight) 회귀계수의 표준오차는 .052이다. 수리적 방법으로 얻은 오차다. 이는 부트스트랩으로 얻은 표준오차와 얼마나 다른가?

```
clear
set seed 10001
set obs 1000
set matsize 1000
```

```
mat boot_est=J(1000, 1, .)
forvalues i=1/1000 {
  drop _all
  qui sysuse auto
  qui replace weight=weight/100
  bsample
  qui reg mpg weight
  mat b=e(b)
  mat boot_est[`i', 1]=b[1,1]
}
svmat boot_est, name(b_est)
sum b_est1
```

Variable	Obs	Mean	Std. Dev.	Min	Max
b_est1	1,000	-.6028359	.0576972	-.8076712	-.4420643

```
exit
```

부트스트랩 방법으로 구한 표준오차는 .058로, 관습적인 표준오차, 즉 reg mpg weight라는 명령어로 구한 weight의 표준오차(.052)와 큰 차이를 보이지 않는다.

지금까지 우리는 부트스트랩을 실행하는 Stata 프로그램이 없는 것처럼 생각하고 부트스트랩하는 방식을 보았다. 그러나 Stata는 이미 부트스트랩을 실행하는 명령어를 포함한다. bootstrap과 simulate가 그것들이다. 이들 명령어를 사용하는 방법을 알아보자. bootstrap 명령의 구문(syntax)는 다음과 같다. 여기서 exp_list에 어떤 것이 있는지, eform_option에는 어떤 선택 사항이 있는지는 help bootstrap으로 알아보라.

```
bootstrap exp_list [, options eform_option] : command
```

몇 가지 예를 들어 이 명령의 사용을 직관적으로 이해해 보자.

```
. bootstrap: reg mpg weight
```

```
(running regress on estimation sample)

Bootstrap replications (50)
----+--- 1 ---+--- 2 ---+--- 3 ---+--- 4 ---+--- 5
..................................................    50

Linear regression                               Number of obs     =         74
                                                Replications      =         50
                                                Wald chi2(1)      =     132.23
                                                Prob > chi2       =     0.0000
                                                R-squared         =     0.6326
                                                Adj R-squared     =     0.6275
                                                Root MSE          =     4.1963

------------------------------------------------------------------------------
             |   Observed   Bootstrap                         Normal-based
         mpg |      Coef.   Std. Err.      z    P>|z|     [95% Conf. Interval]
-------------+----------------------------------------------------------------
      weight |  -.7230269    .0628758   -11.50   0.000    -.8462612   -.5997927
       _cons |   43.72182    2.158168    20.26   0.000     39.49189    47.95175
------------------------------------------------------------------------------
```

. bootstrap _b : reg mpg weight

```
(running regress on estimation sample)

Bootstrap replications (50)
----+--- 1 ---+--- 2 ---+--- 3 ---+--- 4 ---+--- 5
..................................................    50

Linear regression                               Number of obs     =         74
                                                Replications      =         50
                                                Wald chi2(1)      =     153.43
                                                Prob > chi2       =     0.0000
                                                R-squared         =     0.6326
                                                Adj R-squared     =     0.6275
                                                Root MSE          =     4.1963

------------------------------------------------------------------------------
             |   Observed   Bootstrap                         Normal-based
         mpg |      Coef.   Std. Err.      z    P>|z|     [95% Conf. Interval]
-------------+----------------------------------------------------------------
      weight |  -.7230269    .0583717   -12.39   0.000    -.8374334   -.6086204
       _cons |   43.72182    2.196029    19.91   0.000     39.41768    48.02595
------------------------------------------------------------------------------
```

반복 계산할 것이 회귀계수(_b)라는 사실을 명시한 이 명령의 실행 결과는 bootstrap: reg mpg weight의 실행결과와 같다.

위 명령들은 반복을 50회만 한다. 반복회수의 기본값이 50이기 때문이다. 그러나 이 정도의 반복으로는 계수나 표준오차의 정확성이 낮을 가능성이 높다. 정확성을 높이려면 반복회수를 1000이나 10000으로 올려야 한다. 이렇게 반복회수를 늘리면 정확성은 높아지는 대신 시간이 더 걸릴 것이다. 반복실행의 회수를 늘리려면 reps() 선택명령을 사용한다. nodots는 진행 과정을 화면에서 보이지 말라는 선택 명령이다. seed()는 재생가능성을 염두에 둔 명령어다.

```
. bootstrap _b _se, seed(12345) reps(1000) nodots: reg mpg weight

Linear regression                               Number of obs     =         74
                                                Replications      =      1,000
```

	Observed Coef.	Bootstrap Std. Err.	z	P>|z|	Normal-based [95% Conf.	Interval]
b						
weight	-.7230269	.0688794	-10.50	0.000	-.8580282	-.5880257
_cons	43.72182	2.392134	18.28	0.000	39.03332	48.41031
se						
weight	.0649417	.0084418	7.69	0.000	.0483961	.0814873
_cons	1.967556	.2328784	8.45	0.000	1.511122	2.423989

이처럼 bootstrap 명령으로 얻은 표준오차는 수리적 방법으로 얻은 표준오차와 거의 같다. 부트스트랩을 bootstrap 명령으로만 시행할 수 있는 것은 아니다. 다른 명령, 즉 simulate 명령으로도 유사한 결과를 얻을 수 있다. 다만 그 실현 형식, 즉 명령 방식이 약간 다를 뿐이다. simulate 명령을 사용하려면, 길든 짧든 부트스트랩 프로그램을 만든 다음에, 그 프로그램을 실행하는 형식을 갖추어야 한다. 다음 예는 회귀계수의 표준오차를 얻는 프로그램이다.

```
cap prog drop myprog
program define myprog
  drop _all
  sysuse auto
  bsample
  keep mpg weight
  qui reg mpg weight
end

simulate _b _se, seed(12345) reps(1000) nodots: myprog
sum
```

Variable	Obs	Mean	Std. Dev.	Min	Max
_b_weight	1,000	-.006042	.0005751	-.0087643	-.0043105
_b_cons	1,000	39.52851	1.937978	33.19722	47.81087
_se_weight	1,000	.0005105	.0000731	.0003211	.0007381
_se_cons	1,000	1.586935	.2144576	1.014064	2.227238

결과는 보통의 회귀계수 실행 결과와 흡사하다. 계수도 비슷하고, 표준오차도 비슷하다.

참 고 문 헌

[1] 권순학. 2016. 『수치해석 기초』. 경산: 영남대학교 출판부.

[2] 박응용. 2019. 『Do it! 점프 투 파이썬』. 이지스퍼블리싱

[3] 박진수. 2019. 『바로 쓰는 파이썬』. 서울대학교 출판문화원.

[4] 우석진·김도형. 2022. 『경제분석을 위한 STATA, 4판』. 지필미디어.

[5] 장상수. 2019. 『수치분석과 시뮬레이션-R 프로그래밍』. 느린생각.

[6] 장상수. 2023. 『Stata 프로그래밍, 개정판』. 이담북스.

[7] Baum, Christopher F. 2009. *An Introduction to Stata Programming*. College Station, TX: Stata Press.

[8] Carsey, Thomas M. and Jeffrey, J. Harden. 2014. *Monte Carlo Simulation and Resampling Methods for Social Science*. Los Angeles: Sage.

[9] Chapra, Steven C. 2017. *Applied Numerical Methods with MATLAB for Engineers and Scientists*, 4th edition. New York: McGraw Hill(손권·최윤호·정재일. 2012. 『응용수치해석』. 서울: 한국 맥그로힐).

[10] Chapra, Steven C., Raymond P. Canale. 2014. *Numerical Methods for Engineers*, 7th edition. New York: McGraw Hill(신동신·나 양·이승배·임윤철. 2012. 『공학도를 위한 수치해석』. 서울: 한국 맥그로힐).

[11] Efron, Bradley and Robert J. Tibshirani. 1993. *An Introduction to the Bootstrap*. London: Chapman and Hall.

[12] Gould, William. 2005. "Mata Matters: Using Views onto the Data." *Stata Journal*, 5: 567–573.

[13] Gould, William. 2006a. "Mata Matters: Creating New Variables–Sounds Boring, Isn't." *Stata Journal*, 6: 112–123.

[14] Gould, William. 2006b. "Mata Matters: Precision." *Stata Journal,* 6: 550–560.

[15] Gould, William. 2007a. "Mata Matters: Subscripting." *Stata Journal,* 7: 106–116.

[16] Gould, William. 2007b. "Mata Matters: Structures." *Stata Journal,* 7: 556–570.

[17] Gould, William. 2008. "Mata Matters: Macros." *Stata Journal,* 8(3): 401–412.

[18] Gould, William. 2010. "Mata Matters: Stata in Mata." *Stata Journal,* 8(3): 401–412.

[19] Gould, William. 2018. *The Mata Book: A Book for Serious Programmers and Those Who Want to Be*. College Station, TX: Stata Press.

[20] Howard, James P. 2017. *Computional Methods for Numerical Analysis with R*. Boca Raton, FL: CRC Press.

[21] OECD. 2005. *PISA 2003 Data Analysis Manual: SPSS Users*. Paris: OECD.

[22] Rizzo, Maria L. 2008. *Statistical Computing with R*. London: Chapman & Hall/CRC.

[23] Robert, Christian P. and George Casella. 2010. *Introducing Monte Carlo Methods with R*. New York: Springer.

[24] Stata Corp. 2005. *Mata Reference Manual: Release 9*. College Station, TX: Stata Press.

[25] Templ Matthias. 2016. *Simulation for Data Science with R*. Birmingham, UK: Packt.

I/N/D/E/X

저 / 자 / 소 / 개

장상수는 순천대학교 사회교육과에서 사회학을 가르친다. 저자는 지금까지 줄곧 기회균등을 연구하였다. 좀 더 구체적으로 말해, 저자는 개인의 타고난 속성(부모의 사회적 지위나 성, 인종, 그리고 출신지역 등)이 그 사람의 사회경제적 성취(학업성적, 상급학교 진학과 각급 학교 졸업, 직업, 소득 등)에 미치는 영향을 살폈다. 이와 함께 최근에는 컴퓨터 프로그래밍에도 관심을 기울였다. 지금까지 저자는 『한국의 사회이동(2001)』, 『교육과 사회이동(2009)』, 『수치분석과 시뮬레이션: R 프로그래밍(2019)』, 『Stata 프로그래밍, 개정판(2023)』, 『사회학 입문, 개정판(2023)』 등의 책을 냈다. 지금은 『한국의 사회계층』을 쓰고 있다.

Email: sangsoo.chang@gmail.com

도서출판
그린

수치해석과 시뮬레이션: Stata 프로그래밍

1판1쇄 인쇄 ▶	2024년 06월 20일
1판1쇄 발행 ▶	2024년 06월 25일
저 자 ▶	장상수
발행처 ▶	도서출판 **그린**
발행인 ▶	윤 덕 우
출판등록 ▶	제8-161호(1995. 5. 3.)
주소 ▶	경기 파주시 가람로116번길 107 운정한강듀클래스 411호 (우) 10896
전화 ▶	02) 333-2574, 2575
Fax ▶	02) 333-2561
E-mail ▶	greenpress@greenpress.co.kr
Homepage ▶	http://www.greenpress.co.kr

저자와의 협의하에 인지생략

정가 : 25,000원

ISBN 978-89-5727-366-1 (93410)

The cover design comes from Freepik.